含磁黄铁矿的金属硫化矿尘爆炸过程与控制

Explosion Process and
Control of Metal Sulfide Ore Dust
Containing Pyrrhotite

田长顺 饶运章 著

中南大学出版社
www.csupress.com.cn

·长沙·

内容简介

　　本书是一本专门研究含磁黄铁矿的金属硫化矿尘热分解、氧化燃烧、爆炸过程及机理、爆炸控制的学术著作。全书共分为9章，第1章介绍了粉尘与金属硫化矿尘、燃烧与爆炸、爆炸条件、爆炸特性参数、爆炸机理等基础知识；第2章介绍了本书开展实验的材料、仪器与实验方法；第3章研究了含磁黄铁矿的金属硫化矿尘热分解过程；第4章研究了含磁黄铁矿的金属硫化矿尘燃烧过程；第5章研究了含磁黄铁矿的金属硫化矿尘云爆炸过程、爆炸特性参数及磁黄铁矿的影响；第6章以金属硫化矿尘爆炸过程为主线，探讨了含磁黄铁矿的金属硫化矿尘热分解、氧化燃烧、爆炸动力学机理；第7章分析了含磁黄铁矿的金属硫化矿尘热力学机理；第8章介绍了含磁黄铁矿的金属硫化矿尘模拟仿真研究；第9章提出了预防和控制含磁黄铁矿的金属硫化矿尘爆炸的技术措施。

　　磁黄铁矿具有较强的吸附氧能力，更容易被氧化，在金属硫化矿中可以提高氧气与黄铁矿颗粒发生化学反应概率，进而降低黄铁矿粉尘云最低着火温度和粉尘云爆炸下限浓度，促进金属硫化矿尘爆炸。金属硫化矿尘云爆炸受矿物组分影响较大，常见伴生成分菱铁矿、高岭石等会降低反应爆炸温度，而磁黄铁矿可以提高爆炸温度；爆炸产物受温度影响，全部为磁铁矿 Fe_3O_4 和 SO_2 气体。此外，金属硫化矿尘爆炸动力学机理符合矿尘颗粒随机成核的缩核反应模型，爆炸过程受化学反应及气体挥发扩散共同控制。

前　言

　　我国金属硫化矿储量巨大、用途广泛，在各种炸药、发烟剂等国防及制酸工业的国民经济建设中起重要作用，仅 2018 年探明的硫铁矿矿石资源储量就达 63 亿吨，并逐年增长。金属硫化矿在开采、储运等环节中产生大量粉尘，一旦满足粉尘爆炸五边形（五角形）条件就可能发生爆炸。金属硫化矿尘爆炸频次虽然远不及金属加工、纺织、粮食加工及储运、木材加工及采矿等多个行业中的铝尘、镁尘、淀粉、木尘、硫尘、煤尘爆炸频次，但在一些欧美国家以及国内的矿山发生过，且造成了人员伤亡及财产损失，因此不容忽视。

　　前期研究发现，金属硫化矿中是否含有磁黄铁矿成分，会影响燃烧情况及爆炸产物的颜色，且存在一定的促发金属硫化矿尘爆炸趋势。然而，关于金属硫化矿尘爆炸特性方面研究并不多见，磁黄铁矿矿尘爆炸研究更是少之又少。

　　鉴于此，笔者综合前期国家自然科学基金项目（51874149、51364010）研究成果、工程施工经验和理论综合研究，编著了此书，既对前期硫化矿尘爆炸机理研究工作进行了总结、凝练，又有针对性地对含磁黄铁矿的金属硫化矿尘爆炸反应过程及控制技术具体问题进行了具体分析。全书以不同环境中磁黄铁矿参与硫化矿尘热分解、氧化燃烧过程为出发点，逐步深入探讨磁黄铁矿促发金属硫化矿尘爆炸特性及反应过程机理。基于此思路，笔者在介绍粉尘爆炸等基本概念的基础上，总结了前人在金属硫化矿尘燃烧与爆炸反应过程机理研究中得到的成果及不足之处，提出需要着力解决的关键科学问题及创新点，并逐章节阐述本书重点研究内容。

　　希望本书能为我国含磁黄铁矿的金属硫化矿床安全开采、高效生产，特别是为预防金属硫化矿尘爆炸事故尽绵薄之力；希望其能为研究其他粉尘爆炸过程、特性参数、机理、仿真、防治等提供借鉴，为矿山企业安全管理、政府监督、灾害调查及相关法规、标准制定提供参考；希望其能为致力于研究本领域的高校师生、工程技术人员和业内同仁提供帮助。

编写本书，笔者倾注了大量心血，但鉴于水平有限，失误和不当在所难免，望专家、同行和广大读者不吝指正。

感谢国家自然科学基金委立项资助，感谢赣南科技学院博士科研启动基金资助，感谢北京科技大学欧盛男副教授对本书部分实验的支持与帮助；感谢课题组博士研究生许威，硕士孙翔、马师、陈斌、袁博云、吴卫强在前期课题——"高硫金属矿井硫化矿尘爆炸机理与爆炸参数研究"及本书部分文稿撰写所做的贡献；感谢向彩榕硕士，硕士研究生黄涛、苏港等为本书项目——"磁黄铁矿促发金属矿井硫化矿尘云爆炸的动力学模型研究"和书稿修改、校对等所做的辛勤劳动，更感谢本书参考文献作者及未在参考文献——列举的作者的前期研究工作和理论指引。

田长顺

2022 年 12 月

于赣南科技学院

目　录

金属硫化矿尘燃烧与爆炸

1.1 粉尘与金属硫化矿尘

1.1.1 粉尘概念

粉尘是指在外力(自然力、机械力)作用下产生的、可以悬浮在空气中的固体微粒。粉尘可在天然环境中自然产生,如火山爆发产生的火山灰;也可在生产生活中产生,如金属硫化矿山开采过程中硫化矿石放矿、破碎产生的大量颗粒物。粉尘又称灰尘、尘埃、砂尘、烟尘、矿尘、粉末等,它们之间没有明显的界定。国际标准化组织将粒径小于 75 μm 的固体悬浮颗粒定义为粉尘。大气环境中的粉尘是保证地球温度稳定的主要原因之一,大气中的粉尘过多或过少均将对环境产生灾难性的影响[1]。

1.1.2 粉尘分类

粉尘分类多种多样,常以粉尘性质、粉尘颗粒大小、粉尘来源等进行分类,不同领域的分类方法也不尽相同。

(1)根据粉尘性质,可分为无机粉尘、有机粉尘和混合粉尘。

无机粉尘:包括煤、滑石、石棉、石英、硫磺等矿物粉尘,铁、铝、镁、铅及氧化物等金属粉尘,金刚砂、水泥、玻璃粉、耐火材料等人工无机粉尘。

有机粉尘:包括棉、亚麻、谷物、烟草、木质等植物性粉尘,毛发、角质、鱼粉等动物性粉尘,炸药、有机染料等人工有机粉尘。

混合粉尘:包括上述两种或以上的粉尘混合物,如煤矿粉尘中常含有矽尘和煤尘,混合粉尘是生产中最常见的粉尘。

(2)根据粉尘颗粒大小,可分为可见粉尘、显微粉尘和超微粉尘。

可见粉尘：粒径大于 10 μm、肉眼可分辨的粉尘。

显微粉尘：粒径为 2.5~10 μm、普通显微镜可分辨的粉尘。

超微粉尘：粒径小于 2.5 μm、高倍显微镜或电子显微镜可分辨的粉尘。

(3)根据粉尘来源，可分为原生粉尘和次生粉尘。

原生粉尘：开采前因地质作用和地质变化等原因产成的粉尘。

次生粉尘：采掘、装载、转运等生产过程中，因碎矿(岩)产生的粉尘。

(4)根据粉尘化学活性，可分为可燃粉尘和惰性粉尘。

可燃粉尘：与空气中氧气发生放热反应的粉尘。如含有 C、H 元素的有机物粉尘与空气中的氧气发生燃烧反应，生成 CO、CO_2 和 H_2O；很多金属粉尘与氧气也可能发生反应，生成金属氧化物，并释放大量热量。

惰性粉尘：不与氧气发生反应或不发生放热反应的粉尘。

(5)根据粉尘燃烧难易程度，可分为易燃粉尘、可燃粉尘、难燃粉尘。

易燃粉尘：在防火防爆领域，所需点火能量很小、火焰蔓延速度很快的粉尘，如糖粉、淀粉、咖啡粉、木粉、小麦粉、硫粉、茶粉、硬橡胶粉等。

可燃粉尘：需要较大的点火能量、火焰蔓延速度较慢的粉尘，如米粉、锯木屑、皮革屑、丝、虫胶等。

难燃粉尘：燃烧速度较慢、且不易蔓延的粉尘，如炭黑粉、木炭粉、石墨粉、无烟煤粉等。

1.1.3　粉尘性质

粉尘的诸多物理及化学性质与其粒径、颗粒形状与表面形态、比表面积、分散度、浓度、动力稳定性等因素有关[2]。

(1)粒径：是指粉尘直径的大小，又称粒度。因粉尘的形态各异，一般用粉尘颗粒的平均直径或者投影定向长度来表示粒径。粉尘粒径的大小直接影响粉尘颗粒在空气中的扩散情况。通常情况下，粉尘粒径越小，越容易悬浮在空气中，且悬浮的时间越长。

(2)分散度：是指粉尘的破碎程度，即某粒径范围内的粉尘质量或粉尘数量占粉尘总量的百分比。一般把粉尘颗粒在生产现场空间内分布的程度称作粉尘的分散度，用构成的百分比来表示。粉尘的分散度在一定程度上反映了粉尘颗粒的大小，粉尘颗粒越小分散度越好，反之越差。可燃粉尘的分散度越大，则比表面积越大，化学活性越强，能长时间悬浮在空间中，因此爆炸危险性越大。不同物质在不同条件下会产生分散度不同的粉尘：空气湿度越大，会使粒径很小的粉尘被吸附在水蒸气表面而降低分散度；空气流动速度不同，粉尘的分散度会有相应的改变；距地面越近粉尘分散度越小，距地面越高粉尘的分散度越大。

(3)比表面积：是指单位体积固体的表面面积。通常情况下，比表面积影响粉尘吸附、表面活性、燃烧、爆炸等反应特性。以可燃物为例，随着比表面积的增大，其着火特性也随之增强。当其比表面积增大时，即增大了可燃物与空气的接触面积，进而增大了可燃物与氧气之间的反应速率。随着比表面积的增大，可燃粉尘的最低着火温度和爆炸下限浓度均减小，而最大爆炸压力升高。

（4）浓度：是指单位空气体积中粉尘的量，主要有质量浓度和数量浓度两种表示方法。单位体积空间内粉尘的颗粒的多少称为数量浓度，单位为 n/cm^3；单位体积空间内粉尘的质量称为质量浓度，单位为 g/m^3、mg/m^3 或 mg/L，一般情况下粉尘的浓度均以质量浓度来表示。可燃粉尘的浓度与燃烧爆炸性有密切关系，其对粉尘燃烧爆炸理论以及事故预防研究具有重要意义。

（5）含水率：粉尘中所含水分的质量与粉尘总质量的比值。粉尘含水率对粉尘分散度、黏附性、导电性、流动性等物理性质均有一定影响。

（6）颗粒形状与表面形态。在一些化学反应中，粉尘的颗粒形状与表面形态往往与反应的进程有关。例如在燃烧与爆炸反应过程中，即便粉尘粒径相同，由于粉尘的颗粒形状与表面形态的差异，也会导致着火和爆炸特性的不同。

（7）吸附性和活性。粉尘内部粒子周围被具有相等吸引力的粒子所包围，但粒子表面存在一部分没有被粒子包围之处，该处的吸引力称为剩余力。在剩余力作用下，粒子表面吸附能会将其他物质吸向自己。粉尘的比表面积很大，因此具有极大的表面吸附能力，可吸附空气中的氧气，使活性大大增加，表现出很强的化学活性和较快的反应速度。例如 Al、Mg、Zn 等金属，成块状结构时一般不能燃烧；呈粉尘状结构时，不仅可以燃烧，而且当悬浮在空气中且达到一定浓度时，还可能发生爆炸。

（8）动力稳定性。悬浮在空气中的粉尘同时受到两种作用，即重力作用与扩散作用。重力作用使粉尘发生沉降，在密度一定的条件下，粉尘质量越大、体积越大，重力作用越显著，这种沉降过程称为沉积。扩散作用是由热运动造成的，有使粒子在空间均匀分布的趋向，故能抵抗重力作用而阻止粒子下沉。粒子质量较大的分散体系扩散速度较慢，不足以抗衡重力的作用，故产生了粉尘的沉积。粒子越大，沉积速度越快。对于粒子较小的分散体系，当粒子受重力作用下降，扩散作用使之均匀分布并达到沉积平衡时，高处的粒子总比低处的少一些。这种使粒子始终保持着分散状态而不向下沉积的稳定性称为动力稳定性。粒子大小是分散体系动力稳定性的决定性因素，分散度越大，动力稳定性越强。

1.1.4　金属硫化矿尘

金属硫化矿尘是硫铁矿（黄铁矿、胶状黄铁矿、白铁矿）、铜矿（黄铜矿、斑铜矿）、镍矿（镍黄铁矿、紫硫镍铁矿）、铅锌矿（方铅矿、闪锌矿）、钼矿（钼铁矿、钼铜矿）、镉矿（硫镉矿）、钴矿（硫钴矿、硫铜钴矿）、银金矿（银辉矿、硫铜银矿、硫锑银矿、硫砷银矿）等金属硫化矿物粉尘的混合物。如图 1-1 所示，其具体矿物组成随不同矿种、矿床、矿山而异。

金属硫化矿是金属元素与硫元素及其他元素以化合物形式存在的矿物集合体，在工业上应用广泛[3]。由于某些金属元素（例如铁元素与硫元素）具有变价的性质，导致其晶体结构复杂[4]。在金属硫化矿石的生产、贮运及巷道掘进等各个环节中，会产生大量的金属硫化矿尘，一旦满足条件就会发生爆炸[5]。但发生爆炸的金属硫化矿尘几乎都是硫铁型金属硫化矿尘[6-8]，未见硫铜型、硫铅锌型、硫砷型金属硫化矿尘着火及爆炸的报道，而硫铁型金属硫化矿尘的典型代表为黄铁矿尘和磁黄铁矿尘，因此本书主要开展含黄铁矿及磁黄

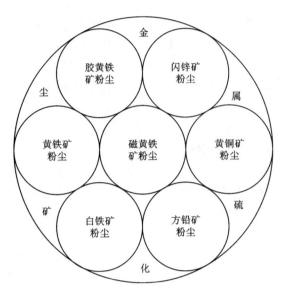

图 1-1　金属硫化矿尘的矿物组成

铁矿两种典型硫铁矿尘的爆炸过程及机理研究。

　　黄铁矿(FeS_2)是铁的二硫化物,俗称"愚人金",因其浅黄铜色和明亮的金属光泽,常被误认为黄金。黄铁矿晶体结构为 NaCl 型,成分中通常含微量的钴、镍、铜、金、硒等元素。黄铁矿在氧化带不稳定,易分解形成氢氧化铁(针铁矿),经脱水形成稳定的褐铁矿,可在提取硫的过程中综合回收和利用较高含量的黄铁矿[9-10]。黄铁矿石暴露在井下湿热环境中,会发生缓慢氧化。当氧化释放出的热量不能及时耗散时,热量将会聚集,导致黄铁矿石升温。升温后的黄铁矿石会加速自身氧化,如不及时采取措施,温度不断升高,最终会导致自燃,甚至造成井下灾害事故[11-13]。

　　磁黄铁矿($Fe_{1-x}S$,常写成 FeS)是一种铁的硫化矿物,具有金属光泽,颜色为暗青铜黄带红,成分中硫可高达 40%。其在地表上易风化变成褐铁矿,常作为制作硫酸的原料,与镍黄铁矿、黄铜矿、黄铁矿、磁铁矿、铁闪锌矿、毒砂、锡石、方铅矿、闪锌矿等共生[14]。磁黄铁矿作为典型的金属硫化矿物,其晶体结构中存在铁亏损,晶体对称性较低。磁黄铁矿的晶体有两种同质多象变体,即单斜晶系与六方晶系。单斜晶系的磁黄铁矿,其活性比六方晶系小[14]。磁黄铁矿化学组成显示为非化学计量的,化学表达式为 $Fe_{1-x}S$,式中 x 从 $0(FeS)$ 到 $0.125(Fe_7S_8)$ 变化,是否为非化学计量取决于铁晶格中有序空位的系统[15-19]。磁黄铁矿也可以表示为 $Fe_{(n-1)}S_n$,用 $n \geqslant 8$ 给出从 Fe_7S_8 到 $Fe_{11}S_{12}$ 的结构。有些缺铁较严重、呈单斜的对称性结构,分别属于六方晶系或单斜晶系的硫化物矿物[19-20]。磁黄铁矿的晶体结构和矿物表面缺陷,使其氧化以表面反应和吸附反应为主,温度是反应的主要控制因素[14]。

1.2　粉尘燃烧与爆炸

经过实验论证,爆炸和燃烧的温度实质上是相同的,化学反应也无差别[21]。金属硫化矿的燃烧是发光发热的剧烈氧化反应,伴随着氧化过程。若采场散热不及时,反应释放的热量不断积累,导致氧化自热;当自热热量达到金属硫化矿着火点时,矿物发生自燃,进入燃烧状态,最终熄灭[11-13]。此定义中金属硫化矿的燃烧包含氧化、自热、自燃、燃烧4 个过程,区别在于反应的剧烈程度。其中,燃烧相对更激烈,氧化最为平缓。通常将剧烈程度相对较低的氧化、自热、自燃、燃烧归为一类,称为燃烧;剧烈程度最激烈的爆炸(指可燃物在有限的空间里发生的急速燃烧)归为一类,称为爆炸。

1.2.1　燃烧定义

一般情况下,当空气中的可燃物遇到高于其自燃点的点火源时,会导致可燃物发生燃烧,并且在移开点火源后仍能保持持续燃烧状态,这种现象称为燃烧,也称着火或点燃。着火是物质发生燃烧必须经历的一个阶段,着火就是燃烧的开始,着火过程中通常会出现发光、产生火焰和发烟等现象。从化学动力学角度来定义,着火是指可燃物在极短时间内化学反应速率由较低达到较高的过程。可燃物达到着火状态所需要的最低温度称为着火点。着火点对于评价可燃物的危险性具有重要意义。

燃烧具有三个特征,即化学反应、放热和发光。从时间和空间的角度来讲,着火是指可燃物在反应过程中反应自动加速、温度自动升高,使得可燃物在某个局部空间点产生火焰的过程。这个过程是燃烧反应发生的一个重要标志,即在时间上从某一时刻到另一时刻,或由空间上某一部分到另一部分所发生的化学反应在数量上产生突变的现象。

燃烧是一种十分普遍的现象。燃烧现象的发生必须满足一定的条件。可燃物和助燃物是燃烧反应过程中所必须具备的两个条件,除此之外还有点火源。

(1)可燃物。在空气中,不论是固体、液体还是气体,非金属还是金属,无机物还是有机物,只要能与氧气或者其他的氧化剂发生燃烧反应的,均可称作可燃物。

(2)助燃物。能与可燃物相结合且可以导致并支持燃烧的物质,统称为(氧化剂)助燃物。空气中的氧气是最常见的助燃物。

(3)点火源。凡是能够导致物质发生燃烧反应的能源或能量,均可称作点火源。

上述三个条件就是通常所说的燃烧三要素。但是,即使具备了这三个要素,且各要素间相互结合、相互作用,也不一定会导致燃烧现象的发生。此时,还需要达到一定的其他条件,如可燃物和助燃物需要具备一定的数量,同时还需要足够的热量或满足一定的温度条件来点火等。

1.2.2　燃烧方式

可燃物的点火方式，一般可分为以下几类[22]。

(1)化学自燃。在不需要外界提供热量或点火源的情况下，一般将常温下由自身的化学反应导致的着火现象称为化学自燃。

(2)热自燃。将可燃物与氧化剂的混合物均匀地进行加热，当温度逐渐升高且达到某一数值时便会导致可燃物自动着火，习惯上将这种着火方式称为热自燃。

(3)点燃。由于可燃物从外部能源或点火源获得能量，使可燃物局部受到强烈的加热，导致可燃物着火，一般情况下将这种着火方式称为点燃。

相对气体和液体状态的可燃物的燃烧而言，固体的燃烧过程更为复杂，并且不同类型固体的燃烧又有不同的过程。根据各类可燃固体的燃烧方式和燃烧特性，固体可燃物的燃烧形式大致可分为五种。

(1)蒸发燃烧：是指固体可燃物受热升华或融化后蒸发，产生的可燃气体与空气边混合、边着火的有焰燃烧(也叫均相燃烧)，是融化→气化→扩散→燃烧的连续过程。如硫磺、白磷、钾、钠、镁、松香、樟脑、石蜡等物质的燃烧属于蒸发燃烧。

(2)表面燃烧：是指固体表面直接吸收氧气发生的燃烧(也叫非均相燃烧或无焰燃烧)。可燃物表面受到高温生成燃烧产物放出热量，使分子表面活化。可燃物表面被加热后发生燃烧，燃烧以后的高温气体以同样的方式将热量传给下一层可燃物，继续燃烧。不能挥发、分解和气化的木炭、焦炭、金属等，其燃烧过程在固体表面进行，为表面燃烧。在生产生活中，结构稳定、熔点较高的固体可燃物的燃烧属于典型的表面燃烧。燃烧过程中它们不会熔融、升华或分解产生气体，固体表面呈高温炽热发光而无火焰的状态，空气中的氧分子不断扩散、吸附到固体表面，发生气-固非均相反应，反应产物带着热量从固体表面逸出。

(3)分解燃烧：固体可燃物(如木材、煤、合成塑料等)在受到火源加热时发生热分解，随后分解出的可燃挥发分与氧气发生燃烧反应，这种形式的燃烧一般称为分解燃烧。即它们的燃烧是由热分解产生的可燃性气体来实现的。当固体可燃物完全分解不再析出可燃气体后，留下的碳质固体残渣即开始进行无焰的表面燃烧。

(4)熏烟燃烧(阴燃)：是指在氧气不足、温度较低、分解出的可燃挥发分较少或逸散较快的情况下，或在湿度较大的条件下，固体可燃物发生的只冒烟而无火焰的燃烧。阴燃属于固体可燃物特有的燃烧形式，液体或气体可燃物不会发生阴燃。

(5)动力燃烧(爆炸)：是指固体可燃物或其分解析出的可燃挥发分遇火源所发生的爆炸式燃烧，主要包括可燃粉尘爆炸、炸药爆炸、轰燃等几种情况。其中，轰燃是指固体可燃物受热分解或不完全燃烧析出可燃气体，当其以适当比例与空气混合后再遇火源时发生的爆炸式预混燃烧。

如上所述，在固体可燃物的燃烧形式中，分解燃烧和蒸发燃烧都是有火焰的均相燃烧，区别在于可燃气体的来源不同，分解燃烧的可燃气体来源于固体可燃物的热分解，而蒸发燃烧的可燃气体来源于相变过程；表面燃烧和熏烟燃烧，都是发生在固体表面与空气接触的作用界面上，是无火焰的非均相燃烧。它们之间的区别是表面燃烧没有固体分解，而熏烟燃烧过程中存在固体分解。

1.2.3　粉尘爆炸与机理

粉尘爆炸是指可燃粉尘在受限空间内与空气混合形成的粉尘云，在点火源作用下，形成的粉尘空气混合物快速燃烧，并引起温度、压力急剧升高的化学反应。

人们关注粉尘爆炸是从 1785 年一篇关于意大利都灵的一个面粉仓库爆炸文章开始[23]。粉尘爆炸涉及多个行业，例如：金属加工业的铝尘爆炸、镁尘爆炸，纺织工业的纤维粉尘爆炸，粮食加工及储运行业的淀粉爆炸，木材加工行业的生物粉尘爆炸，化工行业的硫尘爆炸，以及最引人关注的采矿行业的煤尘爆炸，等等[24-32]。粉尘爆炸通常会造成严重事故和生命财产损失，例如：江苏昆山市"8.2"特大金属粉尘爆炸事故造成当天 75 人死亡，185 人受伤，直接经济损失 3.51 亿元；陕西榆林市"1.12"重大煤尘爆炸事故造成 21 人死亡；黑龙江七台河市"11.27"特别重大煤尘爆炸事故造成 171 人死亡，48 人受伤；等等(图 1-2)。

图 1-2　粉尘爆炸灾害现场及后果

宏观方面，学者普遍认为可以用五边/角形机理图表示粉尘爆炸机理[33-35]，每个边/角代表一个粉尘爆炸的必要条件，如图 1-3 所示。即(1)具备点火能量的点火源；(2)粉尘必须处于悬浮状态，即粉尘云状态；(3)一定质量浓度的粉尘；(4)粉尘云要处在相对有限的空间内，这样在压力和温度急剧升高的条件下才会发生爆炸；(5)氧化剂也是必要的条件，通常空气中的氧气为最佳氧化剂。

微观方面，学者将粉尘爆炸界定为一个复杂的、非定常数的气-固两相动力学过程，其爆炸机理还没有统一的标准[35]。当前，主要集中在气相爆炸机理、表面非均相爆炸机理和爆炸性混合物爆炸机理三个方面。

(1)气相爆炸机理[36]：粉尘通过热辐射、热对流等方式从外界获得引爆能量(主要来源于明火火源、氧化自燃着火、振动撞击产生的火花等)，使粉尘颗粒表面温度迅速升高；当温度升高到能迫使粉尘颗粒热分解的临界温度时，粉尘颗粒迅速发生热分解并产生气体，产生的气体包裹在颗粒周围；热分解产生的气体与周围空气混合，发生气相燃烧反应，释放反应热并产生火焰；反应热进一步促使粉尘颗粒分解，释放气体，保持燃烧并传播，如图 1-4[35]所示。

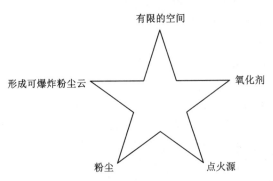

图 1-3　粉尘爆炸五角形机理

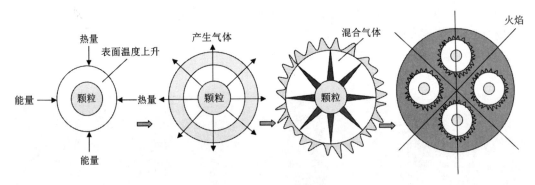

图 1-4　粉尘气相爆炸机理

（2）表面非均相爆炸机理[37]：可将粉尘燃烧爆炸过程分为三个阶段，首先氧分子通过扩散作用抵达并吸附在粉尘颗粒表面，粉尘颗粒表面与氧分子发生氧化反应，致使粉尘颗粒表面发生着火燃烧；然后挥发分在粉尘颗粒周围形成气相层，阻碍氧分子向粉尘颗粒表面扩散；最后挥发分着火燃烧，并促使粉尘颗粒重新燃烧。

（3）爆炸性混合物爆炸机理[38]：粉尘爆炸还可以定义为可燃性气体与粉尘两种爆炸物混合共存的爆炸，遵从爆炸性混合物爆炸机理。可燃性气体与粉尘混合物和点火源碰撞后，便产生了原子或自由基，并成为连锁反应的作用中心；可燃性气体与粉尘混合物在某一点上着火后，热能以及连锁载体都向四周传播，促使临近的一层可燃性气体与粉尘混合物发生化学反应；而这一层可燃性气体与粉尘混合物又成为热能和连锁载体的根源，引起另一层可燃性气体与粉尘混合物发生反应；火焰是以一层层同心圆球面的形式向四周蔓延扩散的，火焰蔓延速度随传播路径的扩散而逐渐增大。

综合以上粉尘爆炸机理分析不难看出，粉尘爆炸都需要具备上述 5 个必备条件。但从微观上讲，不同粉尘爆炸机理截然不同。因此要具体问题具体分析，这样才能从安全角度阐述不同粉尘爆炸的内在机理[39]。

1.2.4　粉尘爆炸特点

与气体爆炸相比,粉尘爆炸具有以下特点[40]。

(1)粉尘爆炸的前提是形成粉尘云。由于重力作用,悬浮的粉尘终将沉降。而沉降后的粉尘在无扰动情况下会静止堆积,这时粉尘不会发生爆炸。粉尘只有悬浮在空气中形成粉尘云,并达到一定浓度才可能发生爆炸。

(2)粉尘爆炸受粒径影响较大。当物质的总量一定时,随着粒径的减小,比表面积增大,化学活性增高,氧化速度加快,燃烧程度加深,爆炸下限浓度减小,爆炸强度增大;随着粒径的减小,粉尘颗粒更容易悬浮于空气中,发生爆炸的概率增大。尽管粉尘浓度相同,因为粒径存在差异,爆炸强度也会存在区别。

(3)粉尘的爆炸极限难以严格确定。从理论上讲,可以设法制造粉尘均匀浮于空气中的条件,从而通过实验准确测定爆炸极限。一般工业粉尘的爆炸下限浓度(质量浓度)为 $20 \sim 60 \ g/m^3$,爆炸上限浓度为 $2000 \sim 6000 \ g/m^3$。然而,在工业生产中,粉尘浓度与气体浓度有本质的差别[41]。一方面,气体与空气很容易形成均匀混合物,其浓度就是可燃组分所占的比例;由于粉尘容易沉降,对于粉尘料仓而言,底部可能堆积有大量粉尘,只有上部才有粉尘悬浮于空气中,即粉尘爆炸的浓度只能考虑悬浮粉尘与空气之比。另一方面,当井下或工作场所的某个地点发生了粉尘爆炸,其产生的冲击波会将原本静止堆积的粉尘扬起,进而产生二次爆炸,即处于静止状态的堆积粉尘,同样会参与爆炸,爆炸强度会增大。因此,粉尘爆炸下限浓度同样难以确定。同样,确定粉尘爆炸上限浓度意义不大。所以,给定粉尘储存空间,很难判断粉尘浓度是否处于可爆范围。

(4)爆炸能量大。当粉尘存储空间一定时,因为空间底部(如粮食仓库底部)粉尘大量堆积,可燃组分供应充足,可消耗空间内的全部氧气。所以一般情况下,粉尘爆炸释放的总能量要比气体爆炸大,造成的人员伤亡及财产损失也大。

(5)二次爆炸破坏力更强。可燃性粉尘堆积时往往不会爆炸,然而,当局部爆炸产生的爆炸波传播时,堆积的粉尘受到扰动而扬起形成粉尘云,由局部爆炸产生的热量引起新扬起的粉尘爆炸,进而连续产生二次、三次爆炸[42]。以往粉尘爆炸事故调查结果表明,仅由悬浮粉尘爆炸产生的破坏范围并不大。因层状粉尘扬起产生的爆炸,范围通常是整个车间或整个巷道,危害往往更大。

(6)燃烧不完全。粉尘颗粒远远大于分子,因此粉尘爆炸通常是不完全燃烧的。在粉尘爆炸过程中,基本是分解出来的气体进行燃烧,而灰渣来不及燃烧;若有炽热粒子飞出,更容易伤人或引燃其他可燃物[43]。

(7)感应期长。粉尘爆炸前首先要经过粒子表面的分解或蒸发气化阶段,有时会有一个由表面向核心延伸的燃烧过程。因而其感应期较长,往往可达数十秒,通常是气体的数十倍。

(8)粉尘最小点火能量大。与气体相比,粉尘需要的最小点火能量更大,许多粉尘的最小点火能量为 $5 \sim 50 \ MJ$,较气体大 $1 \sim 2$ 个数量级。例如:铝粉、镁合金粉最小点火能量分别为 $29 \ MJ$、$35 \ MJ$,甲烷、氢气最小点火能量分别为 $0.47 \ MJ$、$0.02 \ MJ$。

(9)粉尘爆炸常释放有毒有害气体,可能引起中毒或窒息(由于燃烧不完全,常有 CO

和自身分解的毒气(如塑料)产生,因而能引起人中毒。另外,即使处于粉尘爆炸浓度下限时,粉尘浓度也高到令人呼吸困难、难以忍受。

1.2.5　粉尘爆炸影响因素

可燃粉尘与空气混合物能否发生着火、燃烧或爆炸,爆炸猛烈程度如何,能否发展为爆轰,主要与粉尘的理化性质和外部条件有关[3]。理化性质包括粒径、燃烧热、可燃挥发分、惰性粉尘和灰分、反应动力学性质等,外部条件包括粉尘浓度、氧含量、湿度、可燃气体、惰性气体、初始湍流、粉尘分散状态、包围体形状及尺寸、温度和压强、点火源强度和最小点燃能量。

(1)粒径。粉尘粒径、形状和表面状况等都会影响颗粒表面反应速率,其中又以粒径的影响最为显著。粒径越大,越难发生爆炸,甚至不发生爆炸;粒径越小,比表面积越大,能吸附更多的氧,有较高的活性,需要的点火能量越小,爆炸下限越低,爆炸性能越强。这是因为粒径越小,颗粒带电性越强,使得体积和质量极小的粉尘颗粒在空气中悬浮时间更长,燃烧速度就更接近可燃气体混合物的燃烧速度,燃烧过程也进行得更完全。粉尘粒径的减小使粉尘颗粒与周围空气的对流换热速率加快,导致粉尘颗粒的点火延迟时间减小。

(2)燃烧热。燃烧热是燃烧单位质量的可燃性粉尘或消耗每摩尔氧所产生的热量。燃烧热越高的粉尘,其爆炸下限浓度越低,爆炸越激烈。因此,根据粉尘燃烧热值的大小,可粗略预测粉尘爆炸的猛烈程度。

(3)可燃挥发分。粉尘含可燃挥发分越多,热解温度越低,爆炸危险性和爆炸产生的压力越大。一般认为,可燃挥发分小于10%的粉尘,基本没有爆炸危险性。

(4)惰性粉尘和灰分。惰性粉尘和灰分(即不燃物质)均可以降低粉尘的爆炸危险性。一方面它们能较多地吸收系统的热量,减弱粉尘的爆炸能;另一方面会增加粉尘的密度,加快其沉降速度,使悬浮粉尘浓度降低。实验表明,当煤尘含11%的灰分时,能够爆炸;当含15%~30%的灰分时,难以爆炸;当含30%~40%的灰分时,不爆炸。目前煤矿所采用的岩粉棚和撒布岩粉,就是利用灰分能削弱煤尘爆炸这一原理来防止煤尘爆炸的。

(5)反应动力学性质。不同粉尘的反应动力学性质不同,如频率因子值和活化能等。频率因子值越大,反应速率越大;活化能越大,反应越难进行,粉尘越稳定。

(6)粉尘浓度。粉尘的最大爆炸压力和最大爆炸压力上升速率均随粉尘浓度的增大而增大,当粉尘浓度达到某一值(最佳爆炸浓度)后,最大爆炸压力和最大爆炸压力上升速率又随粉尘浓度的增大而降低。这主要是因为当粉尘浓度小于最佳爆炸浓度时,燃烧过程中放热速率及放热量随粉尘浓度增大而增大,导致最大爆炸压力和最大爆炸压力上升速率均增大;当粉尘浓度超过最佳爆炸浓度后,由于含氧量不足,颗粒表面燃烧速度减慢,粉尘燃烧不完全,最大爆炸压力和最大爆炸压力上升速率均会降低。

(7)氧含量。氧含量是粉尘爆炸敏感的因素,最大爆炸压力和最大爆炸压力上升速率均随氧含量的减小而降低。实验研究表明,纯氧中的粉尘爆炸下限浓度为空气中的粉尘爆炸下限浓度的1/4~1/3,而纯氧中的粉尘能够发生爆炸的最大颗粒尺寸则可增大到空气中的粉尘相应值的 5 倍。空气中氧含量越低,爆炸下限浓度越高,爆炸上限浓度越低,可爆浓度范围变小,最小点火能量增大。粉尘最大爆炸压力和最大爆炸压力上升速率随氧含量的减少而降低。这是因为随着氧含量减小,一方面颗粒之间因供氧不足出现争夺氧气的情况,使已燃颗粒表面燃烧速率及放热速率减慢,导致较大的颗粒不能继续燃烧;另一方面未燃粉尘颗粒因升温较慢而变得难以着火,甚至不能着火。

(8)湿度。水分的存在可以提高粉尘爆炸下限浓度,粉尘云中的水分含量超过 50% 时就难以发生粉尘爆炸。这其中的原因有多种:首先,水分的存在会增加粉尘云的比热容,水分吸热使得粉尘云的温度不容易升高;其次,水蒸气也会稀释氧气,使其浓度降低;再次,水分还能增加粉尘颗粒的凝聚沉降性能,使可燃性尘粒难以漂浮在空气中;最后,水分可以中和电荷,减少粉尘颗粒表面的带电性,降低粉尘表面的能量,从而降低可燃粉尘的爆炸性。

(9)可燃气体。当粉尘与可燃气体共存时,粉尘最小点火能量会有一定程度的减小,爆炸下限浓度也会降低。即使粉尘和可燃气体均达到爆炸下限浓度,但混合后仍能形成爆炸性混合物。可燃粉尘中混入可燃气体,爆炸强度增大,但爆炸压力变化微小。

(10)惰性气体。当可燃粉尘与空气的混合物中混入一定量的惰性气体时,不但会缩小粉尘爆炸的浓度范围,而且会降低粉尘最大爆炸压力和最大爆炸压力上升速率。

(11)初始湍流。粉尘云湍流度越大,已燃和未燃粉尘之间的接触面积越大,反应速度加快,最大爆炸压力上升加快;另外,湍流度越大,热损失越快,最小点火能量越大。

(12)粉尘分散状态。一般来说,粉尘浓度只是一种理论平均值,在绝大多数情况下,容器中粉尘浓度分布并不均匀,理论平均浓度往往低于某一区域内的粉尘实际浓度。

(13)包围体形状及尺寸。包围体形状一般分为长径比(L/D)小于 5 和大于 5 两类。对于大长径比的包围体,由于火焰前沿湍流对未燃粉尘云的扰动,火焰传播加速,在一定的管径条件下,如果管道足够长,甚至有可能发展为爆轰。

(14)温度和压强。当温度升高或压强增大时,粉尘爆炸浓度范围会扩大,所需点燃能量下降,危险性增大。

(15)点火源强度和最小点燃能量。点火源的温度越高,强度越大;与粉尘混合物接触时间越长,爆炸范围越大,爆炸危险性也就越大。每一种可燃粉尘在一定条件下都有一个最小点燃能量[44]。若低于此能量,粉尘与空气形成的混合物就不能起爆。粉尘的最小点火能量越小,其爆炸危险性就越大。实验表明,在容积小于 1 m³ 的爆炸容器内,粉尘最大爆炸压力和最大爆炸压力上升速率随点火能量的增大而增大,但这种影响在大尺寸容器中并不显著。当点火源位于包围体的几何中心或管道封闭端时,爆炸最猛烈。当爆燃火焰通过管道传播到另一包围体时,则会成为后者的强点火源。

1.2.6　粉尘爆炸性参数

粉尘爆炸性参数是进行爆炸危险性评价和爆炸防护的重要依据,对指导安全生产和危害预防特别重要,粉尘爆炸防护体系如图 1-5 所示。粉尘爆炸性参数主要包括:粉尘爆炸常用最小点燃能量(minimum ignition energy, MIE)、粉尘层最低着火温度(minimum ignition temperature of dust layer，MITL）、粉尘云最低着火温度（minimum ignition temperature of dust clouds，MITC）、最大爆炸压力（maximum explosion pressure，P_{max}）、最大爆炸压力上升速率［maximum explosion pressure rise rate，$(d_p/d_t)_{max}$］、爆炸下限浓度（minimum explosible concentration，MEC）、爆炸指数（explosion index，K_{st}）、极根氧浓度（limiting oxygen concentration；LOC）等参数表征，其中 P_{max}、$(d_p/d_t)_{max}$、K_{st} 用于描述粉尘爆炸后果的严重性；而 MEC、MITC、MITL、LOC 和 MIE 则用来描述粉尘爆炸的可能性[29, 45-49]。

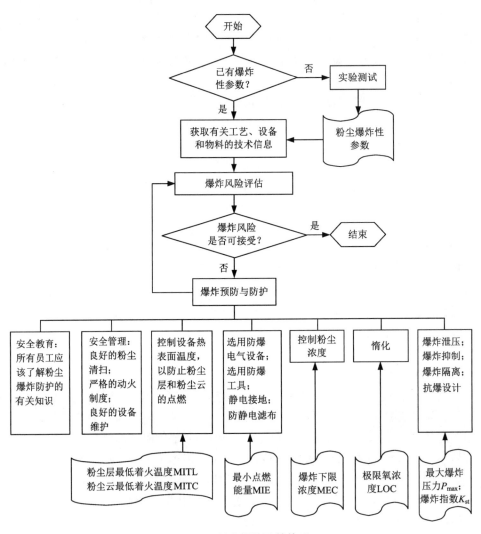

图 1-5　粉尘爆炸防护体系

（1）爆炸压力与最大爆炸压力。爆炸压力（P_m）是指在爆炸过程中达到的相对于着火时容器中压力的最大过压值。最大爆炸压力（P_{max}）是指在多种反应物浓度下，通过一系列实验确定的爆炸压力 P_m 的最大值，是反映爆炸猛烈程度的重要参数。

测定的基本原理是在爆炸容器内形成粉尘与空气的混合物（粉尘云），用一定能量的点火具在容器中心引爆,用压力传感器和数据采集系统记录爆炸过程的压力时间曲线,通过分析爆炸压力时间曲线得到 P_{max}。

(2)压力上升速率与最大压力上升速率。压力上升速率$(d_P/d_t)_m$是指在爆炸过程中测得的爆炸压力随时间变化曲线的最大斜率。最大压力上升速率$(d_P/d_t)_{max}$是指在多种反应物浓度下,通过一系列实验确定的压力上升速率的最大值。

(3)爆炸指数 K_{st}。其计算式为:

$$K_{st} = \left(\frac{d_P}{d_t}\right)_{max} \cdot V^{\frac{1}{3}} \tag{1-1}$$

粉尘最大爆炸压力、最大爆炸压力上升速率和爆炸指数,可采用 20 L 球形爆炸测试装置开展测试。20 L 球形爆炸测试装置是由一个体积为 20 L 的不锈钢球形容器、粉尘分散系统、点火系统组成。球形容器外有夹套,可充水进行温度控制。测试装置如图 1-6 所示。将测试的粉尘样品放入 600 mL 的储粉罐内,将储粉罐加压到 2 MPa(表压)。开启快速开启阀后,高压气体将粉尘通过粉尘分散系统分散到容器中。开阀后 60 ms,能量为 10 kJ 的化学点火头在容器中心引爆。容器内的压力由安装在器壁的压力传感器记录下来。通过分析爆炸压力-时间曲线可以得到 P_m 和$(d_P/d_t)_m$。在较大的粉尘浓度范围内进行爆炸实验,可以得到 P_m 和$(d_P/d_t)_m$的最大值 P_{max} 和$(d_P/d_t)_{max}$。

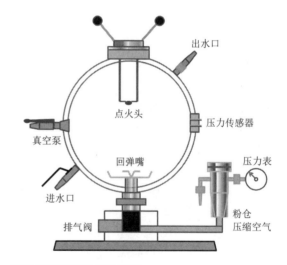

图 1-6　20 L 球形爆炸测试装置及原理

通过式(1-1)可以得到 K_{st},如图 1-7 所示。

(4)爆炸下限浓度。爆炸下限浓度(MEC)是指用规定的测定步骤在室温和常压下实验时,能够靠爆炸测试装置中产生必要的压力,维持火焰传播的空气中可燃粉尘的最低浓度。粉尘云的爆炸下限浓度是粉尘云在给定能量的点火源作用下,刚好发生自动持续燃烧的最低浓度。爆炸下限浓度反映了粉尘爆炸的最低粉尘浓度。在实际的工艺中,可以采用控制粉尘浓度在爆炸下限浓度以下的方法防止爆炸发生。爆炸下限浓度还可用于估算粉尘层厚度和堆积量的危险阈值。

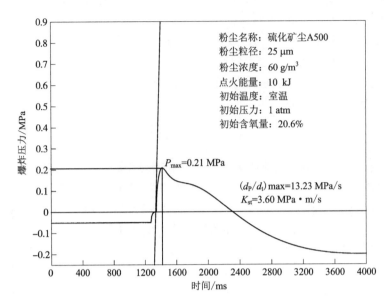

图 1-7　爆炸压力浓度变化曲线

　　只有当粉尘浓度处于一定的范围时，粉尘云才可以爆炸。当粉尘浓度太低时，粉尘燃烧放出的热量不足以维持火焰传播；当粉尘浓度太高时，粉尘过量，燃烧释放的热量被过量的粉尘吸收而无法维持火焰传播。可爆粉尘浓度的上限和下限分别称为爆炸上限和爆炸下限。

　　测定设备为 20 L 球形爆炸测试装置，单次爆炸实验的操作步骤和最大爆炸压力测定的步骤一样，判定是否爆炸的标准是爆炸压力是否大于点火头本身的爆炸压力。

　　从某一可以发生爆炸的浓度开始，降低粉尘浓度，直到爆炸不发生。不发生爆炸的浓度记为 C_1，发生爆炸的浓度记为 C_2。爆炸下限 C_{min} 为：

$$C_1 < C_{min} < C_2 \tag{1-2}$$

　　(5) 最小点燃能量。粉尘云最小点燃能量 (MIE) 是指粉尘云中可燃粉尘处于最容易着火的浓度时，使粉尘云着火的点火源能量的最小值。粉尘云最小点燃能量也称为最小点火能或最小点火能量。MIE 主要用于评价摩擦、碰撞、电火花和静电放电能点火源点燃粉尘云的危险程度。MIE 是选择防爆方法的重要依据，当最小点燃能量小于 10 MJ 时，通常要采取更为严格的措施控制点燃源，或采用惰化的方法防爆。

　　粉尘着火温度从温度的角度反映粉尘被点燃的敏感程度，一般适用于评价热表面点燃源的危险性。粉尘最小点燃能量从能量的角度反映粉尘点燃的敏感程度，适用于评价机械火花、静电放电等非热表面点燃源的危险性。

　　其测试基本原理是在爆炸容器内将粉尘分散到空气中，用一定能量的电火花试点燃。若火焰传播距离大于 60 mm，或检测到明显的压力上升，则判断为点燃。其间改变实验条件，直到测得最小点燃能量。测试可以基于原始样品，也可以基于标准样品。标准样品是指粉尘粒径为 200 目筛下时的粒径，粉尘含水量低于 1%。

　　测试装置采用哈特曼管，如图 1-8 所示。电火花电路采用辅助火花触发的双电极系统和移动电极火花触发系统。移动电极火花触发系统点燃能量测定装置，两电极通过聚四氟乙烯固定座安置于顶端开口的哈特曼管中。两个电极固定座钻有小孔，电极可以移动。其中，一个电极(接地)与测量用的螺旋千分尺的测杆相连，另一个电极(接高压)与一根推杆相连。该推杆受双作用气动活塞(活塞直径为 35 mm，操作压力为 0.6 MPa)控制，工作行程为 10 mm，通过一个聚四氟乙烯绝缘件与电极相连，高压电极与电容器相连。当高压发生器从电容器电路中断开后，由电磁阀控制储气罐释放压缩空气，使粉尘扩散形成粉尘云。延迟一定时间后，将高压电极推到规定位置，使电容器放电产生电火花。

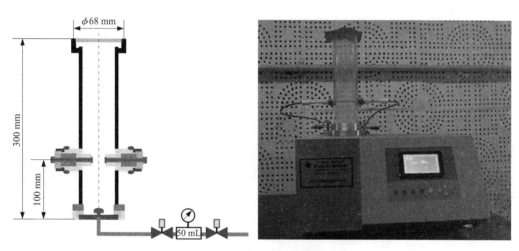

图 1-8　粉尘云最小点燃能量测试装置

最小点燃能量的确定。①首先确定点燃的敏感条件。敏感条件指在该条件下，粉尘比在其他条件下易于点燃。改变参数包括点燃能量、电极间距、分散压力、粉尘质量、点火延时。以下为搜索范围和初始值：a)点火能量，初始值为 50 MJ；b)电极间距，2~8 mm，初始值为 6 mm；c)分散压力，0.5~0.7 MPa，初始值为 0.7 MPa；d)粉尘质量，0.5~5 g，初始值为 2 g；e)点火延时，60 ms、90 ms、120 ms，初始值为 60 ms。②如果在一次测试中粉尘云被点燃，清理电极、哈特曼管和盛粉室，降低能量继续实验。③如果在一次测试中粉尘云没有被点燃，可在不更换粉尘的情况下继续实验；如果电极上黏有粉尘，用刷子清理粉尘，并重新将粉尘均布到蘑菇喷嘴的下方。若实验 10 次仍没有点燃，可暂时认为该条件下不能点燃。④找到点燃敏感条件后，便可开始进行系统测试。在系统测试中，实验20 次不能点燃才可以认定该条件下不能点燃。⑤不能点燃能量和点燃能量之间的差值应小于或等于点燃能量的 1/10。例如，当点燃能量为 10 MJ 以下时，不能点燃能量和点燃能量之间的差值应小于等于 1 MJ。

(6)粉尘层最低着火温度。粉尘层最低着火温度(MITL)是指粉尘层受热时，使粉尘层的温度发生突变(点燃)的最低加热温度(环境温度)。粉尘层着火温度反映了粉尘在堆积状态时对点燃的敏感程度。

处理可燃粉尘的车间设备及管道热表面常常沉积了一层可燃粉尘，如热表面或环境温度较高，会使粉尘的氧化速度增加，热量不断积聚就可能发生自燃着火。粉尘层着火后通常不会发生爆炸，但可成为粉尘爆炸的点火源。在有可燃粉尘沉积的场所，设备热表面的温度不能超过粉尘层最低着火温度。粉尘层着火温度的主要应用为：①电气防爆设备的选型；②控制发热设备的表面温度。

测定粉尘层着火温度实际上是测定在热表面上规定厚度的粉尘层着火时热表面的最低温度。测试设备为热板，如图 1-9 所示。通过电阻丝给热板加热，热板内有控温热电偶和测温热电偶，分别用于控制和记录热板温度。通过热板上的盛粉环可将一定厚度的粉尘层置于热板上。粉尘层中有热电偶用于记录粉尘层的温度。测试时，先使热板温度保持恒定，然后通过盛粉环将粉尘快速放置于热板上。着火的判定条件(达到一项)：①观察到明显的着火；②粉尘温度高出热表面一定的温度(不同标准此差值不同)；③粉尘温度达到450 ℃。

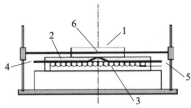

1—盛粉环；2—热板；3—加热器；4—加热器控温用热电偶；
5—热板温度记录用热电偶；6—粉尘层温度记录用热电偶。

图 1-9　粉尘层着火温度测试装置及原理

(7)粉尘云最低着火温度。粉尘云最低着火温度(MITC)是指在粉尘云(粉尘和空气的混合物)受热时，使粉尘云的温度发生突变(点燃)的最低加热温度(环境温度)。悬浮在空气中的粉尘，如果遇到温度足够高的热源，就可能发生着火或爆炸。空气中粉尘云的着火是由于能量的传递引起爆炸的初始阶段，一旦粉尘浓度在爆炸范围内的粉尘云被引燃，就会形成粉尘爆炸。

粉尘云着火温度在高德伯尔特-格润瓦尔德炉(G-G 炉)内测定。G-G 炉实验装置如图 1-10 所示。G-G 炉的主要部件为下端敞口的石英炉管，管壁绕有电阻丝。电阻丝的绕法是中间稀、两端密，以保证炉管内各处温度相等。测试时，压缩空气使粉室中的粉尘试样分散进入石英炉管内形成均匀的粉尘云。通过 G-G 炉下方的反射镜可以观察炉内是否着火。

实验采用 0.5 g 粉尘装入粉仓。当炉温达到预设温度并恒定后，启动电磁阀。利用储气罐高压气体将粉尘吹入炉管内，从炉管下部观察是否着火。着火判断依据为炉管下端有明显火焰，若 3 s 后出现火焰或只有火星无火焰，则视为未着火。

修正测试结果。当测试结果温度大于 300 ℃时，粉尘云最低着火温度 $T_{测}$ 为-20 ℃；当测试结果温度小于 300 ℃时，粉尘云最低着火温度 $T_{测}$ 为-10 ℃。

(8)极限氧浓度。极限氧浓度(LOC)是指可以支持燃烧的氧气浓度。环境中氧气浓度低于 LOC 时不能支持燃烧，因此不能支持粉尘爆炸。

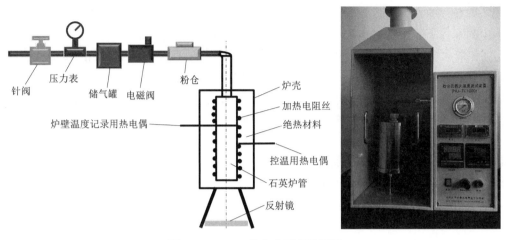

图 1-10　G-G 炉实验原理及装置

1.2.7　典型粉尘爆炸性参数与影响因素关系

粉尘的爆炸性参数与粉尘的组成、粒度分布和湿度相关。即使是名称看起来相同的粉尘，如木材、煤炭，以及小麦、咖啡等农作物粉尘，它们的爆炸性参数也与其实际的化学组成相关而各有差异。因此在进行爆炸危险性评估时，文献中的数据只能作为参考，一般要进行实际测试来确定其爆炸性参数。粉尘的爆炸性参数及其影响因素研究，对指导安全生产和危害预防特别重要。

硫磺粉尘粒径对最大爆炸压力 P_{max} 和最大爆炸压力上升速率 $(d_p/d_t)_{max}$ 的影响相对较小，两个参数变化是硫颗粒的热膨胀与硫液滴之间的凝结作用引起的[50]。硫磺粉尘的爆炸风险和强度随着粒径增大而降低。在一定条件下，硫磺粉尘的 P_{max} 和 $(d_p/d_t)_{max}$ 与质量浓度和点火能量呈正相关，与粉尘粒径呈负相关，且粉尘质量浓度影响大于点火能量影响，点火能量影响大于粒度影响[51]。

煤尘在相同粉尘浓度下，其最大爆炸压力 P_{max} 和爆炸指数 K_{st} 均随粒径的减小而增大[52-55]。随着粒径减小，煤尘爆炸下限浓度（MEC）降低，MEC 与粒径呈近似线性关系[48]。与球形煤尘相比，不规则形状的煤尘具有较低的点火能量。这是由于不规则形状的煤尘的比表面积较大，在煤尘爆炸动力学方面起作用，导致热传导阻力降低[56]。粒径小于 1 mm 的煤尘都会参与爆炸。在煤种相同的情况下，随着粒径的减小，爆炸压力增大，爆炸范围扩大，爆炸危险性增加。煤尘的粒度对引燃温度及火焰传播速度也有影响，随着粒径的减小，引燃温度降低，火焰传播速度加快[53]。相同煤尘浓度时（100 g/m³），随着煤尘粒径的减小，P_{max} 逐渐增大[54]。此外，发现存在一个最佳粒径范围，且在该范围内煤尘的 P_{max} 和 $(d_p/d_t)_{max}$ 均为最大值。在煤尘粒径一定的条件下，随着煤尘浓度增大，P_{max} 和 $(d_p/d_t)_{max}$ 先增大后减小[57-62]，煤尘浓度在 400~480 g/m³ 时可测得爆炸压力及其上升速率的最大值。

随着粒径的增大,铝尘的爆炸敏感度参数增大,爆炸强度参数减小;粒径变化对小粒径铝尘的爆炸下限浓度(MEC)和最小点燃能量(MIE)影响相对较小,但对最大爆炸压力(P_{max})和最大爆炸压力上升速率$(d_p/d_t)_{max}$影响较大[63]。气流速度对火焰的传播特性和爆炸行为有显著影响[64]。湍流是影响铝尘爆炸特性的主要因素之一。另外,湍流与粉尘的均匀性相互影响。在较低粉尘浓度时,湍流是影响铝尘/空气爆炸的主要因素,影响铝尘悬浮在空气中的均匀性;在较高粉尘浓度时,悬浮在空气中的铝尘的均匀性是影响铝尘/空气湍流爆炸的主要因素[65]。在相似铝尘云浓度下,随着粒径从 42.89 μm 增大到 141.70 μm,铝的粉尘层最低着火温度(MITL)值增大,且在某一浓度值下达到峰值[66]。此外,点火能增加有助于 P_{max} 和$(d_p/d_t)_{max}$ 的增加。随着粉尘粒径的增大,P_{max} 和$(d_p/d_t)_{max}$逐渐减小。粒径减小降低了最大爆炸压力下的浓度值。

1.2.8 粉尘爆炸危害

粉尘爆炸危害巨大,主要体现在以下三个方面。

(1)具有极强的破坏性。粉尘爆炸涉及的范围很广,煤炭、化工、医药加工、木材加工、粮食和饲料加工等部门时有发生。爆炸产生的伤亡与粉尘量、受限空间大小、车间设施布置、人员密集程度甚至厂房结实程度等都有关。积尘越多,爆炸威力越大,当空气中的浮尘达到一定浓度后会沉积在地面上。如果浮尘爆炸,产生的气流会将积尘扬起形成粉尘云,导致二次、三次甚至多次爆炸,产生更大的破坏。同时,产生爆炸需要有一个受限的空间,比如车间厂房、井下巷道。空间越密闭,爆炸的威力也会越强。车间设施的布置也和人员的伤亡息息相关。爆炸产生的冲击波很大,有些工作人员不一定是被爆炸直接伤害,也可能是被设备或厂房砸伤。爆炸发生在受限的空间内时,人员越密集,爆炸造成的伤亡就越大。

(2)容易产生二次或多次爆炸。第一次爆炸气浪把沉积在设备或地面上的粉尘吹扬起,在爆炸后的短时间内爆炸中心区会形成负压,周围的新鲜空气便由外向内填补进来,形成所谓的"返回风"。"返回风"与扬起的粉尘混合,在一次爆炸的余火引燃下引起二次爆炸。二次爆炸时,粉尘浓度一般比一次爆炸时高得多,故二次爆炸威力比一次爆炸要大得多。例如,某硫磺粉厂的磨碎机内部发生爆炸,爆炸波沿气体管道从磨碎机扩散到旋风分离器,在旋风分离器内发生了二次爆炸。爆炸波通过在旋风分离器上产生的裂口传播到车间中,扬起了沉降在建筑物和工艺设备上的硫磺粉尘,又发生了三次爆炸。

(3)产生有毒气体。由于燃烧不完全,粉尘爆炸会产生两种有毒气体,一种是 CO,另一种是爆炸物(如塑料)自身分解或反应生成的有毒气体。有毒气体的产生往往造成爆炸过后的大量人畜中毒伤亡,必须充分重视。

1.3　金属硫化矿尘燃烧

黄铁矿和磁黄铁矿作为硫铁矿的典型代表，是矿山中常见的金属硫化矿物。其中，黄铁矿(FeS_2)在橡胶、纺织、制酸等工业中被广泛应用，磁黄铁矿($Fe_{1-x}S$)在制酸及重金属净化中被广泛应用。另外，黄铁矿和磁黄铁矿作为煤的伴生矿物，是煤燃烧过程中二氧化硫(SO_2)排放、污染环境的主要来源之一。由于铁元素与硫元素具有变价的性质，导致黄铁矿和磁黄铁矿的晶体结构复杂，具有较高的化学活性，一旦满足条件就会发生燃烧甚至爆炸，而且燃烧及爆炸事故的后果往往是惨痛的。因此，对黄铁矿和磁黄铁矿燃烧和爆炸过程的研究具有重要价值。

关于单一金属硫化矿样品燃烧和爆炸研究，普遍认为燃烧和爆炸过程分为热分解、氧化两个阶段，而且热分解过程与在惰性环境(N_2、He、Ar)中反应过程一致。因此，研究金属硫化矿的热分解过程对揭示燃烧和爆炸机理具有重要意义。

1.3.1　黄铁矿热分解过程与机理

热分解过程：一般认为黄铁矿燃烧反应包含热分解、氧化两个阶段，热分解、氧化由外表面向中心进行[67]。为了深入掌握热分解情况，学者们在惰性气体(N_2、He、Ar)环境中研究了黄铁矿热分解过程。因实验手段不同、对黄铁矿热分解路径定义不同，通常采用热重分析、XRD、气相色谱等热化学分析技术开展研究。学者们普遍认同黄铁矿热分解过程为黄铁矿→磁黄铁矿→陨硫铁→铁，过程受系统内温度和总硫气体压力控制。在一定温度下，当硫气体压力降低到相应平衡压力时，黄铁矿开始分解，形成磁黄铁矿和硫气体。其主要反应方程式如式(1-3)所示[68]，式中硫含量 x 受温度 T 控制；250~743 ℃时，文献[69]认为 x 与 T 之间的关系如式(1-4)所示。如果进一步降低体系内硫气体压力，生成的磁黄铁矿将继续释放出硫气体，如式(1-5)所示；在此基础上进一步降低硫气体压力，FeS 则会分解成铁元素，如式(1-6)所示[72]。

$$FeS_2(s) \rightleftharpoons FeS_x(s) + (1-0.5x)S_2(g) \qquad (1-3)$$

$$x = 4.3739 \times 10^{12} T^4 - 1.2034 \times 10^8 T^3 + 1.2365 \times 10^5 T^2 - 5.4779 \times 10^3 T + 1.99 \qquad (1-4)$$

$$FeS_x(s) \rightleftharpoons FeS(s) + 0.5(x-1)S_2(g) \qquad (1-5)$$

$$FeS(s) \rightleftharpoons Fe(s) + 0.5S_2(g) \qquad (1-6)$$

虽然 XRD 在鉴定矿物主要成分时有一定优势，但是其对微量矿物的鉴定表现一般，鉴于此，研究认为应用磁学技术可以有效鉴别黄铁矿热分解过程[70-71]。研究结果表明，黄铁矿热分解路径有两条，分别为黄铁矿→磁铁矿→磁黄铁矿和黄铁矿→磁黄铁矿。在 Ar 环境中，当温度较低(380 ℃)时，黄铁矿会发生热分解，黄铁矿颗粒与表面吸附的氧发生氧化反应，生成磁铁矿(Fe_3O_4)；随着温度进一步升高(535~560 ℃)，Fe_3O_4 与黄铁矿晶格中挥发出的硫反应，生成磁黄铁矿(FeS)；当温度高于 560 ℃时，生成的磁黄铁矿居里温度稳定,具体反应如式(1-7)、式(1-8)所示[71]。在式(1-8)阶段仍有未反应的黄铁矿存在,因黄铁矿具有强还原性[67],反应过程如式(1-9)所示。

$$3FeS_2+8O_2 =\!\!=\!\!= Fe_3O_4+6SO_2 \tag{1-7}$$

$$Fe_3O_4+5S =\!\!=\!\!= 3FeS+2SO_2 \tag{1-8}$$

$$2Fe_3O_4+FeS_2+\frac{10}{n}S_n =\!\!=\!\!= Fe_7S_8+4SO_2 \tag{1-9}$$

反应机理:在惰性环境中,黄铁矿热分解过程受化学反应控制,为表面一级反应[72-73]。有研究将黄铁矿反应过程划分为两步,也有研究将这一过程划分为四步,不同步骤的表观活化能存在较大的变化。研究认为,可用步骤①将黄铁矿(FeS_2)分解成磁黄铁矿(FeS_x)和液态硫原子;步骤②液态硫原子结合蒸发形成$S_2(g)$。两个步骤解释黄铁矿的热分解过程[74]。当S耗散快时主要反应步骤遵从步骤①,表观活化能为297 kJ/mol;当S耗散缓慢时主要反应步骤遵从步骤②,表观活化能约为112 kJ/mol[74]。另有研究认为,可用步骤①黄铁矿分解为磁黄铁矿和S原子,活化能约为30 kJ/mol;步骤②硫原子通过磁黄铁矿层扩散到粒子表面或两个磁黄铁矿相的界面,活化能约为90 kJ/mol;步骤③硫原子在表面结合形成硫气体分子;步骤④S_2从表面解吸,活化能约为200 kJ/mol。这四个步骤解释黄铁矿的热分解过程[69]。

用模型描述惰性环境中黄铁矿热分解过程。研究认为,在Ar、He环境中,$FeS_2 \rightarrow FeS_x$可以用收缩核模型(shrinking-core model)来反映[69]。在N_2环境中,单个黄铁矿颗粒岩芯存在收缩现象,黄铁矿分解为磁黄铁矿遵循未反应核模型(unreacted core model)。此外,黄铁矿失重分为两个阶段:第一阶段在每个粒子周围形成磁黄铁矿多孔层;第二阶段在磁黄铁矿层下方物质进一步分解[75]。另外,不同机械活化方式对黄铁矿结构变化起不同作用。在相同直径下,球磨活化的黄铁矿热稳定性最好[76]。式(1-3)形成硫气体S_2的焓变,其值为234~449 kJ/mol,并计算得出在323~623 ℃形成S_2的焓变为284.5 kJ/mol;通过扫描电子显微镜(SEM)发现,黄铁矿热分解过程中,未反应的黄铁矿与形成的磁黄铁矿产物层之间总是有明显的边界。根据拍摄的部分分解的黄铁矿颗粒照片绘制示意图,如图1-11所示[74]。

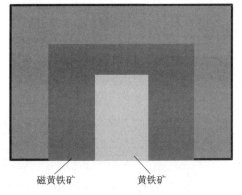

磁黄铁矿　　　　黄铁矿

图1-11　部分分解的黄铁矿颗粒

1.3.2　黄铁矿在CO_2环境中燃烧过程与机理

燃烧过程:黄铁矿对煤灰渣的结渣和结垢起重要作用,CO_2作为助燃剂(空气)的主要成分与黄铁矿发生反应,反应过程为黄铁矿→磁黄铁矿→磁铁矿→赤铁矿[77]。在CO_2环境中,当温度达560 ℃时FeS_2开始分解,当温度小于700 ℃时产物只有固体磁黄铁矿(FeS_x,$1 \leqslant x \leqslant 2$);当温度大于等于700 ℃时,产物除$FeS_x$外还有固体磁铁矿($Fe_3O_4$);当温度为 950 ℃时，Fe-O-S 熔融体系开始出现；当温度超过 1000 ℃时，共晶 Fe-O-S 为主要相。高浓度 CO_2 可以促进 FeS_2 形成 Fe_3O_4、CO 和 SO_2；燃烧时间越长，CO_2 与 Fe_3O_4 反应，进一步氧化生成赤铁矿（Fe_2O_3），具体反应如式（1-10）~式（1-18）所示[78]。

$$FeS_2(s) \longrightarrow FeS_x(s) + S_2(g), \ 1 \leqslant x \leqslant 2 \tag{1-10}$$
$$CO(g) + SO_2(g) \longrightarrow COS(g) + CO_2(g) \tag{1-11}$$
$$CO_2(g) + S_2(g) \longrightarrow COS(g) + SO_2(g) \tag{1-12}$$
$$CO(g) + S_2(g) \longrightarrow COS(g) \tag{1-13}$$
$$FeS_2(s) + CO(g) \longrightarrow FeS_x(s) + COS(g) \tag{1-14}$$
$$FeS_x(s) + CO_2(g) \longrightarrow Fe_3S_4(s) + S_2(g) + CO(g) \tag{1-15}$$
$$FeS_2(s) + CO_2(g) \longrightarrow FeS_x(s) + SO_2(g) + CO(g) \tag{1-16}$$
$$Fe_3O_4(s) + FeS_x(s) \longrightarrow Fe-O-S(l) \tag{1-17}$$
$$Fe_3O_4(s) + CO_2(g) \longrightarrow Fe_2O_3(s) + CO(g) \tag{1-18}$$

　　燃烧机理：在 CO_2 环境中，黄铁矿表面与 CO_2 存在较强的相互作用，表面 O 原子的存在促进了相互作用；吸附的 CO_2 分子分解成 CO 分子和表面活性 O 原子，为 SO_2 形成提供氧气来源，CO 分子从 FeS_2 表面剥离一个晶格硫原子生成了 COS；CO_2 参与黄铁矿燃烧过程包括 CO_2 吸附、CO_2 分解、CO 解吸、SO_2 生成、SO_2 解吸和 O 原子补充等[73]。在 N_2 环境中，受高岭石脱羟基释放水蒸气的影响，黄铁矿与高岭石发生了不明显的相互作用；CO_2 增强了黄铁矿与高岭石的相互作用，究其原因是 FeO 与铝硅酸盐之间发生了反应[76]。

　　另外，黄铁矿燃烧经历了黄铁矿分解为磁黄铁矿、磁黄铁矿进一步反应的过程，相当于两个阶段，可区分为黄铁矿分解和磁黄铁矿氧化。有人认为 CO_2 具有惰性气体性质，不参与黄铁矿分解，但参与了磁黄铁矿氧化[74, 79-80]；也有人认为 CO_2 会参与黄铁矿分解，但没有参与磁黄铁矿氧化[81]；还有人认为 CO_2 既参与了黄铁矿分解，也参与了磁黄铁矿氧化。CO_2 环境中黄铁矿的燃烧机理是 CO_2 参与了黄铁矿分解，促进了黄铁矿分解以及硫释放。随着 CO_2 浓度增加，磁黄铁矿硫含量降低，促进作用增强。其将 CO_2 环境中黄铁矿分解动力学过程细化划分为三个阶段：首先是高硫磁黄铁矿（FeS_{1+x}）形成，这一阶段受黄铁矿（FeS_2）颗粒表面自分解控制，反应活化能为 70 kJ/mol；其次是低硫磁黄铁矿（FeS_{1+y}）形成，这一阶段受黄铁矿颗粒内核继续自分解控制，此时 CO_2 与外表面已形成的高硫磁黄铁矿（FeS_{1+x}）发生反应，生成低硫磁黄铁矿（FeS_{1+y}），反应活化能为 61 kJ/mol；最后是 CO_2 与未反应的高硫磁黄铁矿（FeS_{1+x}）发生反应，全部转化为低硫磁黄铁矿（FeS_{1+y}）。黄铁矿在 CO_2 环境中分解机理如图 1-12 所示。同样，CO_2 环境中磁黄铁矿转化行为也经历了三个阶段，即快速失重阶段、缓慢失重阶段和慢速增重阶段。首先是磁黄铁矿与 CO_2 发生反应生成陨铁矿（FeS）、CO 和 SO_2，气体挥发导致失重；其次是 FeS 与 CO_2 发生氧化反应，生成磁铁矿（Fe_3O_4）或赤铁矿（Fe_2O_3）、CO 和 SO_2，反应活化能为 86.6 kJ/mol；最后是 Fe_3O_4 与 CO_2 发生氧化反应，生成 Fe_2O_3 和 CO[82]。

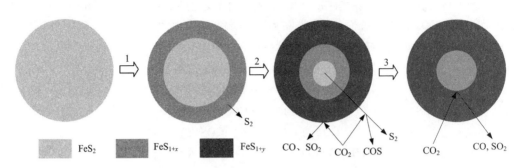

图 1-12　黄铁矿在 CO_2 环境中分解机理

1.3.3　黄铁矿在含氧环境中燃烧过程

燃烧过程：当黄铁矿在含氧环境中燃烧时，由于温度、氧气浓度、流量和粒度等条件变化，氧化分为两种不同方式[68]。第一种为黄铁矿被直接氧化，发生条件为较低的温度（530 ℃）、较高的氧浓度。第二种为黄铁矿分两步氧化，第一步为黄铁矿热分解生成多孔磁黄铁矿，第二步为磁黄铁矿进一步氧化。

直接氧化理论研究发现，受温度控制，黄铁矿燃烧产物不同，总体反应方程式可以表述为式（1-19）、式（1-20）。在含氧量低的大气中，约 1327 ℃ 时，Fe_2O_3 是稳定的黄铁矿氧化产物[83]。黄铁矿在 1200 ℃ 时的最终氧化产物是 Fe_2O_3，在 1500 ℃ 时的最终氧化产物是 Fe_3O_4；在还原环境下，氧化产物中只存在马氏体和磁铁矿[84-85]。利用可见光光谱技术得出：在高温（>1427 ℃）、高含氧量条件下，燃烧火焰中唯一稳定的物种是磁铁矿（Fe_3O_4）；赤铁矿（Fe_2O_3）只能在低温（<1227 ℃）下存在，且生成于氧化产物的冷却阶段[86]。黄铁矿在 400~500 ℃ 的氧氮环境中直接氧化，反应产物只有 Fe_2O_3 和 SO_2。温度、氧分压和粒度均对黄铁矿氧化速率产生影响，反应活化能为 60.5 kJ/mol[87]。通过 X 线衍射和扫描电镜观察发现，黄铁矿在低于 530 ℃ 温度下直接氧化生成 Fe_2O_3；在较高温度下，磁黄铁矿作为中间体形成，继而氧化形成 Fe_2O_3[88]。粒度较小（≤0.045 mm）的黄铁矿颗粒在空气中，当升温速率较低（≤2.5 ℃/min）时，于 503 ℃ 直接氧化生成赤铁矿；粒度较大（0.09~0.12 mm）的黄铁矿，在同样的升温速率下，于 505 ℃ 直接氧化生成赤铁矿，这说明粒度对产物生成温度存在一定影响。另外，黄铁矿在 505 ℃ 时，中间形成多孔氧化层（这个多孔氧化层是由多孔磁黄铁矿在 505 ℃ 以上热分解形成）；高于 505 ℃ 时，形成未反应的黄铁矿核心[89]。同时，观察到黄铁矿直接氧化形成的产物层结构与黄铁矿热分解形成的磁黄铁矿逐次氧化形成的产物层结构不同；在黄铁矿的直接氧化过程中，可以观察到硫酸盐的形成[88]。在 2~6 ℃/min 的升温速率下，当温度达 480 ℃ 时，赤铁矿是由黄铁矿直接氧化形成的，没有发现磁黄铁矿相变过程[90]。

$$2FeS_2(s) + 5.5O_2(g) \rightleftharpoons Fe_2O_3(s) + 4SO_2(g) \tag{1-19}$$

$$SO_2(g) + 0.5O_2(g) \rightleftharpoons SO_3(g) \tag{1-20}$$

在黄铁矿两步氧化理论研究中，黄铁矿在空气中焙烧至 610 ℃ 时，首先发生黄铁矿热分解形成磁黄铁矿，其次磁黄铁矿进一步氧化。其最终产物包括黄铁矿、磁黄铁矿和赤铁矿/磁铁矿[91]。在空气环境中，427~527 ℃时黄铁矿分解生成磁黄铁矿，反应活化能为210 kJ/mol；627~727 ℃时磁黄铁矿发生氧化反应生成磁铁矿，反应活化能为147 kJ/mol[92]。在含 O_2 为 100 ppm 和 1009 ppm 的大气中，392~460 ℃时，磁黄铁矿和赤铁矿同时发生热分解，形成的磁黄铁矿同时发生氧化；484~538 ℃时，只有磁黄铁矿形成[74]。在热分解和连续氧化情况下，发生黄铁矿热分解、形成的硫气体氧化及磁黄铁矿进一步氧化反应，如式(1-21)~式(1-31)所示[68]。

黄铁矿热分解和形成的硫气体氧化：

$$FeS_2(s) \rightleftharpoons FeS_x(s) + (1-0.5x)S_2(g) \tag{1-21}$$

$$S_2(g) + 2O_2(g) \rightleftharpoons 2SO_2(g) \tag{1-22}$$

$$SO_2(g) + 0.5O_2(g) \rightleftharpoons SO_3(g) \tag{1-23}$$

磁黄铁矿在低于 1000 ℃的温度下氧化，在约 650 ℃的温度时可能形成硫酸盐并分解：

$$2FeS_x(s) + (1.5+2x)O_2(g) \rightleftharpoons Fe_2O_3(s) + 2xSO_2(g) \tag{1-24}$$

$$2FeS_x(s) + (3+2x)O_2(g) \rightleftharpoons Fe_2(SO_4)_3(s) + (2x-3)SO_2(g) \tag{1-25}$$

$$2FeS_x(s) + (1+x)O_2(g) \rightleftharpoons FeSO_4(s) + (x-1)SO_2(g) \tag{1-26}$$

$$2FeSO_4(s) \rightleftharpoons Fe_2O_3(s) + SO_3(g) + SO_2(g) \tag{1-27}$$

$$Fe_2(SO_4)_3(s) \rightleftharpoons Fe_2O_3(s) + 3SO_3(g) \tag{1-28}$$

$$SO_2(g) + 0.5O_2(g) \rightleftharpoons SO_3(g) \tag{1-29}$$

磁黄铁矿在高于 1000 ℃温度下氧化：

$$2FeS_x(l/s) + (2+3x)O_2(g) \rightleftharpoons Fe_3O_4(l/s) + 3xSO_2(g) \tag{1-30}$$

$$2Fe_3O_4(s) + 0.5O_2(g) \rightleftharpoons 3Fe_2O_3(s) \tag{1-31}$$

此外，黄铁矿在氧化过程中既可形成硫酸铁盐，也可形成亚铁硫酸盐。加热时，硫酸亚铁和硫酸铁会根据式(1-32)~式(1-36)分解。由于该反应的热力学平衡，低于 650 ℃温度时，SO_3 进一步分解为 SO_2 和 O_2 会受到限制[93-94]。SO_2 通常是主要的气态物质，并且在没有催化剂的情况下，SO_2 和 SO_3 在低温下建立平衡是十分缓慢的。在黄铁矿氧化过程中，如果气体中形成的 SO_2 不易转化为 SO_3，则硫酸铁稳定性不如硫酸亚铁。由于正常黄铁矿氧化条件下 SO_2 和 SO_3 的分压远低于平衡压力，两种硫酸盐均在高于约 650 ℃的温度下分解[93]。因此，在黄铁矿氧化过程中，接近固体表面的温度和气体组成可能是决定是否能形成硫酸盐和会形成哪种硫酸盐的两个最重要参数。

$$2FeS_2(s) + 7O_2(g) \rightleftharpoons Fe_2(SO_4)_3(s) + 3SO_2(g) \tag{1-32}$$

$$2FeS_2(s) + 3O_2(g) \rightleftharpoons FeSO_4(s) + SO_2(g) \tag{1-33}$$

$$2FeSO_4(s) \rightleftharpoons Fe_2O_3(s) + SO_3(g) + SO_2(g) \tag{1-34}$$

$$Fe_2(SO_4)_3(s) \rightleftharpoons Fe_2O_3(s) + 3SO_3(g) \tag{1-35}$$

$$SO_3(g) \rightleftharpoons SO_2(g) + 0.5O_2(g) \tag{1-36}$$

燃烧机理：黄铁矿在含氧环境中燃烧第一种反应过程如图 1-13(a)所示。铁/硫酸亚铁形成的孔隙堵塞效应，致使氧化过程符合未反应核模型(unreacted core model)。该模型受化学反应或氧内扩散机制控制。第二种反应过程如图 1-13(b)所示。第一步的发生与黄铁矿在惰性环境中热分解相似，但反应速率可能更快(这是因为反应中生成的硫气体氧化产生了附加热效应，或是硫气体通过产物层/气膜时破坏了层状/膜状结构，降低了扩散阻力）；第二步可能在固态或熔融状态下进行。在含氧率为5%、温度为525℃时，粒径为0.032~0.064 mm的黄铁矿颗粒反应后存在部分未反应的黄铁矿岩心、多孔磁黄铁矿层和颗粒表面的赤铁矿边缘。这进而证明黄铁矿热分解也可能不是直接氧化，颗粒表面的赤铁矿环可能是升温阶段直接氧化形成的，也可能是磁黄铁矿同时氧化形成的。这一现象可以用氧通量来解释：当氧气通过气膜和产物层的传输速率大于释放硫气体的氧化速率时，黄铁矿会直接氧化，反之会逐步氧化。另外，学者们认为黄铁矿颗粒在氧化过程中一直保持固态，直至1427℃燃烧环境中完全分解[85]。铁矿通常不会在含氧气氛中熔化。因为在接近黄铁矿熔点温度下，黄铁矿分解速率高，且这一过程的吸热焓变化大，使核心温度保持在熔点以下[95]，熔化部分为磁黄铁矿[85]。笔者在含氧2%的氮气和纯氮气两种环境中进行了黄铁矿燃烧实验，发现黄铁矿从300℃开始脱硫生成磁黄铁矿和赤铁矿，800℃以上时磁铁矿较赤铁矿更容易生成；在含氧2%的氮气环境中，800~900℃时产物中赤铁矿含量最高；高于1000℃时形成液态铁的硫化物，冷却后内部为孔状结构，团聚在金属基质表面[96]。黄铁矿燃烧是多步反应过程[95]，该文献用多种方法（E1641-16 ASTM、Ozawa-Flynn-Wall、Kissinger-Akahira-Sunose 和 Friedman）计算了反应活化能，最终认为 Kissinger 方法最适合。

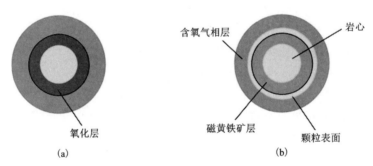

（a）　　　　　　　　　　　　　　　（b）

图 1-13　含氧环境中黄铁矿燃烧机理

1.3.4　磁黄铁矿燃烧

磁黄铁矿常被作为黄铁矿燃烧的中间产物来开展燃烧研究，一般通过热重分析、磁化率分析等手段开展研究。对天然黄铁矿进行热物相变化综合分析，发现当温度低于773 K时黄铁矿无明显变化；当温度为773~873 K时，黄铁矿开始转变成单斜磁黄铁矿，生成六方磁黄铁矿，磁化率显著增加；当温度为973~1073 K时，单斜磁黄铁矿为主要燃烧产物，磁化率显著下降；当温度为1173 K时，陨铁矿（FeS）为主要产物，磁化率基本为零；黄铁矿物相变化的温度区间为773~873 K，此时黄铁矿生成单斜磁黄铁矿的速率比单斜磁黄铁矿转变为六方磁黄铁矿的速率大；当温度为973~1173 K时，黄铁矿转化为单斜磁黄铁矿的速率比单斜磁黄铁矿转化为六方磁黄铁矿的速率小，黄铁矿直接生成六方磁黄铁矿[98]。在氮气环境中，黄铁矿热分解生成磁黄铁矿和单质硫，同时磁黄铁矿进一步脱硫生成氧化亚铁，黄铁矿颗粒致密的表面变得疏松多孔[99]。

镍黄铁矿和黄铜矿伴生大量磁黄铁矿时产生的自热反应主要是由磁黄铁矿的自热反应引起的；与煤相比，硫化矿石自热强度较轻[100]。在 FeS-FeS$_2$ 混合物低温氮吸附实验中，随着 FeS 质量分数增加、分数维数增大，FeS-FeS$_2$ 混合物的表面吸附存氧能力增强，更容易引起硫化矿石自燃[101]。

磁黄铁矿电化学行为的初步研究表明，磁黄铁矿蚀变包括三层表面层的形成：(1) 直接接触的磁黄铁矿；(2) 与元素 S 相对应的中间层；(3) 最外层由像针铁矿一样的铁氢氧化合物沉淀物组成。磁黄铁矿反应活性似乎受氧化产物层的形成控制，氧化产物层包裹并钝化磁黄铁矿的表面，其中元素 S 层最重要[102]。O$_2$ 在磁黄铁矿表面吸附能最大，其次是马氏体表面，最后是黄铁矿表面。吸附在黄铁矿、马氏体和磁黄铁矿表面的 O$_2$ 分子都是解离的，氧化性能与铁氧键的形成有关[103]。磁黄铁矿对 H$_2$、NO$_2$、NH$_3$ 和 CH$_4$ 的反应优于胶黄铁矿[104]。磁黄铁矿的化学量与其着火温度有明显关系，着火温度随磁黄铁矿成分的增加而降低；着火温度随颗粒尺寸的减小而降低，这种影响在 FeS 中最为明显，并随着磁黄铁矿富硫程度的增加而减小。磁黄铁矿分解温度与其着火温度有显著关系，随着分解温度的降低，着火温度也会降低[105]。

通过焙烧磁黄铁矿制备氧化铁和二氧化硫，每吨陨铁矿 (FeS) 可产生 6130 MJ 热量、900 kg 赤铁矿和 700 kg SO$_2$ 气体；焙烧最佳条件为气体流速不小于 200 mL/min、粒径为 38~45 μm、温度为 850 ℃、氧气分压为空气分压[106]。

磁黄铁矿硫释放和相变机理如图 1-14 所示。燃烧过程包括四个步骤：磁黄铁矿氧化分解、硫酸铁形成、硫酸铁分解、赤铁矿形成。在焙烧过程中，SO$_2$ 由磁黄铁矿氧化分解形成，燃烧温度越高，SO$_2$ 释放速率越大。当空气充足时，直接氧化产物为赤铁矿；当空气不足时，产物为赤铁矿和硫酸铁。当温度更高时，硫酸铁溶解到赤铁矿中；S 以 SO$_2$ 形式由

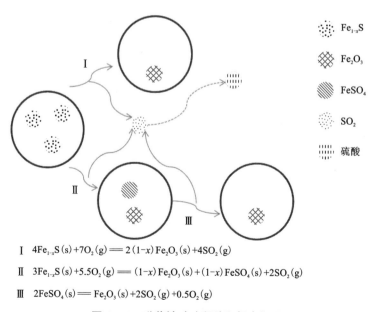

Ⅰ　$4Fe_{1-x}S(s) + 7O_2(g) = 2(1-x)Fe_2O_3(s) + 4SO_2(g)$

Ⅱ　$3Fe_{1-x}S(s) + 5.5O_2(g) = (1-x)Fe_2O_3(s) + (1-x)FeSO_4(s) + 2SO_2(g)$

Ⅲ　$2FeSO_4(s) = Fe_2O_3(s) + 2SO_2(g) + 0.5O_2(g)$

图 1-14　磁黄铁矿硫释放和相变机理

图例：
Fe$_{1-x}$S
Fe$_2$O$_3$
FeSO$_4$
SO$_2$
硫酸

中间层到表层逸出，同时形成赤铁矿。随着温度的升高和时间的增加，磁黄铁矿进行了从表层到内层的氧化过程，最终磁黄铁矿被完全氧化分解，生成赤铁矿[107]。

1.4　金属硫化矿尘爆炸

关于金属硫化矿尘爆炸方面的研究并不多见，关于磁黄铁矿矿尘爆炸方面的研究更是少之又少。Soundararajan 等发现早在 1928 年 Gardner 和 Stein 通过研究得到金属硫化矿尘是可爆炸的且会对地下矿山安全构成威胁的结论；他们在 20 世纪八九十年代也着手这一领域的研究，认为磁黄铁矿的爆炸性比黄铁矿弱，更容易自燃。21 世纪初，因国内硫化矿山发生了多起粉尘爆炸事故，这一问题才又被学者重视。

1.4.1　金属硫化矿尘爆炸参数及影响因素

分析金属硫化矿尘爆炸参数影响因素，主要以爆炸机理中的必要条件为研究对象。(1)金属硫化矿尘自身因素对爆炸参数的影响：粉尘浓度、硫含量与铁含量、粒径大小与形状影响、其他化合物掺杂影响等。(2)外部因素对金属硫化矿尘爆炸参数的影响：环境温度与湿度、有限空间结构/爆破实验器材结构、氧化剂特性(氧含量、氧化剂种类)、点火源选择(点火能量、点火方式、点火延迟时间)等。

金属硫化矿尘爆炸强度低于小麦粉等含碳粉尘。金属硫化矿尘爆炸猛烈度分级结果显示，金属硫化矿尘属于 St1 级，为弱爆炸性粉尘[108]。综上所述，金属硫化矿尘爆炸常常被忽视，所以当前对金属硫化矿尘爆炸参数的影响因素研究较少，而且研究主要集中在硫含量与铁含量、粉尘粒径与形状、粉尘浓度三个自身因素。通过回归方程计算得到，硫含量影响效果大于粒度[109]。另外，爆炸容器尺寸对爆炸参数有一定影响，爆炸指数 K_{st} 值随着爆炸容器体积的增加而增加[33]。

1.4.2　硫含量和铁含量对金属硫化矿尘爆炸参数的影响

金属硫化矿尘硫含量与爆炸下限浓度成反比，随着硫含量的增高，爆炸下限浓度逐渐降低[110]。金属硫化矿尘硫含量越高，最小点火能量越低，即爆炸风险越大。这是因为金属硫化矿尘硫含量越高，点火过程中加热产生的气相硫越多，硫燃烧释放的热量越充分，硫化物粉尘着火和爆炸所需的最小点火能量也就越小[111]。金属硫化矿尘爆炸敏感度与硫含量成正比，硫含量越高，爆炸敏感度越强[112]。实验发现，硫含量大于 10% 的硫化矿尘，其最小点火能为千焦级[113]。当点火能量为 10 kJ 时，金属硫化矿尘云爆炸临界硫含量为 16%~17%；高于临界硫含量时，金属硫化矿尘趋于可爆性粉尘；低于临界硫含量时，金属硫化矿尘趋于不可爆性粉尘。超高含硫实验组(硫含量为 30%~40%)的爆炸敏感度最大，高含硫实验组(硫含量为 20%~30%)均可以发生爆炸，中含硫实验组(硫含量为 10%~20%)可能发生爆炸；而低含硫组实验组(硫含量为 0%～10%)不可爆,表现为惰性粉尘[108]。在煤尘爆炸中,硫含量越高,爆炸性越强;高硫含量可使原无爆炸性的煤尘具有爆炸性[114]。

金属硫化矿尘中若含有磁黄铁矿($Fe_{1-x}S$),在矿尘硫含量、浓度、粒度、点火能等条件完全相同时,起爆性截然不同(爆炸或不爆炸),燃烧、爆炸产物颜色也明显不同(如图 1-15 所示,$Fe_{1-x}S$ 含量越高,产物颜色越红;其中 A 类矿石 $w(S) \approx 36\%$、$w(Fe_{1-x}S) \approx 21\%$,B 类矿石 $w(S) \approx 26\%$、$w(Fe_{1-x}S) \approx 11\%$,C 类矿石 $w(S) \approx 16\%$、$w(Fe_{1-x}S) < 5\%$)[39]。磁黄铁矿不仅是硫化矿尘爆炸点火源,更是爆炸参与物。这主要是磁黄铁矿中铁元素变价性质导致的,具体影响机理还需进一步研究。有实验表明,黄铁矿比磁黄铁矿更易发生爆炸[33]。

(a) A 类矿样	(b) A 类矿样反应前	(c) A 类矿样反应后
(d) B 类矿样	(e) B 类矿样反应前	(f) B 类矿样反应后
(g) C 类矿样	(h) C 类矿样反应前	(i) C 类矿样反应后

图 1-15　含磁黄铁矿的金属硫化矿尘燃烧、爆炸反应产物

1.4.3　粉尘粒径和形状对金属硫化矿尘爆炸参数的影响

在硫含量相同的条件下，金属硫化矿尘最小点火能随着粉尘粒径的增加而增大[1]。当金属硫化矿尘粒径小于 10 μm 时，存在约为 6.185 μm 的最佳粒径，爆炸下限浓度约为 150 g/m³。这是因为金属硫化矿尘粒径较大时，实验过程中较大的矿尘微粒容易发生沉降，形成的矿尘云相对不稳定。而在最佳粒径下的粉尘能够形成最佳的悬浮湍流度，使爆炸火焰的传播效率最高，继而表现为粒径越小爆炸下限浓度越低[113]。磁黄铁矿的爆炸临界质量平均直径（即最大可爆直径）为 49~63 μm，黄铁矿的爆炸临界质量平均直径为 85~145 μm。大粒径的细粉容易引起粉尘爆炸[33]。

1.4.4　粉尘浓度对金属硫化矿尘爆炸参数的影响

实验发现，组成为黄铁矿 44.9%、闪锌矿 15.8%、方铅矿 4.8%、黄铜矿 1.1%、煤矸石 33.4%，硫含量为 29.86%，密度为 3.90 g/cm³，平均粒径为 14 μm 的金属硫化矿尘，其爆炸下限为 300 g/m³，最高爆炸极限为 2000~2500 g/m³，最佳浓度为 1000 g/m³ 时具有最大爆炸压力和最大爆炸压力上升速率[30]。随着金属硫化矿尘质量浓度的增加，能爆炸实验组别的每组矿尘最大爆炸压力均表现出先上升、后下降的趋势；不能爆炸实验组别的每组矿尘最大爆炸压力呈离散分布态势，没有明显的规律可循[108]。

综上所述，金属硫化矿尘爆炸研究虽然在爆炸特性参数及影响因素方面取得了一定成果，但还存在以下问题需要进一步解决，在本书后面章节中将着重介绍。

（1）通过金属硫化矿尘层氧化燃烧实验判断爆炸气体主要成分为 SO_2，且知晓爆炸后质量损失是气体产物挥发所致。但是爆炸容器中具体挥发分气体产物的确定还需要进一步表征。

（2）金属硫化矿尘组分中是否含有磁黄铁矿其燃烧及爆炸产物颜色不同，通过 XRD 分析发现，燃烧及爆炸产物中氧化铁 Fe_2O_3 是主要致色成分。但 Fe_2O_3 的生成过程及反应机理尚需明确。

（3）磁黄铁矿对黄铁矿爆炸影响的作用机制尚未明确，化学反应过程机理需要进一步明确。

（4）金属硫化矿尘爆炸燃烧过程动力学模型应包含多场耦合作用，矿尘颗粒受力情况应进一步明确，模型可进一步修正，矿尘爆炸燃烧过程应考虑包含在模型中。

1.5　本章小结

本章主要阐述了粉尘与金属硫化矿尘、粉尘及金属硫化矿尘燃烧和爆炸相关方面的知识。从粉尘与金属硫化矿尘的概念、分类、性质三个方面介绍了其基础知识；从粉尘的燃烧与爆炸的定义、特点、参数及影响因素等方面，介绍了粉尘燃烧与爆炸方面相关知识；从金属硫化矿尘的燃烧与爆炸定义、特点及影响因素等方面，介绍了金属硫化矿尘燃烧与爆炸方面的相关专业知识，并结合已有理论知识，发现了相关研究的不足之处。本章内容是全书研究成果的基础知识部分，为研究成果的讨论提供支撑。

第2章

含磁黄铁矿的金属硫化矿尘制备与实验方法

2.1　矿样的选取

　　矿样收集与制备是开展本书实验研究的一项基础性工作，也是接下来进行一系列实验研究所需准备工作的一个十分关键环节。

　　金属硫化矿石是一个复杂的非均质体，由多种矿物成分组成，受各种成矿因素影响，形成了不同类型的金属硫化矿床，造成金属硫化矿石种类存在一定的地区性差异和局部性差异。这种非均质性和差异性都在一定程度上给采样工作带来了很大困难。根据统计学理论，从总体中随机抽取的个体越多，越能接近总体性质。也就是说，取样点越多，代表性就越大，结果就越可靠。但受人力、财力以及工作量的限制，在实际中很难做到。本书研究的出发点就是选取具有代表性的高硫金属硫化矿山进行研究，得出科学合理的研究结论，在此基础上指导其他高硫金属硫化矿山的生产实践。因此，金属硫化矿石取样矿山的选取要具有一定代表性，同时要采取正确的取样方法。因为如果取样方法不正确，所取样品不具有代表性，无论采用何种精密仪器设备和分析手段，或者无论分析工作做得如何仔细和正确，都不会得到与实际相符的结果。这样不仅会产生毫无意义的浪费，还可能产生错误的判断，给生产和科研造成不可估量的不良影响。因此，取样前需要对硫化矿山进行现场调研，保证选取的矿样具有代表性。

　　金属硫化矿尘及含磁黄铁矿的金属硫化矿尘爆炸实验中，选取的黄铁矿原矿物(以下称原矿)取自中国江西省东乡铜矿。这主要是因为该矿山曾发生多起硫化矿尘燃烧及爆炸事故。为了保证取样准确性，采用多次、多点取样方法。为防止或减少运输过程中氧化，采用聚乙烯薄膜包裹，并进行编号，如图2-1所示。

　　金属硫化矿山凿岩、爆破、矿石运输以及二次破碎等生产环节会产生大量的矿尘。有些颗粒较小的矿尘以粉尘云的形式悬浮在采场或者巷道空气中，有些颗粒较大的矿尘在重力作用下沉积在设备、矿石表面或者巷道以及采场底部，形成一定厚度的粉尘层。产生的硫化矿尘具有很大的危害，比如：污染矿山生产环境，引起职业病，影响机械的

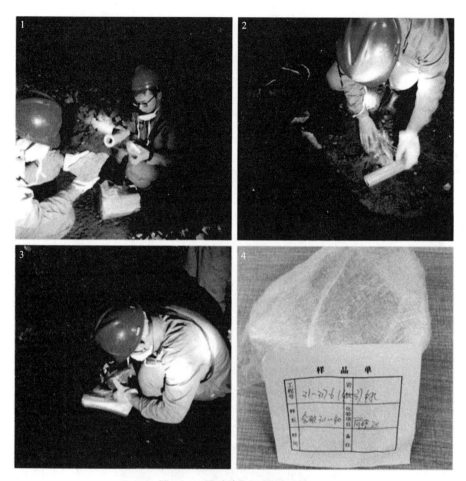

图 2-1　原矿选取及取样过程

性能和使用寿命，井下工作面能见度降低，生产过程中事故发生的概率增加，等等。与其他矿尘不同的是，硫化矿中含有可燃性硫，当矿尘中含硫量达到一定数值时就具有可燃性甚至爆炸性。据统计，具有爆炸性的金属硫化矿尘都为硫铁型矿尘，且以黄铁矿及磁黄铁矿为主。

　　在作者的《硫化矿尘爆炸机理研究及防治技术》一书中，已经对以黄铁矿为主要成分的金属硫化矿尘燃烧及爆炸性参数开展了相关研究，发现磁黄铁矿具有促发金属硫化矿尘爆炸的趋势。为进一步了解磁黄铁矿促发过程与促发机理，在热分解、氧化燃烧、爆炸实验过程中均采用纯矿物（采购于广州市某石头标本商行）。其中，黄铁矿产地为湖北、磁黄铁矿（单斜晶系）产地为东北。

2.2 矿样的制备与表征

2.2.1 热分解与氧化燃烧实验材料

为更清晰地了解磁黄铁矿促发黄铁矿热分解的过程,在实验室中对矿石进行了粗碎;为减少破碎过程中矿石表面氧化,没有将矿石敲击得过细。将破碎后的矿石过 16 目(孔径为 1.25 mm)标准筛,取筛下矿石。为减少机械设备对矿石活性的干扰[115],采用研钵手工磨矿。为控制反应速率及防止粉尘粒径过细造成仪器装样误差,细化后的矿样过 200 目(孔径为 75 μm)标准筛,取筛下矿尘样品。为研究磁黄铁矿含量对黄铁矿热分解的影响,将矿尘按照黄铁矿与磁黄铁矿质量比为 1∶0.1、1∶0.25、1∶0.5、1∶1、1∶1.25、1∶1.5、1∶1.75、1∶2 配制了混合矿物(以下称混合矿)。采用 Winner 2000E 型激光粒径分析仪分析了各类矿尘粒径。激光粒径分析仪原理及实物,如图 2-2 所示。

(a) Winner 2000E 型激光粒径分析仪

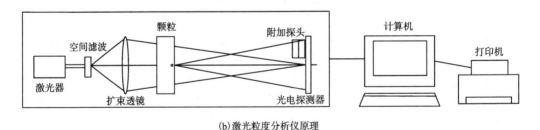

(b) 激光粒度分析仪原理

图 2-2　Winner 2000E 型激光粒度分析仪原理及实物

粒径分析实验方法[109, 116]:(1)打开仪器的电源开关,预热 15~20 min;启动计算机设备程序。(2)进行背景测定:首先,按下排水键,在样品桶中加入与被测样品相匹配的分散介质,介质充满管路与样品窗后,按排水键关闭排水;其次,按下循环键,观察气泡在几秒钟后的排除情况,若仍存在气泡,则需反复按几次排水键,直至气泡排净;最后,观察屏幕中的背景是否合理。(3)进行样品测试:背景测定后,开启搅拌器进行搅拌,启动超声;在样品桶内加入适量被测样品,控制其浓度在测试范围内(一般浓度控制在 1.0~2.0 浓度线内为宜),待分散体系的浓度稳定后开始测定;观测视图中的能谱曲线与浓度显示,待测试结果稳定后,单击保存数据,记录当前测试结果于列表中。(4)测试结束后,清洗循环系统,一般清洗 3 次,每次时长 1 min 左右;最后一次清洗后,启动软件观察能谱的高度,能谱降至 0 位,判定清洗完毕,否则,须排出分散介质,重新进行清洗。(5)结束测试后,进行数据处理和打印,关闭电源。

分析结果如表 2-1 所示;图 2-3 显示了黄铁矿、混合矿(1∶1)和磁黄铁矿粒径分布情况。根据粒径分析结果可知,大部分矿尘颗粒粒径分布在 10~45 μm,中位粒径在 33 μm 以下。

表 2-1　矿尘粒径与比表面积

矿样比例 (黄铁矿∶磁黄铁矿)	D_{90} /μm	D_{50} /μm	D_{10} /μm	S/V (比表面积) /(cm² · cm⁻³)	<10 μm /%	10~45 μm /%	46~100 μm /%	101~200 μm /%
1∶0	91.94	29.04	3.551	5958.29	23.37	40.61	28.52	7.31
1∶0.1	98.51	32.05	3.347	6020.47	23.35	38.45	28.76	9.44
1∶0.25	87.34	28.12	3.003	6498.43	25.69	40.60	29.20	4.51
1∶0.5	89.50	27.94	3.071	6404.10	24.57	43.60	25.43	6.40
1∶1	79.47	24.11	2.880	6854.01	27.48	46.38	23.02	3.12
1∶1.25	90.82	31.30	3.953	5571.03	22.30	40.16	30.04	7.12
1∶1.5	91.01	29.54	3.507	6004.80	23.13	40.12	29.84	6.74
1∶1.75	88.73	30.57	3.599	5934.72	23.50	40.97	29.32	7.01
1∶2	84.10	29.17	3.357	6191.95	23.72	41.98	29.04	5.26
0∶1	80.32	28.04	3.412	6200.91	24.86	42.76	27.32	5.06

采用 XL30W/TMP 型号扫描电子显微镜(scanning electron microscope, SEM)(图 2-4),分析了矿尘表面结构。SEM 是用细聚焦的电子束轰击样品表面,通过电子与样品相互作用产生的二次电子、背散射电子等对样品表面或断口形貌进行观察和分析。SEM 已广泛应用于材料、冶金、矿物、生物学等领域。SEM 工作原理:由电子枪发射电子束(直径 50 μm);电压加速、磁透镜系统汇聚,形成直径约 5 nm 的电子束;电子束在偏转线圈的作用下,在样品表面作光栅状扫描,激发多种电子信号;探测器收集信号电子,经过放大、转换,在显示系统上成像(扫描电子像);二次电子的图像信号动态地形成三维图像。简单概括起来就是"光栅扫描,逐点成像"[117-118]。

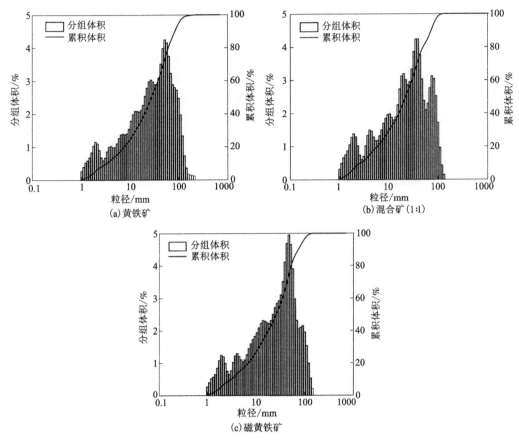

图 2-3　矿尘粒径分析结果

图 2-4　SEM 原理及实物

实验方法[119]如下。(1)安装样品:按"Vent"直至灯闪,在样品交换室中放入氮气,直至灯亮;松开样品交换室锁扣,打开样品交换室,取下原有的样品台,将已固定好样品的样品台放到送样杆末端的卡抓内(注意:样品高度不能超过样品台高度,并且样品台下面的螺丝不能超过样品台下部凹槽的平面);关闭样品交换室门,扣好锁扣;按"EVAC",开始抽真空,"EVAC"闪烁,待真空达到一定程度,"EVAC"点亮;将送样杆放下至水平,向前轻推送样杆至完全进入样品室无法再推动为止;确认"Hold"灯点亮,将送样杆向后轻轻拉回直至末端台阶露出导板外并将送样杆竖起卡好(注意:推拉送样杆时用力必须沿送样杆轴线方向,以防损坏送样杆)。(2)试样的观察(注意:软件控制面板上的背散射按钮千万不能点,以防损坏仪器):观察样品室的真空"PVG"值,当真空"PVG"值达到 9.0×10^{-5} Pa 时,打开"Maintenance",加高压 5 kV,软件上扫描的发射电流为 10 μA,工作距离"WD"为 8 mm,扫描模式为"Lei"(注意:为减少干扰,有磁性样品时,工作距离一般为 15 mm 左右);按操作键盘上"Low Mag""Quick View",将放大倍率调至最低;点击"Stage Map",对样品进行标记,按顺序对样品进行观察;取消"Low Mag",看图像是否清晰,若不清晰则调节聚焦旋钮,旋转放大倍率旋钮,聚焦图像,直至图像清晰,再放大到所需要的大小;聚焦至图像的边界一致,如果边界清晰,说明图像已选好;如果边界模糊,调节操作键盘上的"X""Y"两个消像散旋钮,直至图像边界清晰;如果图像太亮或太暗,可以调节对比度和亮度,旋钮分别为"Contrast"和"Brightness",也可以按"ACB",自动调整图像的亮度和对比度;按"Fine View",进行慢扫描,同时按"Freeze",锁定扫描图像;扫描完图像后,打开软件的"Save"窗口,按"Save",填好图像名称,选择图像保存格式,然后确定,保存图像;按"Freeze"解除锁定后,继续进行该样品下一个部位或者下一个样品的观察。(3)取出样品:检查高压是否处于关闭状态(如"HT"灯为绿色,点击"HT"灯,关闭高压,此时"HT"键为蓝色或灰色);检查样品台是否归位,工作距离为 8 mm;点击样品台按钮,按"Exchang",灯亮;将送样杆放至水平,轻推送样杆到样品室,停顿 1 s 后,抽出送样杆并将送样杆竖起卡好,若"Hold"关闭,则为样品台离开样品室。

SEM 测试结果如图 2-5 所示,黄铁矿与磁黄铁矿矿样表面呈现粒径不均匀、形状不规则结构。这是造成 200 目标准筛筛下部分矿样样品粒径大于 75 μm 的原因。对比图 2-3 与图 2-5 可知,矿样粒径分析与扫描显微结果吻合度较好。

另外,本次实验样品未进行干燥处理,对黄铁矿及磁黄铁矿样品各 5 g,分别进行了含水率测定。在 40 ℃下真空干燥箱(图 2-6)中干燥 24 h,结果显示两种矿物几乎不含水分。

采用 DX-2700 型号 X 线粉末衍射(X-ray diffraction, XRD)仪分析矿尘的矿物成分。仪器分析原理及实物图,如图 2-7 所示。XRD 原理:X 光管产生的特征 X 线按不同的角度照射到样品表面,产生不同角度的衍射线;辐射探测器接收衍射线的 X 线光子,经测量电路放大处理后在显示或记录装置上给出精确的衍射线位置、强度和线形等衍射数据;根据峰的位置和强度结合 PDF 检索卡从而确定材料的晶体结构,获得物相分析[120]。

实验方法[121]:(1)开启墙壁总电源,开启循环水电源,开启稳压电源(等 5 s 后,按下"RESET")。(2)开启 XRD 设备电源,开启计算机电源,进入 XRD 应用程序。(3)开启 X 线发生器高压,进入待测试状态。(4)按外侧"OPEN DOOR"解锁,手动开启玻璃舱门;将样品台放入样品支架卡住(按照规定制样,样品高度与样品台高度一致,压平,保持样品

(a) 黄铁矿

(b) 混合矿(1∶1)

(c) 磁黄铁矿

图 2-5　矿尘表面结构

图 2-6　真空干燥箱

表面光洁平整)，关闭舱门并锁好。(5) 测试谱线。首先初始化驱动操作，点击"Requested"后面方框，然后点击"Init drive"；在程序界面中调整探测角度范围、扫描速度和步长；根据测试需要，选择合适宽度的狭缝(若低于 10°，须换最小狭缝)；在程序界面上选合适的电压与电流，鼠标点左边"SET"加高压；在参数设置正确的情况下，点"START"，开始采集谱线；选择需要的 XRD 谱数据，先保存到硬盘，U 盘导出数据。(6)测试结束后取出样品时，先按"DOOR OPEN"，手动开启舱门；按下样品支架后面拨片，样品台及样品支架自动下落；取下样品台，关闭舱门并锁好。(7)关机。首先在计算机 XRD 应用程序中将电压和电流降到最小，点击"SET"；等 3 min，待灯丝冷却后，再逆时针旋动高压拨杆，关高压；再等 10 min，待高压部件冷却后，断开仪器电源(仪器右下方外侧，绿色圆钮上面的红色圆钮)，指示灯灭掉；关闭稳压电源，关闭循环水电源；关闭计算机 XRD 应用程序，关闭计算机；关闭墙壁大闸电源。

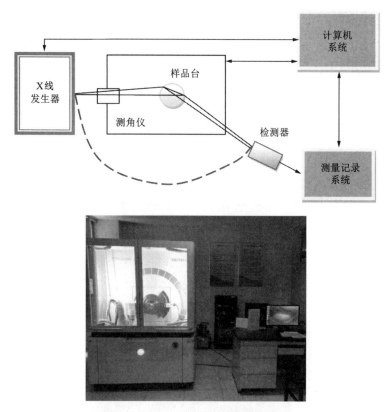

图 2-7　XRD 粉末衍射仪原理及实物

　　XRD 分析结果如图 2-8 所示。黄铁矿矿样中 FeS_2 为主要成分，伴有微量的 SiO_2；磁黄铁矿矿样中 Fe_7S_8 为主要成分，伴有少量黄铁矿 FeS_2 及微量 SiO_2。

　　为了更精确地掌握矿样中的元素组成，采用滴定法测定了矿物中 Fe 含量[应用标准(GB/T 6730.65—2009)]，采用碘量法测定了矿物中 S 含量[应用标准(YS/T 575.17—2007)]。其中，黄铁矿及磁黄铁矿的 Fe 含量分别为 45.74%、58.23%，S 含量分别为 53.02%、38.91%，硫铁比(S/Fe)分别为 2.0285、1.1694；转换成分子物质的量比，黄铁矿分子式近似为 FeS_2，磁黄铁矿分子式近似为 Fe_7S_8，测试结果与 XRD 分析结果一致。

　　其余元素组成应用 S1-TITAN 型号 X 线荧光光谱(X-ray fluorescence，XRF)分析仪进行了半定量分析(手持式 XRF 定量分析存在一定的误差)，测试结果如表 2-2 所示。X 线荧光光谱分析仪原理与实物如图 2-9 所示。

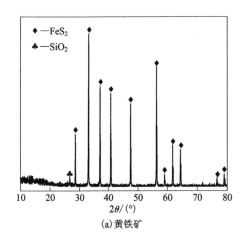

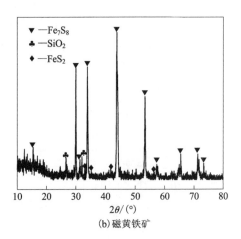

(a) 黄铁矿   (b) 磁黄铁矿

图 2-8   矿尘主要成分分析结果

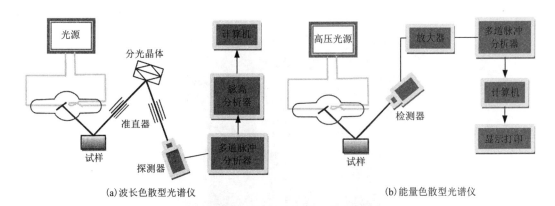

(a) 波长色散型光谱仪   (b) 能量色散型光谱仪

(c) XRF

图 2-9   X 线荧光光谱分析仪原理与实物

表 2-2　矿尘元素组成分析结果

矿尘类别	组成元素(质量分数)/%										
	Fe	S	Al	O	K	Si	Ti	As	Co	Ca	Pb
黄铁矿	45.740	53.020	0.258	0.821	0.099	0.491	0.168	0.069	0.028	0.007	0.007
磁黄铁矿	58.230	38.910	0.313	0.820	0.128	0.434	0.036	0.659	0.072	0.075	0.006

矿尘类别	组成元素(质量分数)/%								
	Cr	Mn	Se	In	Cu	Zn	Rb	Zr	V
黄铁矿	0.010	0.013	0.011	0.015	0.003	0.005	0.001	0.003	0.006
磁黄铁矿	0.011	0.034	—	—	0.168	0.002	—	—	0.008

注:"—"表示无该元素。

XRF 是公认的欧盟强制性标准《关于在电子电器设备中限制使用某些有害物质指令》(restriction of hazardous substances,简称 RoHS)的筛选检测首选仪器。其检测速度快,实施无损检测,现被广泛采用。X 线荧光光谱分析仪的工作原理主要基于:原子受到 X 线的作用,其内层电子被激发,形成空穴,原子处于不稳定的激发态;为了回到稳态,原子的外层电子会跃迁回内层,多余的能量以荧光形式释放出来,被侦测器检测到。通常,可以将 X 线荧光光谱分析仪分为波长色散性和能量色散性。

实验方法[122-123]:(1)打开空压机电源,检查二次压力为 5.0×10^5 Pa;(2)打开水冷机电源,并调节水流压力至 4×10^5 Pa(4 kg);(3)打开 P10 气体钢瓶主阀,设定二次压力为 $(7 \sim 8) \times 10^4$ Pa;(4)如果配置了冲氦系统,打开 He 气钢瓶,设定二次压力为 0.8×10^4 Pa;(5)打开主电源开关(配电柜空气开关),使主机处于待机状态;(6)按下"POWER ON",使主机处于开机状态;(7)打开计算机,运行分析软件;(8)打开光谱仪状态图,检查仪器真空度,P10 气体流量(1 L/min 左右);(9)转动"HT"钥匙,打开高压,仪器自动设定高压为 2 kV/mA,同时启动循环水,检查水流量,内循环水为 3~5 L/min、外循环水为 1~4 L/min;(10)待仪器内部温度稳定(30 ℃)后正常分析矿样。

2.2.2　爆炸实验材料

考虑到采集的原矿硬度及块径较大,因此采用 ROCKLABS 破碎机[图 2-10(a)]对大块矿石进行破碎。将粒径破碎至 2 cm 左右,再将破碎后的矿石用 XZM-100 振动磨样机[(图 2-10(b)]进行磨矿。将破碎后的矿石过 500 目(孔径 35 μm)标准筛,取筛下粉尘,并采用 LS-609 型激光粒度分析仪(图 2-11)进行粒径分析,结果如图 2-12 及表 2-3 所示。矿尘中 D_{90} 粒径均小于 35 μm,说明实验用粉尘粒径满足要求,能够稳定悬浮于空气中,形成稳定的粉尘云[124]。采用 XL30W/TMP 型号扫描电子显微镜,分析原矿表面结构。如图 2-13 所示,原矿颗粒分明,棱角可见,大颗粒中夹杂着一些细小颗粒。

(a) ROCKLABS破碎机   (b) XZM-100振动磨样机

图2-10　原矿制备仪器

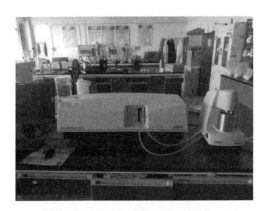

图2-11　LS-609型激光粒度分析仪

表2-3　矿尘粒径与比表面积

矿样名称	D_{10}/μm	D_{25}/μm	D_{50}/μm	D_{75}/μm	D_{90}/μm	D_{97}/μm	$D_{(3,2)}$/μm	$D_{(4,3)}$/μm	体积比表面积/(cm²·cm⁻³)	质量比表面积/(m²·kg⁻¹)	残差
黄铁矿	1.323	3.002	7.970	15.474	21.564	27.417	3.307	9.896	1.814	1814.203	0.040
磁黄铁矿	2.293	5.465	14.581	25.363	34.475	43.955	5.462	16.629	1.099	1098.558	0.025
原矿	1.777	4.884	14.703	24.581	31.839	37.645	4.849	15.737	1.237	1237.418	0.023

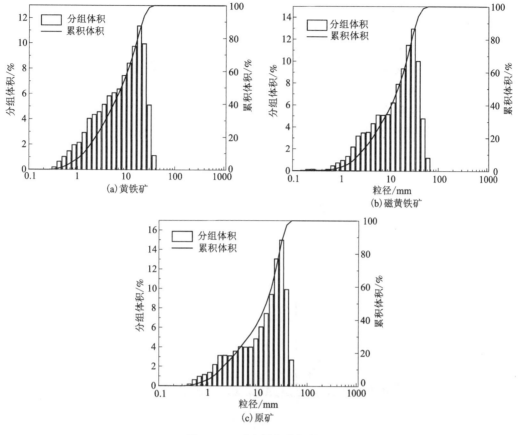

图 2-12　矿尘粒径分析结果

图 2-13　原矿粒径表面结构分析结果

　　为研究磁黄铁矿含量对黄铁矿爆炸特性的影响，将矿尘按照黄铁矿与磁黄铁矿/原矿与磁黄铁矿的质量比为 1∶0.1、1∶0.25、1∶0.5、1∶0.75、1∶1、1∶1.25、1∶1.5、1∶2 分别配制了混合矿物。

采用 DX-2700 型号 X 线粉末衍射仪（XRD）分析了原矿的矿物成分，结果如图 2-14 所示。原矿矿样中 FeS_2 为主要成分，伴有 SiO_2、ZnS 和其他金属混合物。

为了更精确掌握矿样中元素组成，采用滴定法测定了原矿矿物中 Fe 元素含量［应用标准（GB/T 6730.65—2009）］，采用碘量法测定了原矿矿物中 S 元素含量［应用标准（YS/T 575.17—2007）］，测试结果如表 2-4 所示。Fe、S 含量分别为 34.75%、42.63%，硫铁比（S/Fe）为 2.147；转换成分子质量比，黄铁矿分子式近似为 FeS_2。测试结果与 XRD 分析结果一致，说明矿样中存在多余的 S 元素，可能会以单质 S 形式存在。

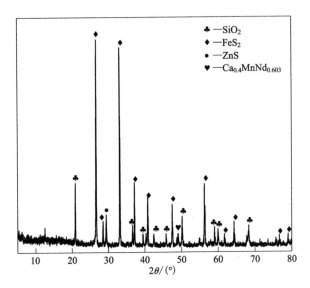

图 2-14　原矿粉尘主要成分分析结果

表 2-4　矿尘元素组成分析结果

矿尘类别	组成元素（质量分数）/%			S/Fe
	Fe	S	其他元素	
原矿	34.75	42.63	22.62	2.147

2.3　实验系统与方法

2.3.1　热分解实验系统与方法

热分解测试实验系统如图 2-15 所示。为了解矿样热化学分解本质并消除氧化反应影响，采用 TG/DTA6300 型号热重分析仪在通氮气（N_2）气氛、气流量为 200 mL/min、升温速率为 10 ℃/min 的条件下，对 5～10 mg 黄铁矿、磁黄铁矿、混合矿（1∶1）三种矿样进行热分解实验。为了解磁黄铁矿含量对黄铁矿热分解的影响，采用黄铁矿与磁黄铁矿质量比分别为 1∶0.1、1∶0.25、1∶0.5、1∶0.75、1∶1.25、1∶1.5、1∶1.75、1∶2 开展上述热分解实验。

热重分析（thermogravimetric analysis，TG）法、差示扫描量热（differential scanning calorimetry，DSC）法、差热分析（differential thermal analysis，DTA）法、微商热重（derivative thermogravimetric analysis，DTG）法被认为是研究热分解动力学最有效的技术。热重分析仪的基本原理如图 2-16 所示。将被测物放置在耐高温的容器中，该容器被放置在具有可程式控制温度的高温炉中；此待测物被悬挂在具有高灵敏度和高精确度的天平上，在加热或冷却的过程中，待测物会因反应而产生质量变化，这个因温度变化造成的质量变化可由上述天平测得。另外，一组热电偶放置在靠近待测物旁(但不接触待测物)，以测量待测物的温度并控制高温炉的温度曲线。

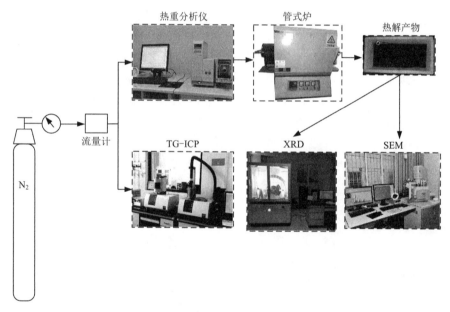

图 2-15　热分解测试实验系统

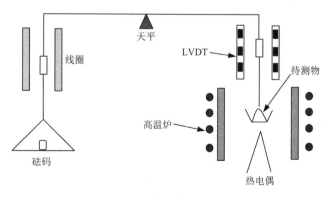

图 2-16　热重分析仪原理

实验方法：(1)打开氮气后，打开仪器电源(仪器右侧红色按键)，预热30 min。打开电脑中热分析系统。打开循环水恒温水浴。实验时，提前通气排出空气，保证仪器和天平处于氮气气氛中。(2)向上提起加温炉到限定高度后逆时针旋转至限定位置。仪器上有两个放坩埚的位置，其中，支撑杆的左托盘放参比物(氧化铝空坩埚)，原位不动，起参比作用；右托盘放空白坩埚或试样样品坩埚。坩埚放好后，放下仪器的加温炉。顺时针旋转，双手托住缓慢向下放，切勿碰撞支撑杆。(3)实验时，应先进行空白实验，即右托盘放空白坩埚进行实验，得到基线数据。然后加入试样进行实验。样品称量一定要精确，使用白色小坩埚称量，先称小坩埚质量；然后用掏耳勺把样品放入小坩埚中，取5~10 mg(取中间值，10 mg以下)。(4)打开软件，点击"采集"后出现"设置参数"窗口，窗口左侧可设置试样名称(实验名称)、样品质量(空白实验不用填写，试样质量需填写准确)、TG量程(10.0 mg不变)，其余不变。窗口右侧为升温参数，点"初始"，初始温度为25 ℃(一般不变)；点"终止温度"，按实验需求设置(如终温850 ℃，则设置900 ℃。实验结束后，取对应的温度范围内数据即可)；点"升温速率"，设置每分钟升多少度；保温时间不设置。当有两个升温速率时，可添加序号进行增加。(5)以上设置完成后，点窗口右下角"检查"；设置没有问题时，窗口左下角位置可点"确认"；有问题时，提示问题，不能点"确认"。点"确认"后，出现横、纵轴界面，横轴为时间(T)，纵轴分别为温度(E)、质量(G)、热量变化(DTA)；同时出现温度随时间(TE，线性变化)、质量随温度(TG)、热量变化随温度(DTA)的曲线，曲线颜色不同，方便区分。在仪器发出"滴"声后，实验开始。(6)实验结束后，在软件界面点"文件"，保存实验结果。

为了揭示不同热损失阶段样品物相相变的转化过程及化学反应机理，根据热重实验结果，在不同热损失阶段结束点及DTG热损失峰值温度下，为保证N_2环境，气流量设置为200 mL/min，升温速率为10 ℃/min，在TL1700型号管式电炉中进行了50 ℃至相应温度热分解分析实验。黄铁矿、磁黄铁矿、混合矿(1:1)三种矿样分别取2.5 g放入80 mm×40 mm×17 mm梯形刚玉坩埚中，待达到测试温度后，保持恒温20 min；继续通气至热分解后样品在炉管中冷却至室温，对生成物进行XRD、SEM表征。

为了揭示不同热损失阶段样品气相产物，采用同步热分析仪(STA449F3)+四极质谱仪(QMS403)测定了不同热解温度下气体产物，热分解温度测试区间为30~1100 ℃；取黄铁矿、磁黄铁矿、混合矿(1:1)三种矿样10 mg左右，通N_2气氛，气流量为50 mL/min，升温速率为10 ℃/min。质谱测定同样在通N_2下进行，气流量为20 mL/min，升温速率为10 ℃/min。

磁性测量采用量子设计公司生产的物理特性测量系统(physical property measurement system, PPMS)开展，在1 T的磁场、27 ℃的稳定温度下进行。

2.3.2 氧化燃烧实验系统与方法

测试实验系统如图2-17所示，为掌握矿样氧化燃烧本质，首先采用日立STA7200型号热重分析仪，在通空气气氛、气流量为200 mL/min、升温速率为10 ℃/min条件下，对(10±0.5)mg的黄铁矿、磁黄铁矿、混合矿(1:1)三种矿样进行氧化燃烧实验。为掌握磁黄铁矿含量对黄铁矿氧化燃烧的影响，采用黄铁矿与磁黄铁矿质量比分别为 1∶0.1、1∶0.25、1∶0.5、1∶0.75、1∶1.25、1∶1.5、1∶2 的混合矿，继续开展上述氧化燃烧实验。

为揭示不同热损失阶段样品物相转化及化学反应过程，根据热重实验及热重质谱实验结果，在不同热损失阶段结束点及 DTG 热损失峰值温度下开展实验。为保证在空气环境中，采用气流量为 200 mL/min、升温速率为 10 ℃/min；实验在 KSL-1200X-M 型号箱式电炉中进行，设定温度为 50 ℃ 至相应温度。黄铁矿、磁黄铁矿、混合矿(1∶1)三种矿样分别取 2.5 g 放入 80 mm×40 mm×17 mm 梯形刚玉坩埚中，待达到测试温度后，保持恒温 20 min；继续通气至燃烧产物在箱体中冷却至室温，对生成物进行 XRD、SEM 表征。

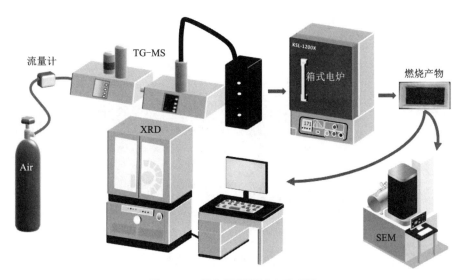

图 2-17 氧化燃烧测试实验系统

为揭示不同热损失阶段样品气相产物，采用同步热分析仪(STA449F3)+四极质谱仪(QMS403)测定了不同氧化燃烧温度下气体产物，燃烧温度测试区间为 30~800 ℃。取黄铁矿、磁黄铁矿、混合矿(1∶1)三种矿样 10 mg 左右，通空气气氛，气流量为 50 mL/min，升温速率为 10 ℃/min；质谱测定在通 N_2 环境中进行，气流量为 20 mL/min，升温速率为 10 ℃/min。

2.3.3 矿尘云爆炸强度实验

矿尘云爆炸强度实验在 20 L 球形爆炸测试装置中进行，通常使用化学点火头作为引爆源[125]，但也可利用放电装置产生的电火花作为引爆源。其中，化学点火头爆炸压力不稳定，使用前须校核；电火花放电存在高频干扰需滤波处理的问题，大能量电火花点火电路还需进一步完善[126]。综合比较，本书实验采用校核后的化学点火头作为引爆源，制作方法参照 ISO 6184-1—1985 标准[127]。

实验方法：(1)对装置各系统进行检查，确保 20 L 球形爆炸装置线路系统连接良好，气路系统表压为 2.0 MPa；(2)打开控制箱电源并启动计算机控制程序，系统预热 5 min 左右；(3)安装化学点火头；(4)将已知量的矿尘放入储尘室，密封储尘室；(5)爆炸腔室部分抽真空，压力为 0.04 MPa，分散空气压力为 2.1 MPa；(6)启动压力记录仪，打开喷尘电磁阀；(7)延时 60 ms 后，点燃位于爆炸室中心的能量为 10 kJ 的化学点火器，记录爆炸压力；(8)每次实验后，对炸药和粉尘储存室进行彻底清理。

实验用点火头能量为 10 kJ，制作方法为将硝酸钡、过氧化钡分别置于研钵中研磨至 200 目以下，筛分后分别置于恒温箱中烘干备用。由于锆粉具有易燃的特点，将水中封存的锆粉置于恒温箱中，调节温度至 80 ℃，烘干 2 h，然后将结块的锆粉在玛瑙研钵中研磨成粉末状。将锆粉、硝酸钡、过氧化钡按 4∶3∶3 均匀混合后，称量 2.4 g，与引线包好后即为 10 kJ 化学点火头，如图 2-18 所示。

图 2-18　10 kJ 化学点火头

2.3.4　矿尘云爆炸下限浓度实验

矿尘云爆炸下限浓度(C_{min})在矿尘通过爆炸性检测的基础上测得，参照《粉尘云爆炸下限浓度测定方法》(GB/T 16425—2018)，在爆炸强度实验中最低爆炸浓度与最高不爆浓度中逐步缩小区间。首先以最高不爆浓度作为区间下限，取 10 g/m³ 的整数倍增加实验样品。当某一浓度(C_1)的压力等于或大于 0.15 MPa 时，以 10 g/m³ 的极差减小粉尘浓度进行实验；当某一浓度(C_2)的压力小于 0.15 MPa 时，须重复实验，直至 3 次实验结果均小于 0.15 MPa，则该组试样的爆炸下限浓度介于 C_2 与 C_1 之间，约为 C_2。

2.3.5　矿尘云最低着火温度实验

矿尘云最低着火温度采用 NJ-TC 1000 型号粉尘云着火温度测试装置(G-G 恒温炉)进行测试，遵循国家标准《粉尘云最低着火温度测定方法》(GB/T 16429—1996)，实验装置及原理如图 1-10 所示。

实验采用 0.5 g 矿尘装入粉仓, 当炉温达到预设温度并恒定后, 启动电磁阀, 利用储气罐高压气体将矿尘吹入炉管内, 从炉管下部观察是否着火。着火判断依据为炉管下端有明显火焰, 若滞后 3 s 出现火焰或只有火星无火焰, 则视为未着火。

修正测试结果, 当测试结果温度高于 300 ℃时, 矿尘云最低着火温度为 $T_{测}$-20 ℃; 当测试结果温度低于 300 ℃时, 矿尘云最低着火温度为 $T_{测}$-10 ℃。

2.4　本章小结

本章采用激光粒度分析仪、XRD、XRF、SEM、滴定法与碘量法对制备的矿尘的粒径、元素、矿物成分、表面结构进行了表征。经过测定, 制备的矿尘的粒径满足热分解、氧化燃烧及爆炸实验要求。矿样所含成分包括磁黄铁矿、黄铁矿、SiO_2 等, 其中磁黄铁矿、黄铁矿是本书热分解、氧化燃烧及爆炸实验中起作用的主要成分; 矿样包含的主要元素有 Fe、S、Cu、Al、O、Si 等, 其中, Fe、S 的变价性质导致了矿尘的活性, 是引起爆炸的主要因素; 矿尘表面结构光滑, 有棱角且分明。另外, 本章介绍了开展矿尘特性参数测定的方法与测定仪器与原理, 上述表征结果是开展全书实验研究的前提与基础。

第3章

含磁黄铁矿的金属硫化矿尘热分解过程

3.1 前言

含磁黄铁矿的金属硫化矿尘热分解过程常采用热分析技术展开研究。热分析技术是国内外研究样品燃烧特性最常用的方法之一，是利用热天平在设定的升温条件下，研究样品质量和热量随温度变化规律的方法。其常见方法有：(1)热重分析法；(2)微商热重法；(3)差热分析法；(4)差示扫描量热法。通过计算机处理可以得到一些样品燃烧的特性值，如着火温度、燃尽温度、燃尽时间、质量损失率等。通过这些特性数据组合形成的判别指标，可以很好地对燃烧特性进行评价。通过不同加热速度下样品的失重和差热曲线，可以求得样品燃烧的动力学参数：表观活化能和指前因子。这是燃烧特性的直接表现[128]。

(1)热重分析(TG)法是在程序控制温度下测量物质的质量与温度关系的一种技术。用于热重法的仪器是热天平，它能连续记录质量与温度的函数关系。热重法实验得到的曲线称为热重曲线(即TG曲线)。TG曲线以质量作纵坐标，从上至下表示质量减少；以温度(或时间)作横坐标，从左至右表示温度(或时间)增加。

热重分析法的主要特点是定量性强，能准确地测量物质的质量及质量变化速率的变化。然而，热重分析法的实验结果与实验条件有关。对商品化的热天平而言，只要选用相同的实验条件，同种样品的热重数据是能重现的。实践证明，热重分析法广泛地应用在化学及与化学有关的领域中。20世纪50年代，热重分析法曾有力地推动了无机分析化学的发展；20世纪60年代，热重分析法在聚合物科学领域发挥了很大作用。近年来，在冶金学、漆料及油墨科学、制陶学、食品工艺学、无机化学、有机化学、生物化学及地球化学等学科中，其都有广泛的应用，发挥了重要的作用[129]。

(2)微商热重(DTG)法又称导数热重法，是一种记录TG曲线对温度或时间的一阶导数的方法，即质量变化速率作为温度或时间的函数被连续记录下来。

(3)差热分析(DTA)法是以某种在一定实验温度下不发生任何化学反应和物理变化的稳定物质(参比物)与等量的未知物在相同环境中、在等速变温的情况下相比较，未知物的任何化学和物理上的变化，与和它处于同一环境中的标准物的温度相比较，都要出现暂时的增高或降低(降低表现为吸热反应，增高表现为放热反应)。当给予被测物和参比物同等热量时，因两者对热的性质不同，其升温情况必然不同，通过测定两者的温度差可达到分析的目的。以参比物与样品间温度差为纵坐标、以温度为横坐标所得的曲线，称为 DTA 曲线。

在差热分析中，为反映这种微小的温差变化，用的是温差热电偶。它由两种不同的金属丝制成，通常取镍铬合金或铂铑合金中适合的一段。其两端各自与等粗的两段铂丝用电弧分别焊上，即成为温差热电偶。

在做差热鉴定时，将与参比物等量、等粒级的粉末状样品分放在两个坩埚内。坩埚的底部分别与温差热电偶的两个焊接点接触。在与两个坩埚的等距离、等高处，装有测量加热炉温度的测温热电偶，它们的两端都分别接入记录仪的回路中。

在等速升温过程中，温度和时间是线性关系。即升温的速度变化比较稳定，便于准确地确定样品反应变化时的温度。样品在某一升温区没有任何变化，既不吸热，也不放热。在温差热电偶的两个焊接点上不产生温差，在差热记录图谱上是一条直线，即基线。如果在某一温度区间样品产生热效应，在温差热电偶的两个焊接点上就产生了温差，从而在温差热电偶两端产生热电势差。其经过信号放大进入记录仪中推动记录装置偏离基线移动，反应完又回到基线。吸热和放热效应所产生的热电势的方向是相反的，在差热曲线图谱上分别反映在基线的两侧。这个热电势的大小，除了正比于样品的数量外，还与物质本身的性质有关。不同的物质所产生的热电势的大小和温度都不同，利用差热分析法不但可以研究物质的性质，还可以根据这些性质来鉴别未知物质。

(4)差示扫描量热(DSC)法是一种热分析法，是在程序控制温度下，测量输入试样和参比物的功率差(如以热的形式)与温度的关系。差示扫描量热仪记录到的曲线称 DSC 曲线，它以样品吸热或放热的速率，即热流率(dH/dt)(单位 mJ/s)为纵坐标，以温度 T 或时间 t 为横坐标。它可以测定多种热力学和动力学参数，如比热容、反应热、转变热、相图、反应速率、结晶速率、高聚物结晶度、样品纯度等。

DSC 和 DTA 仪器装置相似，不同之处为 DSC 仪器装置在试样和参比物容器下装有两组补偿加热丝。当试样在加热过程中由于热效应而与参比物之间出现温差(ΔT)时，通过差热放大电路和差动热量补偿放大器，流入补偿电热丝的电流发生变化。当试样吸热时，补偿放大器使试样一边的电流立即增大；反之，当试样放热时，参比物一边的电流增大，直到两边热量平衡、温差 ΔT 消失为止。换句话说，试样在热反应时发生的热量变化，由于及时输入电功率而得到补偿，所以实际记录的是试样和参比物下面两只电热补偿的热功率之差随时间(t)的变化关系。如果升温速率恒定，则记录为热功率之差随温度(T)的变化关系。

TG、DSC、DTA、DTG 可用于检测和分析硫铁矿(FeS_2)等材料的燃烧机理和动力学参数[130-132]。基于同步热分析技术[133-135]，得到了 5 ℃/min、10 ℃/min、15 ℃/min 时的 TG、DTG、DSC、TG-DTG-DSC 曲线。试样的动力学反应过程是由扩散单向输运机制引起的，表观活化能(E_a)可作为评价多试样测定条件下硫化矿自燃倾向的指标。通过对 DSC 曲线的分析，研究了硫铁矿自燃过程中的氧化特性。结果表明，硫化亚铁的氧化过程可分为物理吸附、化学吸附和氧化反应三个阶段。随着温度的升高，硫化亚铁的活化能降低；硫化亚铁的粒径越小,自燃的可能性越大[136]。

3.2 氮气环境中磁黄铁矿参与金属硫化矿尘热分解行为

本书采用的黄铁矿、混合矿(1∶1)、磁黄铁矿三种矿样的热重分析结果如图 3-1 所示。三种矿样热分解过程都伴随质量损失,而质量损失过程可分为三个阶段。总质量损失量:黄铁矿>混合矿(1∶1)>磁黄铁矿,质量损失量分别为 25.22%、16.12%、5.81%。

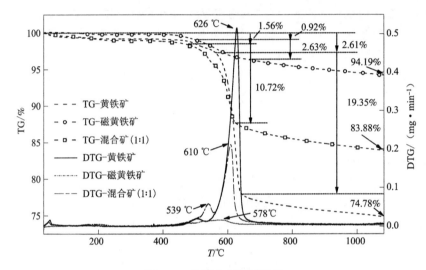

图 3-1　热重分析测试结果

第一阶段,三种矿样均只有少量质量损失。黄铁矿、混合矿(1∶1)、磁黄铁矿质量损失量分别为 2.61%、1.56%、0.92%,结束温度分别为 560 ℃、470 ℃、500 ℃。因样品几乎不含水分且不含结合水,因此猜测此阶段质量损失与水挥发无关。这一猜测与文献[134]、文献[137]实验结果不同,笔者认为是少量单质硫元素受热挥发所致。这一点也是基于 2.2 节中 S/Fe 表征数值大于理论数值 2 及 1.1428 有多余 S 展开的猜测,具体原因将在 3.4.1 小节中讨论。

第二阶段,质量损失量最大。黄铁矿>混合矿(1∶1)>磁黄铁矿,质量损失量分别为 19.35%、10.72%、2.63%,与黄铁矿粉尘中主要矿物质热解有关[135]。此阶段结束温度分别为 645 ℃、620 ℃、670 ℃;在 626 ℃、610 ℃、578 ℃时质量变化速率最大,分别为 0.511 mg/min、0.209 mg/min、0.0157 mg/min。峰值温度:黄铁矿>混合矿(1∶1)>磁黄铁矿。值得注意的是,混合矿在 539 ℃时存在一个质量变化峰值,变化率为 0.059 mg/min。可以发现,添加了磁黄铁矿的黄铁矿,虽然反应速率没有增大,但是在相同升温速率下,磁黄铁矿促使黄铁矿达到最大反应速率的时间提前,具体原因同样在 3.4.1 小节中讨论。

第三阶段,同样只有少量失重。黄铁矿、混合矿(1∶1)、磁黄铁矿的质量损失量分别为 3.26%、3.84%、2.26%。黄铁矿此时的质量损失与中间过程产物磁黄铁矿缓慢连续脱硫有关,最终产物为结构和成分稳定的陨铁矿 FeS[98]。此时,磁黄铁矿及混合矿(1∶1)可能发生与黄铁矿同样的反应,待求证。

3.3　磁黄铁矿含量对金属硫化矿尘热分解的影响

如图 3-2(a)所示,磁黄铁矿含量增加,混合矿热分解峰值温度总体呈现下降趋势。

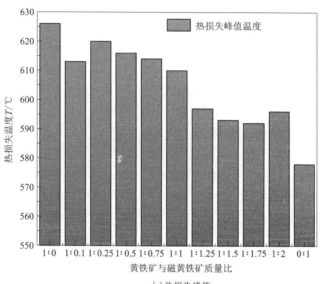

(a)热损失峰值

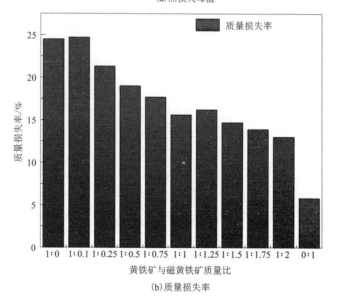

(b)质量损失率

图 3-2　磁黄铁矿含量与热损失峰值及质量失重率关系

这说明磁黄铁矿会加速混合矿的热分解。另外，随着磁黄铁矿含量增加，混合矿质量损失量下降，如图 3-2(b)所示。这表明磁黄铁矿反应强度没有黄铁矿强，黄铁矿反应更加剧烈，热损失更高。这一现象在文献[33]爆炸实验中已得到证实。以往认为粉尘的质量损失是热分解气–固反应生成了挥发分气体所致[138]。因此，反应强度的问题，可以从化学反应生成物加以判断。这将在 3.4.1 小节中进行讨论。

3.4 磁黄铁矿促发金属硫化矿尘热分解反应过程机理

3.4.1 固相分解过程

选取加热区间中间温度、第一阶段结束温度、DTG 曲线峰值温度、第二阶段结束温度及测试结束温度，考察了三种矿样在 N_2 环境中热分解物相变化，如表 3-1 所示。热分解产物 XRD 分析结果，如图 3-3 所示。

表 3-1　N_2 环境中不同温度下热分解物相变化结果

选取的温度点	样品名称		
	黄铁矿	混合矿(1:1)	磁黄铁矿
加热区间中间温度/℃	550	550	550
第一阶段结束温度/℃	560	470	500
DTG 曲线峰值温度/℃	626	610	578
第二阶段结束温度/℃	645	620	670
测试结束温度/℃	1100	1100	1100
实验结果	图 3-3(a)	图 3-3(b)	图 3-3(c)

黄铁矿热化学分解过程如图 3-3(a)所示。黄铁矿在 550 ℃、560 ℃时并没有发生热分解。实验结果与文献[98]研究结果一致，文献[98]等采用 100 ℃升温梯度研究了黄铁矿在 N_2 环境中的热转化。研究结果表明，在 500~600 ℃时，黄铁矿开始转变为单斜磁黄铁矿，进而生成六方磁黄铁矿；而本书研究发现 560 ℃时，黄铁矿并没有开始转化，因此上述转化区间可压缩至 560~600 ℃。在 626 ℃时，检测到六方磁黄铁矿($Fe_{1-x}S$)存在，结合文献[98]研究成果，表明 560~626 ℃区间内，可能存在生成的磁黄铁矿已完成了单斜到六方晶系转变。在 645 ℃时，黄铁矿峰值较 626 ℃时明显下降，六方磁黄铁矿($Fe_{1-x}S$)含量增加，说明黄铁矿已明显转变成六方磁黄铁矿。在 1100 ℃时，只存在六方陨铁矿(FeS)，这与文献[98]研究成果 900 ℃以上黄铁矿热解形成了更稳定的 FeS 一致，文献[98]研究表明 900 ℃以上黄铁矿热解形成陨铁矿。

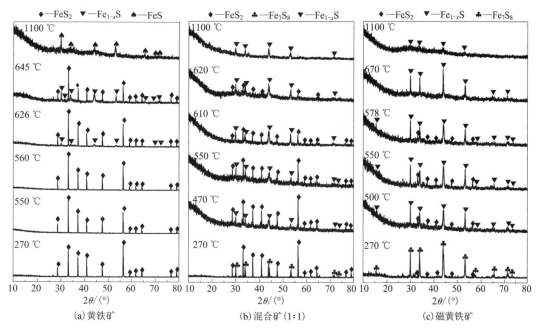

图 3-3　热分解 XRD 图谱

综上所述,本研究认为,黄铁矿在 N_2 环境中,固相热分解成磁黄铁矿的温度区间为 560～626 ℃,在 1100 ℃下热解固相产物为六方陨铁矿(FeS),反应为一级反应,化学方程式如式(3-1)所示。

$$FeS_2(s) \longrightarrow Fe_{1-x}S(s) \longrightarrow FeS(s) \tag{3-1}$$

当然,黄铁矿在 N_2 氛围下热解过程为气-固两相反应过程。在管式炉热分解实验过程中,发现管塞上有黄色固体,猜测是冷凝的硫 S_x 单质。具体气相产物将在热重质谱联用仪器实验中求证,即可将式(3-1)进一步配平。

磁黄铁矿在 500 ℃时发生原始物相 Fe_7S_8(单斜晶系)到 $Fe_{1-x}S$(六方晶系)转化,如图 3-3(c)所示。文献[139]认为 270 ℃是 Fe_7S_8 稳定的极限温度,300～320 ℃时会发生单斜到六方的转化[140-142],这与实验结果一致。另外,观察到虽然反应物中存在黄铁矿(FeS_2),但是 500 ℃与 550 ℃时 FeS_2 峰值增高,说明单斜磁黄铁矿(Fe_7S_8)会反应生成一部分 FeS_2。这一现象与文献[143]实验结果一致,他们认为是磁黄铁矿与硫单质(S)发生反应生成了 FeS_2。观察到生成的 FeS_2 与原始矿样中的 FeS_2 在 578 ℃时开始热分解,生成 $Fe_{1-x}S$,此现象与上述黄铁矿热分解温度一致。此后,直至热分解最终温度 1100 ℃,磁黄铁矿物相都为 $Fe_{1-x}S$(六方晶系)。当然,在 578～1100 ℃时,也可能随着温度升高,磁黄铁矿物相发生 S/Fe 之间的变化[144]。黄铁矿热分解产物在 1100 ℃时只存在陨铁矿(FeS),但是在磁黄铁矿热分析产物 XRD 图中未显示,上述现象可能是 $Fe_{1-x}S$ 峰掩盖了少量黄铁矿热分解形成的 FeS 峰造成的。文献[145]、文献[146]认为 XRD 分析通过衍射峰辨别相邻物会存在一定误差,因此认为上述 XRD 分析结果是可以接受的。

综上所述,磁黄铁矿在 N_2 环境中的热分解反应在 500 ℃甚至更低的温度下即开始。

反应分为两个部分：一部分为单斜 Fe_7S_8 转化为六方 $Fe_{1-x}S$；另一部分为单斜 Fe_7S_8 与 S 反应生成 FeS_2，生成的 FeS_2 会继续热分解生成六方 $Fe_{1-x}S$，1100 ℃时生成物仍为 $Fe_{1-x}S$，如式(3-2)、式(3-3)所示。

$$Fe_7S_8(s) \longrightarrow Fe_{1-x}S(s) \tag{3-2}$$

$$Fe_7S_8(s)+6S(s) \Longrightarrow 7FeS_2(s) \longrightarrow Fe_{1-x}S(s) \tag{3-3}$$

在 470 ℃时，混合矿(1∶1)XRD 分析结果显示，除 FeS_2 外，还存在六方 $Fe_{1-x}S$。从峰值变化可以看出，此时黄铁矿峰值已经下降，说明黄铁矿已经发生转化，生成了磁黄铁矿。在 560 ℃时，单一黄铁矿部分峰值减少的同时部分峰值增加，没有形成磁黄铁矿物相，说明磁黄铁矿的添加有利于黄铁矿的热分解，可以解释 3.2 节中的实验现象。文献[147]通过电化学实验，证明了黄铁矿与磁黄铁矿组合有利于产生硫，或可揭示磁黄铁矿有利于黄铁矿热分解的原因，这将在 3.4.2 小节气相产物分析时进行进一步求证。在 470 ℃时，混合矿中磁黄铁矿峰值同样开始下降，且 XRD 检测结果同样只有六方 $Fe_{1-x}S$，说明此时磁黄铁矿已经完成单斜到六方的转化，与文献[140]~[142]一致。另外，在 610 ℃、620 ℃时，FeS_2 峰值明显比反应物为单一黄铁矿时的峰值低，说明高温时磁黄铁矿同样有利于黄铁矿热分解。在 1100 ℃时，XRD 分析结果与磁黄铁矿相同，只有六方 $Fe_{1-x}S$，说明磁黄铁矿的添加会抑制黄铁矿形成陨铁矿(FeS)。关于这一点，文献[147]认为在开路条件下，当黄铁矿与磁黄铁矿接触时，矿物之间产生原电池；由于铁离子在黄铁矿表面的还原速率大于在磁黄铁矿表面的还原速率，FeS 在该体系中的溶解速率增大；添加磁黄铁矿会增加铁离子浓度，进而发生可逆的半反应，导致抑制 FeS 生成[147]。但是，同样也可能存在少量的 FeS 峰值被 $Fe_{1-x}S$ 掩盖现象。综上所述，混合矿固相反应过程可用式(3-4)表示。

$$FeS_2(s)+Fe_7S_8(s) \longrightarrow Fe_{1-x}S(s) \tag{3-4}$$

此外，为了验证 1100 ℃时黄铁矿、混合矿(1∶1)和磁黄铁矿热分解产物的准确性，对三种产物进行了磁性分析，结果如图 3-4 所示。从磁性能看，三种产物的磁性都很弱，几

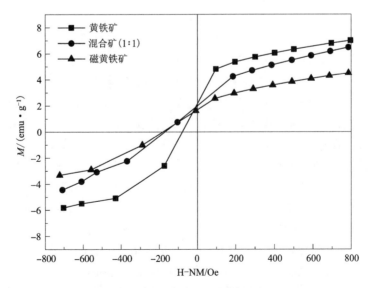

图 3-4　1100 ℃热分解产物磁性分析结果

乎可以忽略不计。但磁黄铁矿及混合矿(1∶1)热分解产物表现出更好的抗退磁能力,且基本相等,结合 XRD 分析结果,为六方磁黄铁矿($Fe_{1-x}S$)。黄铁矿热分解产物抗退磁能力较弱,结合 XRD 分析结果,产物为陨铁矿(FeS)。有效性检验结果与文献[140]结果一致,因此,热分析 XRD 结果可以接受。

3.4.2　气相分解过程

黄铁矿在 623.4 ℃时,DSC 曲线存在一个吸热峰值,且反应气体产物 S、S_2 出现了一个明显峰值,如图 3-5(a)所示,说明此时黄铁矿发生了热分解反应;因 S_2 析出峰狭窄且强度高,说明 S_2 是黄铁矿热分解的主要产物。在 1100 ℃时,热分解反应有继续进行的趋势,此时 S_2 生成量存在上升趋势,且与峰值高度相当,而 S 生成量变化较小,说明气体产物仍以 S_2 为主。此外,反应初始温度至 560 ℃区间,有气体产物 S、S_2 向峰值发展的趋势;因固相分析结果显示此时黄铁矿未分解,故判断是矿样中硫单质挥发所致的失重,证实了 3.2 节中第一阶段热损失原因。综上所述,可将黄铁矿在 N_2 环境中热分解反应方程式配平,如式(3-5)、式(3-6)所示。

$$(1-x)FeS_2(s) = Fe_{1-x}S(s)+(0.5-x)S_2(g) \tag{3-5}$$
$$Fe_{1-x}S(s) = (1-x)FeS(s)+0.5xS_2(g) \tag{3-6}$$

磁黄铁矿在 323 ℃时,DSC 曲线存在一个吸热峰值,如图 3-5(c)所示,说明此时磁黄铁矿发生了分解反应。如 3.4.1 节所述,此时磁黄铁矿由单斜晶系转化六方晶系[140-142]。相对于黄铁矿,磁黄铁矿发生分解反应的起始温度更低。但是,热分解 DSC 峰值强度没有黄铁矿高,说明磁黄铁矿热分解反应放热速率没有黄铁矿大。而且,此时气体产物 S、S_2 均未达到峰值,说明磁黄铁矿热分解是个缓慢过程。对比 S、S_2 峰值形状,发现 S_2 更加陡峭,因此气体产物仍以 S_2 为主。综上所述,可将磁黄铁矿 N_2 环境中热分解反应方程式配平,如式(3-7)~式(3-10)所示。

$$(1-x)Fe_7S_8(s) = 7Fe_{1-x}S(s)+(0.5-4x)S_2(g) \tag{3-7}$$
$$Fe_7S_8(s)+6S(s) = 7FeS_2(s) \tag{3-8}$$
$$(1-x)FeS_2(s) = Fe_{1-x}S(s)+(0.5-x)S_2(g) \tag{3-9}$$
$$Fe_{1-x}S(s) = (1-x)FeS(s)+0.5xS_2(g) \tag{3-10}$$

混合矿(1∶1)在 604.4 ℃时,DSC 曲线存在一个吸热峰值,如图 3-5(b)所示,相对于黄铁矿反应峰值温度提前,说明添加磁黄铁矿有加快黄铁矿热分解趋势,前文已通过 XRD 分析证实这一结论。另外,在 DSC 峰值附近,气体产物 S、S_2 存在峰值,但是 S_2 峰值更加明显,说明气体产物仍以 S_2 为主。同样,在达到实验结束温度 1100 ℃时,S_2 分析曲线仍有上升趋势,说明温度高于 1100 ℃时混合矿仍存在热分解反应。综上所述,可将混合矿(1∶1)N_2 环境中热分解反应方程式配平,如式(3-11)所示。

$$(1-x)FeS_2(s)+(1-x)Fe_7S_8(s) = 8Fe_{1-x}S(s)+(1-5x)S_2(g) \tag{3-11}$$

另外,对比三种矿样在 N_2 环境中热分解气体产物 S_2 生成曲线,如图 3-6 所示。可见磁黄铁矿峰值强度明显没有黄铁矿及混合矿(1∶1)高,说明磁黄铁矿在 N_2 环境中热分解气体产物 S_2 产量小,进一步证明磁黄铁矿热分解反应强度没有黄铁矿强。但是,磁黄铁矿

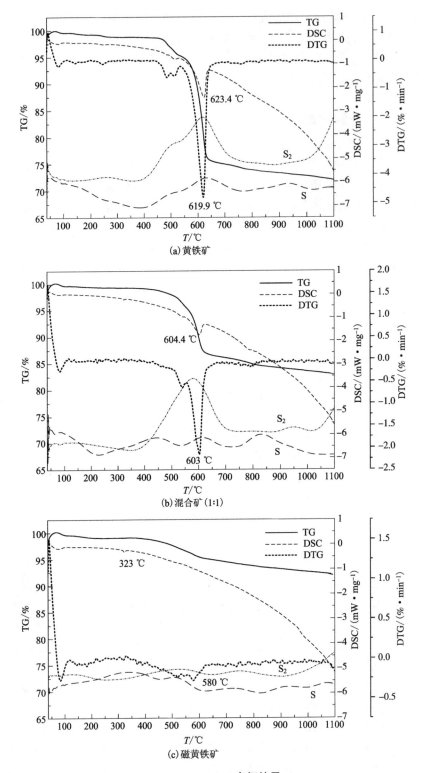

图 3-5 TG-MS 表征结果

在 530 ℃、746 ℃呈现双峰，且双峰高度基本持平，说明磁黄铁矿更容易发生热分解反应。另外，混合矿（1∶1）中 S_2 的生成比黄铁矿提前，说明添加磁黄铁矿促发了黄铁矿热分解。

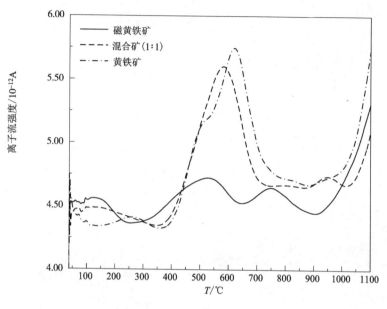

图 3-6 气体产物 S_2 生成曲线

3.4.3 热分解产物表面结构分析

有研究表明，黄铁矿、磁黄铁矿矿尘在 N_2 环境中均以表面非均相反应为主[72-73]。分析实验采用的三种矿样虽然含有少量的 SiO_2，但目前已证实 SiO_2 是惰性物质[148]，不参与反应。从 XRD、TG-MS 表征结果可知，三种矿样在 N_2 环境中热分解反应均为气-固两相反应。为了进一步揭示三种矿样在 N_2 环境中热分解反应过程模型，本书对三种矿样在 N_2 环境中不同温度的热分解产物进行了电镜扫描（SEM），以了解热分解过程中矿物表面结构的变化与相互作用，结果如图 3-7 所示。

观察黄铁矿 SEM 图像，如图 3-7（a）所示。在 550 ℃时，黄铁矿表面光滑，颗粒分明。结合 XRD、TG-MS 表征结果，此时黄铁矿未发生热分解反应。在 560 ℃时，黄铁矿表面出现少量气孔，较细的颗粒表面变得圆滑，且有团聚现象。结合 XRD、TG-MS 表征结果，此时黄铁矿开始发生热分解反应，且有少量 S_2 气体从黄铁矿表面析出。在热分解反应峰值温度 626 ℃时，黄铁矿表面气孔逐渐增多，呈现蜂窝状，且小颗粒已明显团聚成块状。结合 XRD、TG-MS 表征结果，此时黄铁矿热分解反应最为剧烈，生成 S_2 气体最多。在 645 ℃时，黄铁矿表面气孔完全被打开，仔细观察，气孔深度不深，完全可以看见底部，说明反应只在表面进行。随着温度升高到 1100 ℃，颗粒表面多孔呈现蜂窝状，颗粒近似为球形。将颗粒进一步放大，可以发现其呈六边形柱状，与 XRD 表征结果一致，此时反应生成物为六方陨铁矿。

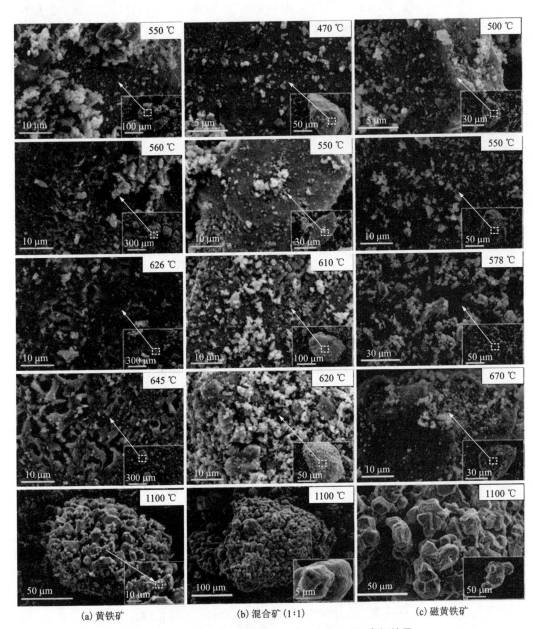

(a) 黄铁矿　　　　　　　(b) 混合矿(1:1)　　　　　　　(c) 磁黄铁矿

图3-7　三种矿样不同温度下热分解产物 SEM 表征结果

　　磁黄铁矿 SEM 图像，如图3-7(c)所示。对比图2-5，在500 ℃时，其表面光滑，与黄铁矿不同，颗粒明显聚集，这与磁黄铁矿磁性更强有关[99]。结合 XRD、TG-MS 表征结果，此时磁黄铁矿开始发生热分解反应，反应生成了少量固体黄铁矿 FeS_2 及气体 S_2。但是观察到其大颗粒表面与黄铁矿不同，未形成气孔，认为是小颗粒磁黄铁矿发生了表面非均相反应。在550 ℃时，细小颗粒团聚更加明显，大颗粒表面仍光滑未变。在热分解峰值温度578 ℃时，聚集的小颗粒明显变得疏松多孔，说明此时产生的气体量最多，通过孔隙通道挥发至颗粒外，与 XRD、TG-MS 表征结果一致；但是此时大颗粒表面仍光滑未变。在 670 ℃时，磁黄铁矿细小颗粒大部分因热解作用团聚成球形，且球表面粗糙多孔，大颗粒表面仍无变化。当达实验结束温度 1100 ℃时，颗粒团聚更加明显，且颗粒表面与黄铁矿相同，呈现六边形柱状，与 XRD 表征结果一致，此时生成物为六方磁黄铁矿。另外，从热分解第二阶段开始温度（500 ℃）至实验结束温度（1100 ℃），大颗粒表面均光滑未变化。该现象充分证明了磁黄铁矿热解失重明显小于黄铁矿的原因。

混合矿（1∶1）SEM 图像，如图 3-7（b）所示。在 470 ℃时，大粒径颗粒表面光滑，颗粒分明。在 550 ℃时，大颗粒表面出现微量气孔，较细的颗粒吸附在大颗粒表面。结合 XRD、TG-MS 表征结果，此时混合矿（1∶1）已经发生热分解反应，但是反应强度未达最大。在热分解反应峰值温度 610 ℃，大颗粒表面气孔明显增多，小颗粒团聚现象明显。结合 XRD、TG-MS 表征结果，此时混合矿中黄铁矿热分解反应最为剧烈，生成大量 S_2 气体。在 620 ℃时，大颗粒表面气孔完全被打开，明显比 610 ℃时的气孔多，且小颗粒明显吸附在大颗粒表面，但又有气孔通道，说明反应既在表面的小颗粒上进行，又在吸附层下部的大颗粒表面进行。随着温度升高到 1100 ℃，颗粒表面多孔脑状，偶尔有单个颗粒，表面也未呈现蜂窝状，说明混合矿反应强度未及黄铁矿。将单个颗粒进一步放大，可以发现其呈六边形柱状，与 XRD 表征结果一致，此时反应生成物为六方磁黄铁矿。注意，550 ℃时大颗粒表面即有气孔；结合磁黄铁矿热分解 SEM 图及表征结果，此时大颗粒应为黄铁矿，说明磁黄铁矿添加，促进了黄铁矿在 N_2 环境中热分解，结果与 TG、XRD 表征结果一致。

3.5　本章小结

本章在 TG、管式炉、XRD、TG-MS、SEM 等系统性实验基础上，分析了不同磁黄铁矿含量对金属硫化矿尘在 N_2 环境中热分解行为的影响，揭示了磁黄铁矿促发金属硫化矿尘云爆炸过程中重要步骤——热分解过程化学反应过程，主要结论如下。

（1）黄铁矿、磁黄铁矿及两者混合矿热分解过程可分为三个阶段。1100 ℃时黄铁矿最终固体产物为六方陨铁矿（FeS），磁黄铁矿和混合矿最终固体产物为六方磁黄铁矿（$Fe_{1-x}S$），三种矿物的气体产物均为 S_2。随着磁黄铁矿含量增加，黄铁矿热分解反应峰值温度降低，磁黄铁矿对黄铁矿热分解有促进作用。

（2）热分解反应总质量损失量：黄铁矿>混合矿>磁黄铁矿。黄铁矿热分解反应最为剧烈，磁黄铁矿最为缓慢，反应速率及质量损失量与气体产物 S_2 的生成及挥发有关。

（3）黄铁矿热分解过程为 $FeS_2 \rightarrow Fe_{1-x}S \rightarrow FeS$，磁黄铁矿热分解为单斜到六方的转化，混合矿热分解过程中磁黄铁矿促发黄铁矿加速热分解，同时包含两种矿物热分解过程。

第4章

含磁黄铁矿的金属硫化矿尘燃烧过程

4.1 引言

金属硫化矿尘爆炸过程往往是量变到质变的过程，是金属硫化矿石氧化→自热→自燃/燃烧→爆炸的过程。在金属硫化矿中，通风作用导致矿尘从装矿巷道向采场内流动，已燃烧的矿石从采场向出矿口汇集，所以出矿口楣线处成为火源与尘源的交汇点，极易同时满足矿尘爆炸条件而成为矿尘爆炸易发点。这种情况在分段法回采且平底式或堑沟式底部结构的出矿口楣线处经常发生，如图4-1所示。

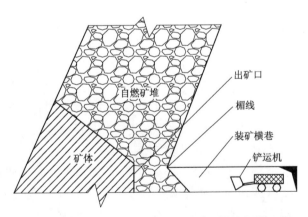

图4-1 出矿口火源与尘源交汇及矿尘爆炸位置示意

因此，为预防金属硫化矿尘爆炸及爆炸过程中磁黄铁矿的影响，首先需要掌握硫化矿石氧化、自热、自燃的机理与影响因素。

4.1.1　金属硫化矿石氧化自热

在矿井作业过程中，金属硫化矿石在爆破作业后，会吸收炸药爆炸反应产生的热能，使自身的温度升高；矿石在空中相互碰撞，同时在重力的作用下撞击采场底板，整个作业过程中动能会转化为部分热能，使矿石温度升高[149]。爆破后的金属硫化矿石降落并堆积在井下采场中，因采场相对封闭，矿石散热会受到抑制。由于金属硫化矿石易氧化的特性，在复杂的井下环境中，受外界水、氧气、温度、pH 等因素影响，氧化过程会放出大量热量；在矿石堆聚热作用下，随着氧化反应的进行，矿石堆热量越积越多，导致金属硫化矿石氧化进程加快。上述过程反复循环，矿石堆内部氧化反应会越来越剧烈，内部温度会越来越高，后期会产生大量的二氧化硫[150-154]。

4.1.2　金属硫化矿石氧化自热影响因素

金属硫化矿井的环境比较复杂，金属硫化矿石氧化影响因素较多，其作用参差不齐，但是遍布于矿石堆及周围环境。影响因素包含内在因素与外在因素两个方面：内在因素包含矿石物质结构、硫含量、矿石块度、矿石堆形状；外在因素包含水、空气湿度、空气流速、氧气浓度、环境温度、矿石含水率、pH、微生物作用等[13]。

4.1.2.1　硫含量与物质结构

金属硫化矿石在硫含量(质量分数)超过 15% 并且外界因素满足条件的情况下，有可能发生氧化自燃现象，产生明火甚至引发火灾；当硫含量为 40%～50% 时，氧化自燃发火的可能性最大，矿石的发火危险性也最大[155-156]。在可能发生氧化自燃的这段硫含量区间，从宏观理论角度考虑，应该是硫含量越高、金属硫化矿石越容易氧化，但是实际上却并非如此。因为矿石不是由单纯的某种含硫矿组成，而是由多组硫化矿和其他物质混合而成。其氧化性还与矿物的物质晶体结构有很大关系，有的矿物的物质成分虽然很相近，但是晶体结构存在很大不同，导致它们的氧化性有很大的差异。常见的很容易氧化自燃的矿石有胶黄铁矿、黄铁矿(中细粒)和磁黄铁矿等，它们是众多硫化矿中的典型代表，属于易发火硫化矿石[157-158]。金属硫化矿堆硫含量越高，说明含有的硫化矿越多，矿石堆就越容易氧化自燃。而在硫含量相差不大的情况下，矿石堆含有越多的胶黄铁矿、黄铁矿(中细粒)和磁黄铁矿等，就越容易发生氧化自燃发火现象。

4.1.2.2　矿石块度

矿石块度越小，比表面积越大，单位矿石与空气接触的面积越大，与空气中的氧气有更多的机会发生反应。在一定情况下，矿石块度越小，矿石堆的空隙越多，空气更容易进入矿石内部，生成的二氧化硫更容易排出。即矿石内部的气体和空气有更快的交换速度，促进矿石堆氧化。有研究表明，在相同温度下，颗粒越小的矿石，吸氧速度越大。矿石块度越大，它表面因为氧化反应而生成的氧化膜就更稳定，能更有效

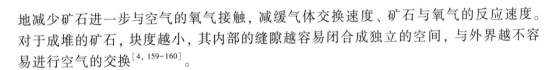

地减少矿石进一步与空气的氧气接触，减缓气体交换速度、矿石与氧气的反应速度。对于成堆的矿石，块度越小，其内部的缝隙越容易闭合成独立的空间，与外界越不容易进行空气的交换[4, 159-160]。

4.1.2.3　水

水对金属硫化矿石氧化的作用表现为多样性，这与水的存在形态和含量有关。例如自由水大量存在，束缚水少量存在，水蒸气微量存在[161-162]。当水存在于金属硫化矿石中，因为含量关系，水会表现出双重作用。如果大量的水聚集在矿石堆中，一方面水会带走大量的热，另一方面水会形成保护膜隔绝矿石与空气的接触，使矿石无法具备氧化自燃的条件，严重阻碍了矿石的氧化作用；甚至会让矿石发生反应生成其他物质，如氢氧化铁，使矿石胶结很难发生氧化反应。水适量时，又具有催化作用，在这个合适的水范围内，水提供了一个合适的反应环境，甚至作为反应物参与矿石氧化反应。研究表明，能使硫化矿石氧化速度加快的水含量比较小，大概在10%之内。

4.1.2.4　环境温度

环境温度变化对金属硫化矿石氧化自燃影响很大，高温促进矿石氧化，低温则对矿石氧化起到抑制作用。当环境温度升高时，处于矿堆外的环境首先受到影响，包括氧分子在内的各种分子运动速度增大，各分子的碰撞变得越加频繁，平均动能也得到增大，导致活化分子比例增加，使氧分子更容易与矿石堆表面和内部的金属硫化矿发生反应；同时，通过热传递，矿石堆的温度渐渐升高，其硫化矿分子因为平均动能增大变得更加活跃，与活跃的氧分子的接触变得更加容易与频繁，两者的反应速度进一步增大，产生更多的热量继续促进反应的进行[157]；另外，随着环境温度的升高，环境与矿堆的温差慢慢变小，矿堆聚热条件逐渐变好，有利于矿堆的热量积聚。因为两者的温差大小与矿堆聚热有很大的关系，当矿堆温度较高时，环境温度越低，矿堆就越容易散失热量，甚至无法聚热；当环境温度升高时，两者间的温度慢慢接近，矿堆热量的散失速度慢慢降低；当环境温度高于矿堆时，矿堆非但不会散失热量，反而受到环境的高温传热，此时矿堆的氧化反应会得到很大的增强，并因越热反应越快的良性循环，矿堆自燃着火周期会大幅缩短[163]。

4.1.2.5　铁离子

常见易发生氧化反应的金属硫化矿石主要成分是黄铁矿。在有水的情况下，其会发生反应产生 Fe^{3+} 和 Fe^{2+}。而产生的 Fe^{3+} 和 Fe^{2+} 不仅仅是简单的产物，还会以反应物的身份参与矿石氧化反应，加快反应的进行。Fe^{3+} 具有氧化性，而黄铁矿相对而言具有较强的还原性，当两者相遇便会发生氧化还原反应[164]。而反应产生的 Fe^{2+} 又很容易被氧化变成 Fe^{3+}，Fe^{3+} 又会继续参与反应生成 Fe^{2+}。如此反复循环，便会极大地促进硫化矿石氧化，加快矿石氧化反应进程。在有水的情况下，Fe^{3+} 浓度越大，硫化矿石氧化反应越容易进行，反应速度也越快。

4.1.3　金属硫化矿石氧化自热机理

宏观上，金属硫化矿石氧化自热机理比较简单，同时具备三个条件就能完成：一是矿石能够发生氧化反应并能产热量，二是外界有充足的氧气供应，三是矿石具有聚热的条件[165]。深入探究，这个过程十分复杂。现在国内外关于矿石堆氧化自热机理的结论尚未统一，总体分为四种论断，即物理学机理、微生物学机理、化学热力学机理和电化学机理[166]。虽然机理论断较多，但是都包含氧化→自热→自燃的过程，只是开始时间不同，间隔有所差异。

4.1.3.1　物理学机理

物理学机理是指在金属硫化矿石堆氧化自热过程中，参与产热、聚热的各种物理作用和变化。以宏观物理角度分析，金属硫化矿石自热过程可以被描述为破碎、产热、聚热、升温等几个过程[167]。

（1）破碎过程中的颗粒变化。金属硫化矿床开采过程中，原本作为一个整体的矿石，在爆炸产生的高温气体作用、应力波作用和重力作用以及矿石之间的碰撞等其他机械作用下，将变成块度大小不一的矿石，并堆积在采场。虽然整个矿石破碎过程发生的时间十分短暂，但是其过程却非常复杂。其间发生了很多物理变化，受各种不同的机械作用，矿石的固体形态、晶体结构、物理性质发生了巨大的变化。一方面，当矿石遭受外部力时，晶粒的原子排列方式发生改变，导致晶格缺陷，在晶格产生缺陷的同时，能量发生转变，部分机械能转化为可以存储的化学能，使部分矿石变成高能活性矿石，更容易发生反应产热；另一方面，晶格也可能发生畸变和非晶化现象，一旦出现这种现象，晶格内部存储的能量将比普通错位存储的能量大得多，进而矿物颗粒的一些物理性质将会发生很大变化[168]。

（2）物理产热的来源。在矿石破碎到堆积前期的这段时间内，以物理方式获得热量的过程有两个：一是外力作用的破碎过程，二是破碎矿石堆积在一起的吸附过程。

①破碎产热。矿石破碎时，炸药爆炸提供给矿石很多能量，能量获得的方式分为热传递和做功。热传递是指爆炸产生的高温气体把热量传给矿石，而做功是指爆破作用对矿石做功使矿石能量增高。除此之外，矿石因为爆破作用会相互摩擦、相互碰撞甚至直接撞击矿岩壁面，其中矿石表面的相互摩擦会产生摩擦热，而碰撞和撞击会使矿石颗粒内部产生塑性变形导致其他能量转化为热能，甚至使晶体的某些化学键断裂释放热量。这些能量因为矿石破碎堆积在一起，形成一个较好的聚热环境，热量会得到较好的保持，不容易散失。

②吸附产热。破碎矿石堆的吸附作用主要表现在吸氧和吸水两方面，这两者有一个共同点，即矿石在吸附的过程中会释放热量。因为矿石固体表面具有比较高的自由焓，当其与气体（包括氧气和水蒸气）等相遇并吸附时，会降低自身具有的自由焓。这个过程和气体液化的过程相似，都是放热的过程，不过机理不同，所以矿石颗粒表面吸附气体放出的热可以与气体液化热一起对比了解。随着矿石表面温度的升高，吸附作用逐渐变小，吸附与温度的关系决定了吸附作用不大可能出现在矿石自燃中后期。

物理吸附氧是一个动态的过程，因为矿石颗粒吸附的氧不会简单地停留在颗粒固体表面。这些氧要么脱离吸附逃到空气中去，要么进一步被化学吸附到矿石颗粒内部参与化学反应。而化学反应会持续消耗氧，导致矿石颗粒表面物理吸附氧也在持续不断进行。由吸附理论可知，金属硫化矿石吸附氧过程放出的热量与氧液化放出的热量相当，可根据吸附过程的氧量计算出物理吸附放出的热量[169]。在理想的情况下，考虑矿石与环境完全绝热，计算公式如下：

$$\Delta Q = \left[\int_{t_1}^{t_2} C_0(t) \, dt + V_p(t_2) \right] q_p \tag{4-1}$$

式中：ΔQ 表示温度从 t_1 上升到 t_2 的过程中，单位质量硫化矿石物理吸附氧的热效应，J/kg；t_1 表示起始温度，t_2 表示终止温度，℃；$C_0(t)$ 表示前期矿石低温氧化对应不同温度的耗氧速率，mol/(s·kg)；$V_p(t_2)$ 表示温度终止时物理吸氧量，mol/kg；q_p 表示物理吸氧热，J/mol。

物理吸附水与物理吸附氧具有相似之处，都是一个动态过程，吸附的水也会参与化学反应，反应消耗水使硫化矿石颗粒表面持续吸水补充。除此之外，颗粒表面吸附水还有其他的消耗途径，譬如，某些矿物或反应产物要发生结晶析出作用，形成结晶化合物，就必须有水的参与。而这些水很大部分来源于吸附水，甚至当矿石堆中不存在液态水时，水的来源就几乎全是吸附水。不仅如此，在消耗吸附水的过程中，吸附水也一直处于蒸发的状态，所以水的吸附与水的消耗和蒸发是一个不断循环的动态过程[170]。

物理吸附水和物理吸附氧也有所不同。一个不同之处在于金属硫化矿石颗粒表面会因为吸附水的一些性质(如水分子的偶极性以及水分子之间的氢键等)形成一层很薄的水膜，所以水分子也就更易液化。另一个不同之处在于氧是以单分子层的形式被吸附在硫化矿石颗粒表面的，这是因为氧的沸点低，容易蒸发，而水可以表现为多层吸附。吸附水为多层吸附除了与沸点较高有关之外，还与分子之间的力作用有关。单分子层吸附的发生是靠矿石分子与气体分子的范德华力，而多分子层吸附不仅要靠范德华力，还要依靠长程力和水分子之间的氢键力[171]。

4.1.3.2 微生物学机理

生活中，微生物无处不在，它们存在于各个角落。有些漂浮在空气中，有些在水中随波畅游，有些则在土壤中蛰伏。几乎有人存在的地方，都会存在微生物，而没人存在的地方，微生物也会存在，因为微生物的生命力极其顽强。虽然金属硫化矿井环境复杂，但也阻挡不了微生物的存在。甚至有些微生物就适合生存在极端的环境中，比如酸性很强的矿井废水或井下酸性环境。过去关于微生物对硫化矿石起氧化作用的深层次研究比较少见，那时学者们普遍认为采场没有适合可氧化硫化矿石微生物的生存环境，包括"高于 30 ℃，该类微生物活性很低"和"该类微生物只适合较强的酸性环境"的说法。而近段时间的研究表明，这些说法很片面，因为已经发现高于 30 ℃ 且能生存的可氧化硫化矿石的微生物和能在非较强酸性环境生存的可氧化硫化矿石的微生物。

(1)微生物分析。

目前，在酸性矿井废水和井下酸性环境发现的微生物种类越来越多，可是能使金属硫矿物发生反应的微生物种类却不常见。目前发现的可氧化金属硫化物的微生物大都适合生存于 pH 为 2 左右的酸性环境中,但是也有微生物可生存在 pH<1 的酸性更强的环境和 pH>5 的接近中性的弱酸环境。这些微生物之所以能生存在硫化矿中,是因为它们以硫化矿为能量来源。更具体地说,是让硫化矿的铁发生氧化或使其中的硫发生还原,从而吸收过程中产生的能量。

（2）微生物氧化硫化矿石机理。

关于硫化矿生物氧化机理的观点不一,主要有几种说法,分别为直接作用、间接作用。直接作用是指微生物产生酵素直接对矿石进行氧化;间接作用是指矿石表面溶液中的 Fe^{3+} 与硫化矿物发生反应,细菌将产生的 Fe^{2+} 氧化为 Fe^{3+}。另外,也有学者提出接触氧化理论[172-178]。

微生物生存在硫化矿石表面,发生氧化的时候与周围的环境形成一个氧化体系。这个体系由硫化矿石、溶液、气体和微生物组成,其中溶液是整个体系存在的媒介物质。矿石和微生物分别是氧化作用的对象和主体,而气体中必须包括氧气和二氧化碳[179]。

在这个体系中,微生物依附在硫化矿石表面,与硫化矿直接接触,分泌胞外聚合物（extracellular polymeric substances, EPS）。由于 EPS 含有氧化性的 Fe^{3+},会与硫化矿石发生化学反应,反应之后 Fe^{3+} 变成 Fe^{2+},并产生硫代硫酸盐;然后微生物凭借自身的氧化作用,将 Fe^{2+} 氧化成 Fe^{3+},并把产生的硫氧化为硫酸盐。在这个过程中,微生物吸收能量作为食物来源。

微生物氧化过程的主要反应方程式如下:

$$Fe^{2+} + \frac{1}{4}O_2 + H^+ \longrightarrow Fe^{3+} + \frac{1}{2}H_2O \tag{4-2}$$

$$S + \frac{3}{2}O_2 + H_2O \longrightarrow H_2SO_4 \tag{4-3}$$

从反应方程式来看,这些反应在酸性条件下且有微生物存在时,会进行得很迅速。这是因为,酸性条件下 H^+ 含量高,会促进反应的进行。而微生物存在时,Fe^{2+} 会被迅速氧化为 Fe^{3+},Fe^{3+} 则继续与硫化矿反应产生更多的 Fe^{2+},促进反应。另外,产生的硫又会被微生物氧化成硫酸,产生更多的 H^+ 促进反应。反应如此反复循环,持续不断[180-182]。

4.1.3.3　化学热力学机理

虽然目前关于金属硫化矿石自燃机理的观点较多,关于自燃的主要热源说法也有不同。但是大部分研究人员都认为矿石的氧化化学反应是矿石自燃的最主要热量来源,化学热力学机理是被大多数人认可的解释矿石自燃主要热量来源问题的机理[183-185]。

化学热力学机理是基于金属硫化矿石氧化反应方程式的理论。该机理认为现场环境中的硫化矿石主要成分的氧化反应模式和热效应与实验室中硫化矿石氧化反应的模式和热效应相同,为实验模拟现场硫化矿石氧化反应提供了可行之法。通过实验研究硫化矿,氧化反应及化学方程式可大致推测出现场的氧化反应过程和热量。

金属硫化矿石自燃过程是一个很复杂的过程,即使只研究化学热力学的产热过程,也不简单。金属硫化矿石的自燃过程中的化学热力学反应不是一直处于稳定状态,而是一个变化的过程，且时刻受外界条件的影响。化学热力学反应速度受很多条件影响，有些条件会加快反应速率，比如当环境温度升高时，反应速率明显加快；随着反应的进行，硫化矿石的形态发生改变，表面粗糙度变大，矿石表面变得更加凹凸不平，增加了比表面积(即增大了反应面积)，反应速率随之加快；反应产生的铁离子扮演着催化剂的角色，浓度在某一范围内会促进氧化反应的进行、加快反应速度等。也有些条件会阻碍氧化反应，降低反应速率。比如反应的生成物覆盖在矿石表面，会在一定程度上减少矿石与氧气的接触，从而减缓化学反应，降低反应速率。正常情况下，硫化矿石氧化速率先增大后减小。但在井下环境中，堆矿的采场通风不畅，不利于散热，导致硫化矿石氧化反应的速度随着温度的增加会越来越快[186]。

常见的会发生自燃的矿石的化学反应方程式及其热效应如下[187-188]。

(1)黄铁矿内含胶黄铁矿和白铁矿的氧化反应过程及热效应。

干燥条件下：

$$4FeS_2+11O_2 = 2Fe_2O_3+8SO_2+3312.4\ kJ \tag{4-4}$$

$$FeS_2+3O_2 = FeSO_4+SO_2+1047.7\ kJ \tag{4-5}$$

$$FeS_2+2O_2 = FeSO_4+S^0+750.7\ kJ \tag{4-6}$$

$$12FeS_2+100O_2 = 5FeSO_4+Fe_7S_8+11S^0+3241.8\ kJ \tag{4-7}$$

潮湿条件下：

$$2FeS_2+7O_2+2H_2O = 2FeSO_4+2H_2SO_4+2558.4\ kJ \tag{4-8}$$

$$4FeS_2+15O_2+14H_2O = 4Fe(OH)_3+8H_2SO_4+5092.8\ kJ \tag{4-9}$$

$$4FeS_2+15O_2+8H_2O = 2Fe_2O_3+8H_2SO_4+5740.5\ kJ \tag{4-10}$$

(2)黄铁矿内含胶黄铁矿和白铁矿的中间产物的氧化反应过程及热效应。

潮湿条件下：

$$12FeSO_4+6H_2O+3O_2 = 4Fe_2(SO_4)_3+4Fe(OH)_3+762.5\ kJ \tag{4-11}$$

$$4FeSO_4+O_2+2H_2SO_4 = 2Fe_2(SO_4)_3+2H_2O+393.3\ kJ \tag{4-12}$$

$$FeSO_4+7H_2O = FeSO_4 \cdot 7H_2O+85.4\ kJ \tag{4-13}$$

$$FeSO_4+H_2O = FeSO_4 \cdot H_2O+28.8\ kJ \tag{4-14}$$

$$2FeSO_4+O_2+SO_2 = Fe_2(SO_4)_3+428.1\ kJ \tag{4-15}$$

$$Fe_2(SO_4)_3+FeS_2 = 3FeSO_4+S^0+25.5\ kJ \tag{4-16}$$

$$Fe_2(SO_4)_3+FeS_2+2H_2O+3O_2 = 3FeSO_4+2H_2SO_4+1082.6\ kJ \tag{4-17}$$

$$Fe_2O_3+3H_2SO_4 = Fe_2(SO_4)_3+3H_2O+172.9\ kJ \tag{4-18}$$

$$SO_2+H_2O = H_2SO_3+231.4\ kJ \tag{4-19}$$

$$2SO_2+2H_2O+O_2 = 2H_2SO_4+231.4\ kJ \tag{4-20}$$

(3)磁黄铁矿的氧化反应过程及热效应[189-191]。

干燥条件下：

$$4FeS+7O_2 = 2Fe_2O_3+4SO_2+3219.9\ kJ \tag{4-21}$$

$$FeS+2O_2 = FeSO_4+829\ kJ \tag{4-22}$$

潮湿条件下：

$$2FeS_2+7O_2+2H_2O = 2FeSO_4+2H_2SO_4+2558.4\ kJ \tag{4-23}$$

$$FeS+2O_2+H_2O \Longrightarrow FeSO_4 \cdot H_2O+856.9 \text{ kJ} \tag{4-24}$$

$$FeS+2O_2+7H_2O \Longrightarrow FeSO_4 \cdot 7H_2O+914.4 \text{ kJ} \tag{4-25}$$

(4)磁黄铁矿中间产物的氧化反应过程及热效应。

潮湿条件下：

$$FeS+H_2SO_4 \Longrightarrow FeSO_4+H_2S+34.6 \text{ kJ} \tag{4-26}$$

$$FeS+Fe_2(SO_4)_3 \Longrightarrow 3FeSO_4+S^0+103.8 \text{ kJ} \tag{4-27}$$

$$2H_2S+O_2 \Longrightarrow 2S^0+2H_2O+531.7 \text{ kJ} \tag{4-28}$$

4.1.3.4 电化学机理

对于热量以及 Fe^{3+}、SO_4^{2-} 的来源等问题，化学热力学机理起到了一个很好的解释作用，比较全面地解释了金属硫化矿石氧化自燃过程中的上述问题。但是纵观硫化矿石氧化自燃全过程，化学热力学机理也无法合理解释某些问题。除了之前提到的物理作用和微生物作用外，还有其他一些问题，比如低温下的硫化矿石氧化速度问题。在有些现场中发现记录的氧化速度与理论上计算的氧化速度具有较大差异，具体表现为：理论上可正常发生的化学反应，实际却十分缓慢，反应产生的热量也较小；甚至，有些化学热力学机理认为无法发生的反应，现场竟可以发生。之所以会出现上述情况，是因为硫化矿石发生了电化学反应，而电化学反应会产生热量。

金属硫化矿井下环境潮湿多水，硫化矿石在水的影响下，容易发生原电池反应即电化学反应。电化学的发生必须具备三个条件，即电极、电解质溶液和电子通道。而在井下潮湿环境堆积的硫化矿石都具备这些条件[192]。

(1)电极。对于纯净物而言，电化学位都一样，没有位差，不存在电极之说。而金属硫化矿石不是纯净物，是由很多硫化矿和其他物质混合而成的。由于各种矿物不同，其结构存在差异，所具有的电化学位也不一样。低电化学位的矿物可能会失去电子成为为阳极，高电化学位的矿物有可能得到电子而变成阴极。

(2)电解质溶液。井下潮湿环境中，金属硫化矿石容易通过物理吸附作用吸附水，在矿石表面形成水膜。水膜会溶解矿石或矿石氧化产物等形成含有阳离子和阴离子的电解质溶液，为电化学反应创造条件[193]。

(3)电子通道。硫化矿属于半导体矿物，因为不等价杂质组分的替换，产生了电子心或者是空穴心而具有了导电性。

常见金属硫化矿物的电化学反应方程式，如式(4-29)~式(4-37)所示。

黄铁矿阳极化学反应方程式——竞争反应：

$$xFeS_2 \Longrightarrow xFe^{3+}+2xS^0+3xe \tag{4-29}$$

$$(1-x)FeS_2+8(1-x)H_2O \Longrightarrow (1-x)Fe^{3+}+2(1-x)SO_4^{2-}+16(1-x)H^++15(1-x)e \tag{4-30}$$

黄铁矿阳极化学反应方程式——总反应：

$$FeS_2+8(1-x)H_2O \Longrightarrow Fe^{3+}+2(1-x)SO_4^2+16(1-x)H^++2xS^0+3(5-4x)e \tag{4-31}$$

磁黄铁矿阳极化学反应方程式：

$$2FeS+3H_2O = 2Fe^{3+}+S_2O_3^{2}+6H^++10e \tag{4-32}$$

$$S_2O_3^{2-}+5H_2O = SO_4^{2-}+10H^++18e \tag{4-33}$$

磁黄铁矿阳极化学反应方程式——竞争反应：

$$FeS = Fe^{3+}+S^0+3e \tag{4-34}$$

$$2FeS+8H_2O = 2Fe^{3+}+2SO_4^{2-}+16H^++18e \tag{4-35}$$

阴极的反应则比较简单，反应方程式如下：

$$O_2+4H^++4e = 2H_2O \tag{4-36}$$

$$Fe^{3+}+e = Fe^{2+} \tag{4-37}$$

金属硫化矿石电化学反应过程具体可分为以下几个阶段：①固相扩散电离阶段；②离子或分子活化与定向移动阶段；③反应阶段；④反应产物脱离和新反应物参与的阶段。

4.1.4　典型金属硫化矿的燃烧研究

在空气环境中，以往认为黄铁矿燃烧路径有两种：第一种是直接被氧化，生成 Fe_2O_3 和 SO_2；第二种是黄铁矿热分解生成多孔磁黄铁矿后进一步被氧化[68]。如第 1 章所述，黄铁矿在 400~500 ℃的氧氮气氛中直接氧化，反应产物只有 Fe_2O_3 和 SO_2[87]；黄铁矿在空气中焙烧至 610 ℃，首先发生黄铁矿热分解，形成磁黄铁矿，进而磁黄铁矿被氧化，最终产物包括黄铁矿、磁黄铁矿和赤铁矿/磁铁矿，产物随时间及燃烧温度的变化而变化[194]。有研究认为，黄铁矿直接氧化为硫酸亚铁（$FeSO_4$），不形成中间产物磁黄铁矿；黄铁矿会与硫酸亚铁相互作用，且氧化过程中存在硫酸亚铁分解反应，形成正态和碱性的硫酸亚铁；即使在纯氧或空气充足时，硫酸亚铁也是主要的氧化产物[195]。可见，目前关于黄铁矿氧化燃烧过程的说法仍未统一。

磁黄铁矿在空气环境中燃烧，当空气充足时，直接氧化产物为赤铁矿；当空气不足时，产物为赤铁矿和硫酸铁。当温度更高时，硫酸铁溶解到赤铁矿中；S 以 SO_2 形式由中间层到表层逸出，与此同时赤铁矿形成。随着温度的升高和时间增加，磁黄铁矿从表层到内层进行氧化，最终磁黄铁矿被完全氧化分解，生成赤铁矿[107]。

磁黄铁矿与黄铁矿混合氧化燃烧研究方面，如第 1 章所述，学者采用 $FeS-FeS_2$ 混合物进行了低温氮吸附实验；发现随着 FeS 质量分数的增加、分数维数增大，$FeS-FeS_2$ 混合物的表面吸附、存氧能力增强，更容易引起硫化矿石自燃[101]。虽然文献提及了自燃，但未在空气或含氧环境中进行研究。目前，未见磁黄铁矿参与甚至促发黄铁矿燃烧过程及化学机理方面的研究。

鉴于上述研究，为了深入了解含磁黄铁矿的金属硫化矿尘云爆炸的第二阶段/第二步过程——氧化燃烧，笔者开展本章研究，为后续揭示爆炸过程打下基础。

4.2　空气环境中磁黄铁矿促发金属硫化矿尘氧化燃烧行为

空气环境中三种矿样热重分析测试结果如图 4-2 所示。由图 4-2 可以观察到，与
N_2 环境中热分解实验现象相同，三种矿样氧化燃烧过程都伴随质量损失。总质量损失量：
黄铁矿>混合矿（1∶1）>磁黄铁矿，质量损失量分别为 34.11%、25.20%、18.38%，比
N_2 环境中 25.22%、16.12%、5.81% 的质量损失量分别大 10% 左右。与 N_2 环境中三阶段
热分解反应不同，由 DTG 曲线峰值可以观察到，黄铁矿反应可分为四个阶段，而混合矿
（1∶1）与磁黄铁矿的氧化燃烧反应可分为五个阶段。

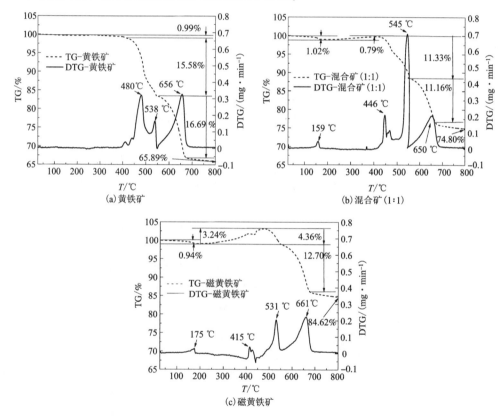

图 4-2　空气环境中热重分析测试结果

黄铁矿氧化燃烧反应第一阶段质量损失 0.99%，结束温度为 416 ℃；第二阶段质量损
失 15.58%，结束温度为 545 ℃；第三阶段质量损失最大，为 16.69%，结束温度为 673 ℃；
第四阶段质量损失最小，为 0.90%，如图 4-2(a) 所示。该质量损失趋势线与 N_2 环境中的
质量损失趋势线一致，但与热分解反应不同。在空气环境中黄铁矿氧化燃烧存在三个 DTG
峰值，分别为 480 ℃、538 ℃、656 ℃，而 N_2 环境中只存一个峰值（在 626 ℃），说明空气
环境中氧化燃烧过程更为复杂。造成黄铁矿质量损失的原因如前所述，黄铁矿氧化燃烧可

能有两种途径[68]：一种是直接被氧化，生成赤铁矿 Fe_2O_3，发生在 480~530 ℃时[84-85]；另一种是分两步氧化，第一步为黄铁矿热分解成磁黄铁矿，发生在 427~538 ℃时，第二步为磁黄铁矿进一步氧化，生成赤铁矿 Fe_2O_3、磁铁矿 Fe_3O_4 等[92, 194]。此外，在氧化燃烧过程中亚硫酸盐或硫酸盐可能为过程产物[107, 151]。黄铁矿氧化燃烧质量损失的具体原因，仍需进一步研究，将在 4.4 节讨论。

磁黄铁矿氧化燃烧反应第一阶段质量损失 0.94%，结束温度为 190 ℃；与黄铁矿不同，磁黄铁矿，第二阶段是质量增加过程，质量增加 3.24%，结束温度为 480 ℃，有报道称，这与磁黄铁矿氧化分解形成 $FeSO_4$ 和 Fe_2O_3 产物有关[39, 45, 107]；第三阶段质量损失为 4.36%，结束温度为 551 ℃，这与 550 ℃左右磁黄铁矿热分解释放 S 有关[46, 107]；第四阶段质量损失为 12.70%，结束温度为 682 ℃，这与 600~900 ℃时，磁黄铁矿氧化分解形成的 $FeSO_4$ 进一步分解释放 SO_2 有关[107]；第五阶段质量损失最小，为 0.62%，如图 4-2(c)所示。与黄铁矿相比，磁黄铁矿除第二阶段质量增加外，其余阶段总体趋势线保持一致。磁黄铁矿氧化燃烧质量损失的具体原因，仍需进一步研究，同样将在 4.4 节讨论。

混合矿(1∶1)线型与磁黄铁矿线型一致，反应同样经历了五个阶段：氧化燃烧反应第一阶段质量损失 1.02%，结束温度为 189 ℃；第二阶段同样是质量增加过程，质量增加较磁黄铁矿少，为 0.79%，结束温度为 410 ℃；第三阶段质量损失 11.33%，结束温度为 548 ℃；第四阶段质量损失为 11.16%，结束温度为 667 ℃；第五阶段质量损失 2.48%，如图 4-2(b)所示。结合第 3 章 N_2 环境中热分解实验结果分析混合矿质量损失原因：第一阶段质量损失可能是矿样中少量 S 单质受热挥发所致，样品分析时已证实有少量 S 单质存在，而 S 的熔点大约在 112.8 ℃，所以认为是 S 受热挥发导致质量损失；在黄铁矿［图 4-2(a)］及磁黄铁矿［图 4-2(c)］中，第一阶段质量损失同样为该原因所致。第二阶段增重可能与矿样中磁黄铁矿氧化分解形成 $FeSO_4$ 和 Fe_2O_3 产物有关[39, 45, 107]。这一阶段存在一个 DTG 峰值，出现在 375 ℃左右，但并不明显；对比磁黄铁矿的 DTG 峰值(415 ℃)有所提前，这可能与磁黄铁矿含量有关。第三阶段质量损失可能与黄铁矿热分解成为磁黄铁矿[98]，以及新生成的磁黄铁矿与矿样中原始的磁黄铁矿热分解生成 S 有关[46]；但具体此时黄铁矿热解生成的磁黄铁矿是否被氧化成赤铁矿(Fe_2O_3)，还有待进一步验证。第四阶段质量损失同样可能与黄铁矿热分解生成的磁黄铁矿，以及原始的磁黄铁矿氧化分解形成的 $FeSO_4$ 进一步分解释放 SO_2 有关[107]；或与黄铁矿直接氧化分解成 Fe_2O_3 并释放 SO_2，同时 $FeSO_4$ 分解释放 SO_2 有关。第五阶段质量损失为缓慢的氧化燃烧过程，是释放了少量 SO_2 导致的质量损失。具体混合矿(1∶1)氧化燃烧质量损失原因，仍需进一步揭示，同样将在 4.4 节讨论。

4.3　磁黄铁矿含量对金属硫化矿尘氧化燃烧的影响

如图 4-3(a)所示，随着磁黄铁矿含量增加，氧化燃烧第一峰值温度增大。这可能与磁黄铁矿中所含单质硫 S 含量有关。第二峰值温度随磁黄铁矿含量增加呈下降趋势，第二峰值基本出现在质量增加阶段或质量增加后初始质量损失阶段。这可能是磁黄铁矿含量增加导致氧化分解形成 $FeSO_4$ 和 Fe_2O_3 产物量增加，进而质量增加速率增大或质量增加质量增大导致反应速率增大。具体此阶段磁黄铁矿含量增加是否会增大黄铁矿氧化燃烧速率，有待进一步分析。第三、第四峰值温度基本不随磁黄铁矿含量增加而变化，第三峰值出现在 531~545 ℃，第四峰值出现在 650~661 ℃，呈上下波动趋势。

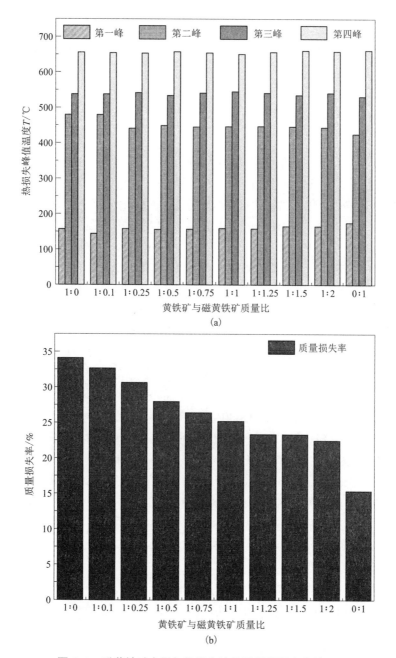

图 4-3　磁黄铁矿含量与热损失峰值及质量损失率关系

磁黄铁矿含量增加导致混合矿质量质量损失率下降，如图4-3(b)所示，表明磁黄铁矿在空气环境中氧化燃烧反应强度没有黄铁矿强。即黄铁矿反应更加剧烈、热损失更高，这一现象同样在爆炸实验中已得到证实[33]。在第3章已明确，磁黄铁矿热分解强度没有黄铁矿强，释放S_2气体更少，导致磁黄铁矿含量增加、混合矿热失重质量减少。在空气环境中氧化燃烧反应释放的气体是否同样遵循这一规律，具体需要进一步验证，将在4.4节讨论。

4.4 磁黄铁矿促发金属硫化矿尘氧化燃烧反应过程机理

4.4.1 固相燃烧过程

三种矿样在空气环境中的氧化燃烧XRD分析结果，如图4-4所示。结合热重分析实验及热重-质谱分析实验结果，最终选取三种矿样DSC峰值温度作为固相燃烧过程分析实验的温度，目的是考察硫化矿尘氧化燃烧反应过程中强度最强时的固相产物。同时，以实验结束温度800 ℃及N_2环境中热分解结束温度1100 ℃作为对照。分别在157 ℃、467 ℃、530 ℃、659 ℃、800 ℃、1100 ℃下测试了黄铁矿的物相变化，结果如图4-4(a)所示；分别在150 ℃、452 ℃、474 ℃、533 ℃、653 ℃、800 ℃、1100 ℃下测试了混合矿(1:1)的物相变化，结果如图4-4(b)所示；分别在171 ℃、423 ℃、470 ℃、525 ℃、663 ℃、800 ℃、1100 ℃下测试了磁黄铁矿的物相变化，结果如图4-4(c)所示。

如图4-4(a)所示，对比27 ℃时反应产物物相，黄铁矿在157 ℃时，物相未发生转变。因反应物中有多余单质S存在，且矿样不含水分，而S的熔点大约在112.8 ℃，证明是单质硫S挥发导致的质量损失，证实了4.2节的预测结果。在467 ℃时，反应产物物相分析结果表明已经有赤铁矿(Fe_2O_3)生成，同时存在一部分未转化的黄铁矿(FeS_2)，未见磁黄铁矿存在，与文献[87]发现黄铁矿在400~500 ℃的氧氮气氛中直接氧化生成Fe_2O_3实验结果一致；文献[88]发现黄铁矿在低于530 ℃时直接氧化生成Fe_2O_3实验一致；与文献[90]发现黄铁矿在480 ℃时直接氧化成赤铁矿，没有发现磁黄铁矿相变过程实验结果一致。在530 ℃时，全部黄铁矿(FeS_2)都转化为赤铁矿(Fe_2O_3)，未发现文献[88]描述的在较高温度下，磁黄铁矿作为中间体形成，继而氧化形成赤铁矿的现象；同时也未发现文献[195]描述的中间产物硫酸亚铁($FeSO_4$)。在659 ℃、800 ℃、1100 ℃时，反应产物皆为稳定的赤铁矿(Fe_2O_3)，与文献[86]认为温度小于1227 ℃时的产物是赤铁矿(Fe_2O_3)的实验现象一致。

文献[82]在CO_2环境中考察了黄铁矿热分解现象，发现950 ℃及1000 ℃下固态产物有磁黄铁矿(FeS)、磁铁矿(Fe_3O_4)和赤铁矿(Fe_2O_3)。随着温度升高，磁黄铁矿(FeS)会转化成Fe_3O_4和Fe_2O_3。本书空气环境中虽然包含CO_2成分，但是在800 ℃及1100 ℃时皆未发现磁黄铁矿。结合第3章N_2环境中黄铁矿热分解，此温度下黄铁矿已转化为陨铁矿(FeS)。存在上述现象的原因可能有两个：第一，黄铁矿在空气环境中氧化燃烧时，由于

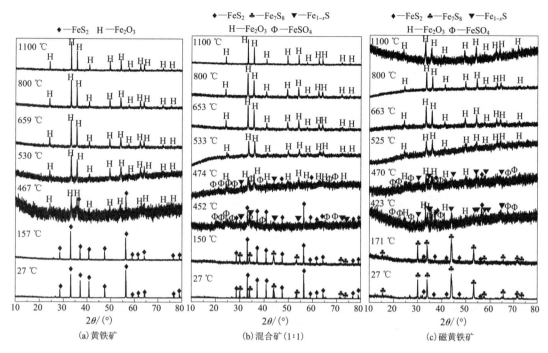

图 4-4　氧化燃烧产物 XRD 图谱

O_2 氧化能力远大于 CO_2 和 N_2，致使黄铁矿与 O_2 快速反应，CO_2 与 N_2 来不及与黄铁矿反应，黄铁矿直接生成赤铁矿；第二，黄铁矿在空气环境中的氧化燃烧过程是快速过程，虽然可能存在中间过程产物磁黄铁矿，但是难以捕捉，即使在相应温度下可能存在少量磁黄铁矿，其 XRD 分析峰值也被赤铁矿峰值所掩盖。

综上，在本书的实验条件下，黄铁矿在空气环境中氧化燃烧失重主要是受赤铁矿（Fe_2O_3）生成速率及气体挥发控制，具体固相反应如式（4-38）所示：

$$FeS_2 \longrightarrow Fe_2O_3 \tag{4-38}$$

磁黄铁矿在 171 ℃时物相同样没有发生变化，说明此时质量损失与磁黄铁矿无关。因样品不含水分，且有多余 S 元素，质量损失原因同样可能是 S 元素受热蒸发，具体可在气相分析时验证。423~800 ℃时赤铁矿（Fe_2O_3）晶相逐渐稳定，1100 ℃时晶相又开始趋于不稳定状态。其中，423 ℃、470 ℃时赤铁矿（Fe_2O_3）开始生成，同时部分磁黄铁矿转化为硫酸亚铁（$FeSO_4$）。因为此时生成物的物相包含磁黄铁矿（$Fe_{1-x}S$）、黄铁矿（FeS_2）、赤铁矿（Fe_2O_3）和硫酸亚铁（$FeSO_4$），且磁黄铁矿（$Fe_{1-x}S$）、黄铁矿（FeS_2）峰值相对于 171 ℃有明显下降趋势，说明氧化燃烧反应已经开始。另外，在 4.2 节的磁黄铁矿氧化燃烧分析中，观察到第二阶段质量增加，预测是磁黄铁矿氧化燃烧成赤铁矿（Fe_2O_3）和硫酸亚铁（$FeSO_4$）所致。通过本小节分析结果，可以证实上述预测，具体反应如式（4-39）、式（4-40）所示[107]。值得注意的是，在 423 ℃、470 ℃时磁黄铁矿物相已经由单斜晶系的原始物相 Fe_7S_8 转化为六方晶系 $Fe_{1-x}S$，与第 3 章 N_2 环境中磁黄铁矿热分解现象一致。其反应应该在磁黄铁矿表面进行，与 N_2 环境中反应一致，如式（4-41）所示，将在产物表面分析时进一步求证。

本书分析结果与文献[82]不同，文献作者认为磁黄铁矿在 $900\sim1000\ ℃$ 时无论是在 N_2 环境还是 CO_2 环境中，磁黄铁矿首先转化为磁黄铁矿（FeS）。而本书在 $800\ ℃$、$1100\ ℃$ 时磁黄铁矿的物相只有 $Fe_{1-x}S$，氧化反应没有经历 $Fe_{1-x}S\rightarrow FeS\rightarrow Fe_3O_4/Fe_2O_3$，低温下反应有中间产物硫酸亚铁（$FeSO_4$），高温 $1100\ ℃$ 时未见 Fe_3O_4。分析其原因可能是空气环境中氧化燃烧反应比 CO_2 环境中氧化燃烧反应更为迅速，化学反应快速进行，生成 Fe_2O_3。

另外，文献[143]认为磁黄铁矿（$Fe_{1-x}S$）在空气/氧气中分解，$425\sim520\ ℃$ 时，部分氧化，形成硫酸亚铁（$FeSO_4$）、黄铁矿（FeS_2）和磁铁矿（Fe_3O_4）；$521\sim575\ ℃$ 时，有赤铁矿（Fe_2O_3），但不一定生成；$576\sim625\ ℃$ 时，发生 $FeSO_4\longrightarrow[Fe_2(SO_4)_3]_2\cdot Fe_2O_3$；$725\ ℃$ 时，最终产物是赤铁矿（Fe_2O_3）。反应机理方面，认为赤铁矿（Fe_2O_3）与磁黄铁矿（$Fe_{1-x}S$）之间存在一层磁铁矿（Fe_3O_4）；并发现磁黄铁矿（$Fe_{1-x}S$）氧化有黄铁矿（FeS_2）生成，认为黄铁矿（FeS_2）没有参与磁黄铁矿（$Fe_{1-x}S$）氧化，它们之间发生的是 $(1-x)FeS_2\rightleftharpoons Fe_{1-x}S+(1-2x)S$ 可逆反应。而本书在反应过程中未发现磁铁矿（Fe_3O_4）存在，但是在 $423\ ℃$ 与 $470\ ℃$ 时同样生成了硫酸亚铁（$FeSO_4$），与文献[143]一致。从图4-4（c）中可以发现，$470\sim525\ ℃$ 时，硫酸亚铁（$FeSO_4$）已完成向赤铁矿（Fe_2O_3）的转化，比文献[143]反应温度更为提前。造成物相不同的原因可能是升温速率的不同[152]。

综上，在本书实验条件下，磁黄铁矿在空气环境中氧化燃烧增重阶段（$190\sim480\ ℃$）是由于磁黄铁矿转化为赤铁矿 Fe_2O_3 和硫酸亚铁 $FeSO_4$，反应如式（4-39）、式（4-41）所示。失重阶段主要是受磁黄铁矿 $Fe_{1-x}S$ 氧化燃烧生成赤铁矿 Fe_2O_3 及生成的硫酸亚铁 $FeSO_4$ 热分解成赤铁矿 Fe_2O_3 及气体挥发控制，具体固相反应如式（4-39）、式（4-42）所示：

$$Fe_{1-x}S(s)+O_2(g)\longrightarrow Fe_2O_3(s) \qquad (4-39)$$
$$Fe_{1-x}S(s)+O_2(g)\longrightarrow FeSO_4+Fe_2O_3(s) \qquad (4-40)$$
$$(1-x)Fe_7S_8(s)\Longrightarrow 7Fe_{1-x}S(s)+(0.5-4x)S_2(g) \qquad (4-41)$$
$$2FeSO_4(s)\Longrightarrow Fe_2O_3(s) \qquad (4-42)$$

混合矿（$1:1$）在 $150\ ℃$ 时同样没有发生物相变化，因此矿样在4.2节所述第一阶段的质量损失，同样认为是 S 单质受热挥发所致，具体在气相分析时验证。$452\ ℃$、$474\ ℃$ 时矿样固相变化与磁黄铁矿单独存在时类似，同样有磁黄铁矿（$Fe_{1-x}S$）、黄铁矿（FeS_2）、赤铁矿（Fe_2O_3）和硫酸亚铁（$FeSO_4$）存在。由图4-2（b）可知，反应各阶段热重分析曲线形状与磁黄铁矿相似。因此，混合矿氧化燃烧与磁黄铁矿相似。$452\ ℃$、$474\ ℃$ 时产物固相分析结果验证了上述过程。但是混合矿质量增加阶段结束温度为 $410\ ℃$，$452\ ℃$、$474\ ℃$ 峰值温度发生在第三阶段，表明第二阶段混合矿在空气环境中，$410\ ℃$ 以下即氧化燃烧生成赤铁矿（Fe_2O_3）和硫酸亚铁（$FeSO_4$）。而磁黄铁矿 $480\ ℃$ 时才完成第二阶段质量增加转化，说明随着磁黄铁矿添加，混合矿质量增加有加快趋势。$533\sim1100\ ℃$ 时，生成物同样只有赤铁矿（Fe_2O_3），对比赤铁矿（Fe_2O_3）生成温度，未见磁黄铁矿添加加速混合矿生成赤铁矿（Fe_2O_3）。从图4-2中可以观察到，混合矿 DTG 峰相对黄铁矿及磁黄铁矿更为陡峭，说明磁黄铁矿添加会导致混合矿氧化燃烧反应更为剧烈。同样的升温速率，虽然没有加速反应完成时间，但是在相同反应时间下，反应程度更为剧烈。在有限的空间内，这一现象可能导致增加粉尘的爆炸强度，具体将在第5章进行验证。

综上，在本书实验条件下，混合矿在空气环境中氧化燃烧质量增加阶段是由磁黄铁矿转化为赤铁矿 Fe_2O_3 和硫酸亚铁 $FeSO_4$ 控制，反应如式(4-39)~式(4-41)所示。质量损失阶段主要受磁黄铁矿($Fe_{1-x}S$)氧化燃烧生成赤铁矿(Fe_2O_3)及生成的硫酸亚铁($FeSO_4$)热分解成赤铁矿(Fe_2O_3)，与黄铁矿(FeS_2)氧化燃烧生成赤铁矿(Fe_2O_3)及气体挥发控制，磁黄铁矿的添加使反应强度更为剧烈。具体固相反应如式(4-38)~式(4-41)所示，为相互独立的反应，与文献[143]一致，与 N_2 环境中不同，不是联合反应。

4.4.2　气相氧化燃烧过程

三种矿样在 800 ℃时已全部转化为赤铁矿(Fe_2O_3)，且 1100 ℃时固体成分无变化。鉴于实验条件限制，热重分析仪与质谱仪联用(TG-MS)检测最高温度至 800 ℃，结果如图 4-5 所示。空气环境中氧化燃烧热重分析实验已在 4.2 节开展，其空气通气量采用 200 mL/min；而本节实验采用的空气通气量为 50 mL/min，因此同样需要检验实验结果的有效性。在 4.2 节实验结果中，黄铁矿热损失峰值分别发生在 480 ℃、538 ℃、656 ℃，而本节实验中黄铁矿的热损失峰值分别发生在 464.5 ℃、527.9 ℃、653.8 ℃；在 4.2 节实验结果中，磁黄铁矿热损失峰值分别发生在 175 ℃、415 ℃、531 ℃、661 ℃，而本节实验中磁黄铁矿的热损失峰值分别发生在 169.1 ℃、419.7 ℃、519.6 ℃、657.3 ℃；在 4.2 节实验结果中，混合矿(1:1)热损失峰值分别发生在 159 ℃、446 ℃、545 ℃、650 ℃，而本节实验中混合矿(1:1)的热损失峰值分别发生在 150.2 ℃、478.4 ℃、529.6 ℃、647.5 ℃。实验误差除个别点外，基本在 2%左右；误差是由不同通气量、不同取样质量造成的[150]，但是总体氧化燃烧热损失曲线线型保持一致，因此认为可以接受。

在空气环境中，黄铁矿氧化燃烧 TG-MS 表征结果如图 4-5(a)所示。质谱分析了四种可能存在的气体(S、SO、SO_2、SO_3)。在 157.3 ℃时，气体 S 生成量逐渐减少，说明受热挥发的 S 气体可能与氧气发生了反应，导致此时存在一个放热峰。476 ℃时，除 S 外，其余三种气体都存在峰值，SO、SO_2 最为陡峭，说明生成气体以 SO、SO_2 为主，但是同时存在一定量 SO_3；另外 SO_2 离子流强度比 SO、SO_3 大，说明黄铁矿氧化燃烧反应更容易生成 SO_2。观察到 659.3 ℃时存在一个吸大热峰，有研究认为在 600~650 ℃会形成硫酸盐[68]，因此认为这是由硫酸盐分解导致的吸热峰，其反应如式(4-43)和式(4-44)所示。如图 4-4(a)所示，XRD 分析结果中并未测得硫酸盐存在，因硫酸盐是过程产物，在特征峰值处可能已全部转化，也可能是 XRD 分析存在一定误差造成的[145]。综上，认为黄铁矿在空气环境中氧化燃烧气体产物为 $SO_x(x=1, 2, 3)$，反应方程式配平后如式(4-45)所示：

$$2FeSO_4(s) \Longrightarrow Fe_2O_3(s) + SO_3(g) + SO_2(g) \tag{4-43}$$

$$Fe_2(SO_4)_3(s) \Longrightarrow Fe_2O_3(s) + 3SO_3(g) \tag{4-44}$$

$$2FeS_2(s) + \left(2x + \frac{3}{2}\right)O_2(g) \Longrightarrow Fe_2O_3(s) + 4SO_x(g) \tag{4-45}$$

在空气环境中，磁黄铁矿氧化燃烧 TG-MS 表征结果如图 4-5(c)所示。相对于黄铁矿，同样在 171.1 ℃时分析曲线存在一个放热峰，图 4-4(c)中 XRD 分析结果已经明确此时没有发生固相变化。观察图 4-5(c)，发现 S 仍然有逐渐减小的趋势，说明挥发的 S 气

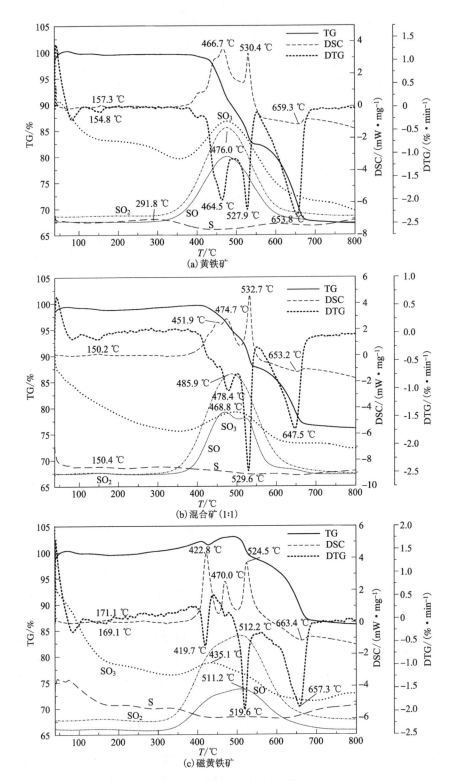

图 4-5 TG-MS 表征结果

体会与 O_2 发生反应，逐渐消耗，所以存在上述放热峰。在 435.1 ℃ 时，SO_3 存在一个峰值。511.2 ℃ 时，SO 和 SO_2 存在一个峰值，说明此时产生上述气体的质量最大。相应上述温度附近，磁黄铁矿质量损失较大，如图 4-2 所示。图 4-4(c) 显示 422.8 ℃、470 ℃ 时赤铁矿（Fe_2O_3）开始生成，同时部分磁黄铁矿转化为硫酸亚铁（$FeSO_4$）。此时 SO、SO_2 和 SO_3 的生成量都有所增加，尤其是 SO_3 在 435.1 ℃ 时生成最多。结合文献[143]，此时发生反应如式(4-46) 所示。524.5 ℃ 时，磁黄铁矿（$Fe_{1-x}S$）迅速氧化生成赤铁矿（Fe_2O_3）并生成大量 SO_2，反应如式(4-47) 所示，与文献[143]一致。观察到 663.4 ℃ 时同样存在一个吸热峰，结合文献[143]，认为是 $[Fe_2(SO_4)_3]_2 \cdot Fe_2O_3$ 熔融物质热分解所致，结合图 4-5(c) 观察到有少量 SO_3 生成，具体反应如式(4-48)、式(4-49) 所示；但是此时 XRD 表征结果同样未见上述物质存在，同样可能是赤铁矿峰值掩盖了 $[Fe_2(SO_4)_3]_2 \cdot Fe_2O_3$，另外也可能是杂峰难以识别。另外，反应过程中同样发现 SO 气体存在，但是从目前已有文献基础上观察，SO 怎样参与磁黄铁矿氧化燃烧反应过程尚不明确，从图 4-5(c) 中可以看出，SO 与 SO_2 共同作用，曲线线型较为一致，因此为简化本书磁黄铁矿反应物 Fe_7S_8 氧化燃烧过程，反应如式(4-50) 和(4-51) 所示。

$$6Fe_{1-x}S(s)+(11-5x)O_2(g) === (2-2x)FeSO_4+(2-2x)Fe_2O_3(s)+(4+2x)SO_2(g) \tag{4-46}$$

$$4Fe_{1-x}S(s)+(7-3x)O_2(g) === (2-2x)Fe_2O_3(s)+4SO_2(g) \tag{4-47}$$

$$2FeSO_4(s)+3O_2(g) === 2[Fe_2(SO_4)_3]_2 \cdot Fe_2O_3(s) \tag{4-48}$$

$$[Fe_2(SO_4)_3]_2 \cdot Fe_2O_3(s) === 3Fe_2O_3(s)+6SO_3(g) \tag{4-49}$$

$$(1-x)Fe_7S_8(s) === 7Fe_{1-x}S(s)+(0.5-4x)S_2(g) \tag{4-50}$$

$$4Fe_{1-x}S(s)+(3-x)O_2(g) === (2-2x)Fe_2O_3(s)+4SO_x(g) \tag{4-51}$$

在空气环境中，混合矿（1:1）氧化燃烧 TG-MS 表征结果如图 4-5(b) 所示。对比图 4-5(a) 及图 4-5(c)，发现混合矿氧化燃烧趋势与磁黄铁矿相近，可能是磁黄铁矿更容易被氧化引起的[198]。对比发现，SO_2 仍是主要气体产物，相对黄铁矿及磁黄铁矿，混合矿氧化燃烧生成 SO_2 峰值温度基本与 DSC 曲线峰值温度一致；说明本书实验温度区间 27~800 ℃ 的主要燃烧产物为 SO_2，实验结果与文献[199]对硫化矿氧化分析的结果较为一致。如图 4-5(b) 所示，混合矿氧化燃烧过程中 SO、SO_3 同样作为主要气体产物，其中 SO 峰值更为明显；说明相对于 SO_3，SO 作为主要产物的可能性更大，这与大部分对硫化矿氧化燃烧分析的结果相符[88]。SO_2、SO_3 峰值出现在 478.4 ℃，说明此时 SO_2、SO_3 产量最多；结合此时 XRD 表征结果，部分黄铁矿、磁黄铁矿已经转化为赤铁矿（Fe_2O_3）和硫酸亚铁（$FeSO_4$），且部分硫酸亚铁（$FeSO_4$）已经开始分解，产生了 SO_2、SO_3，具体过程如式(4-43) 所示。另外，此时黄铁矿、磁黄铁矿反应基本遵循式(4-45) 与式(4-47)，产生气体同样为 SO_2、SO_3。在上述两种反应的作用下，此时 SO_2、SO_3 产量最大。

在混合矿（1:1）氧化反应过程中，同样发现 150.2 ℃ 时 DSC 曲线存在一个放热峰。本书对黄铁矿、磁黄铁矿分析时已判断这是由样品中所含 S 单质受热挥发所致。如图 4-5(b) 所示，S 单质在 150.4 ℃ 时存在一个峰值，相对黄铁矿、磁黄铁矿，更清楚地揭示了这一氧化燃烧热化学过程。另外，在 653.2 ℃ 时 DSC 曲线存在一个吸热峰。通过对黄铁矿、磁黄铁矿的分析，已知此峰值是由硫酸盐 $[Fe_2(SO_4)_3]$ 及硫酸盐与赤铁矿的熔融体

$\{[Fe_2(SO_4)_3]_2 \cdot Fe_2O_3\}$ 热分解所致，反应如式(4-44)与式(4-49)所示。

综上，通过固相产物的物相分析，发现混合矿氧化燃烧反应是黄铁矿与磁黄铁矿相互独立的反应。其反应中间过程产物硫酸亚铁($FeSO_4$)、硫酸盐$[Fe_2(SO_4)_3]$，以及硫酸盐和赤铁矿的熔融体$\{[Fe_2(SO_4)_3]_2 \cdot Fe_2O_3\}$较难在XRD表征中捕捉到，但是通过气相产物的物相分析可发现上述中间体的存在。另外，气体产物除SO、SO_2外，还有SO_3存在。通过简化，气体产物同样用$SO_x (x=1, 2, 3)$表示，则混合矿氧化燃烧反应如式(4-45)、式(4-50)和式(4-51)所示。

4.4.3　氧化燃烧产物表面结构分析

有研究表明，黄铁矿、磁黄铁矿矿尘在空气环境中氧化燃烧，相对于N_2环境中热分解过程更为复杂。但是上述化学反应过程均以表面非均相反应为主[200]。根据XRD、TG-MS表征结果可知，三种矿样在空气环境中氧化燃烧反应同样为气-固两相反应。为了进一步揭示三种矿样在空气环境中热分解反应过程模型，本书对三种矿样空气环境中不同温度氧化燃烧产物进行了电镜扫描(SEM)，结合已有动力学机理，分析了氧化燃烧过程中矿物表面结构变化与相互作用，结果如图4-6所示。

图4-6(a)为黄铁矿SEM图像。在157 ℃时，颗粒分明，相对于N_2环境中550 ℃时颗粒表面结构，更多小颗粒吸附在大颗粒表面，表明在空气环境中黄铁矿的吸附能力大于N_2环境中的吸附能力；另外，此温度下黄铁矿表面致密无孔，结合XRD、TG-MS表征结果，此时黄铁矿未发生氧化燃烧反应。在467 ℃时，黄铁矿细小颗粒出现烧结现象，无论是烧结的细小颗粒还是单个大颗粒，表面均出现开裂；结合XRD、TG-MS表征结果，此时黄铁矿已转化成赤铁矿，且生成了大量的SO、SO_2气体；从表面结构可以看出，气体通过表面开裂的气道从颗粒中溢出。在530 ℃时，颗粒整体上呈现片状多边体结构，无论是烧结的颗粒还是单个大颗粒的表面更加圆滑，没有棱角，颗粒开裂程度加剧；与N_2环境中颗粒表面出现气孔的现象不同，细小颗粒更加团聚。在659 ℃时，相对530 ℃时片状多边体结构，此时颗粒开始收缩，趋于类球状结构；单个颗粒表面开裂程度加大，细小颗粒更加团聚；团聚后烧结的熔融体表面开裂，且表面光滑。在800 ℃时，整体上与659 ℃时相同，细小颗粒吸附在大颗粒表面，小颗粒烧结现象明显，此时烧结的颗粒及单个大颗粒已呈现球状结构。在1100 ℃时，全部颗粒已缩至球形结构，球形结构表面粗糙，放大后发现粗糙的表面由多个表面圆滑无孔的细小颗粒组成，细小颗粒间距明显。结合XRD分析结果可知，当温度为530~1100 ℃时，黄铁矿已经全部转化为赤铁矿。由SEM图可知，随着温度升高，颗粒表面开裂程度先增大后减小。这与TG-MS气相表征结果中气体生成量先增大后减小一致，说明气体生成量与气道宽度及温度有关。

图4-6(c)为磁黄铁矿SEM图像。在171 ℃时，颗粒表面整体上变化不大，大颗粒表面光滑，细小颗粒存在团聚且大颗粒表面吸附的细小颗粒明显比黄铁矿多，在第3章中已证实这与磁黄铁矿磁性更强有关；结合XRD、TG-MS表征结果，此时磁黄铁矿未反应。在423 ℃时，烧结熔融状态更加明显，但是相比黄铁矿熔融体表面并没有发生开裂现象；结合XRD表征结果，此时的熔融体包括生成的赤铁矿(Fe_2O_3)、硫酸盐($FeSO_4$)、黄铁矿

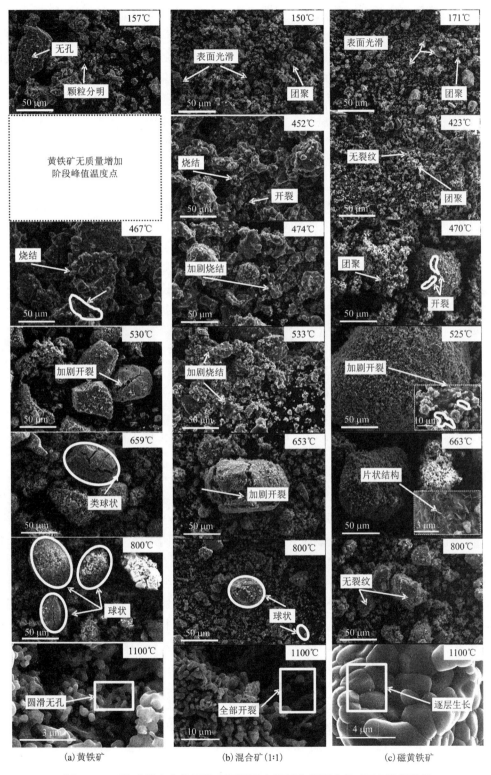

图 4-6　三种矿样在空气环境中不同温度下氧化燃烧产物 SEM 表征结果

（FeS_2）及转化成的六方磁黄铁矿（$Fe_{1-x}S$），上述产物共同存在可能是致使烧结更加明显的原因。在 470 ℃时，整体烧结产物结构更加致密，部分烧结成的大颗粒表面出现了开裂现象；结合 XRD 表征结果，开裂现象是生成的黄铁矿（FeS_2）氧化燃烧所致，与黄铁矿氧化燃烧过程一致。在 525 ℃时，整体上颗粒团聚更加致密，部分熔融体开裂现象比 470 ℃时更加明显，说明反应程度比 470 ℃时更大；结合 TG-MS 表征结果，此时产生的气体产物也最多，进一步说明气体产物生成量与气道宽度相关，气道越宽，气体产物生成量越大。在 663 ℃时，整体颗粒表面粗糙，相对 525 ℃时，颗粒表面更加致密，表面气道逐渐减少；结合 TG-MS 表征结果，此时气体产量比上一阶段减少；另外观察到，此温度下产生了一种新的物质，呈现薄片状晶体结构，结合 XRD 与 DSC 曲线分析结果，此时 DSC 曲线存在一个放热峰，认为是 $[Fe_2(SO_4)_3]_2 \cdot Fe_2O_3$ 熔融物质热分解所致，因此该新物质可能是硫酸盐。在 800 ℃时，表面结构在 663 ℃的基础上变化并不明显，同时新生成的物质继续存在，但是晶体结构没有 663 ℃时明显；对比黄铁矿，此时表面不存在开裂现象，表明磁黄铁矿与黄铁矿的氧化燃烧机理存在差异。在 1100 ℃时，颗粒形状与黄铁矿不同，没有形成球形，呈现不规则形状；通过放大颗粒表面发现，颗粒是逐层生长的（存在轮廓线），这一现象符合动力学机理分析结果，磁黄铁矿氧化燃烧过程符合三维扩散机理。

如图 4-6(b) 所示为混合矿（1∶1）SEM 图像。在 150 ℃时，颗粒整体表面无变化，大颗粒表面光滑，细小颗粒团聚；结合 XRD、TG-MS 表征结果，此时反应物未反应，没有发生物相变化。在 452 ℃时，整体上颗粒存在烧结，熔融体出现少量开裂现象，此现象与黄铁矿在 400 ℃左右时的氧化燃烧现象较为一致，混合矿比磁黄铁矿更易烧结；结合 XRD 表征结果，此时熔融体包括硫酸盐（$FeSO_4$）、黄铁矿（FeS_2）及转化成的六方磁黄铁矿（$Fe_{1-x}S$），未见赤铁矿（Fe_2O_3），而磁黄铁矿在 423 ℃时即生成了部分赤铁矿；结合表面结构变化，黄铁矿与磁黄铁矿混合后，矿物间相互作用可能受黄铁矿成分影响较大。在 474 ℃时，细小颗粒更容易烧结在一起，熔融体表面开裂程度比 452 ℃时更大；结合 XRD 表征结果，此时熔融体中已生成赤铁矿（Fe_2O_3）成分；TG-MS 表征结果显示，此时气体产物生成量接近峰值，说明赤铁矿（Fe_2O_3）生成是此阶段主要反应。在 533 ℃时，相比 474 ℃，颗粒整体变化不大，烧结体气道宽度稍微变小，细小颗粒团聚较为明显，部分颗粒呈现椭球形；结合 XRD、TG-MS 及动力学分析结果，此时反应遵从随机成核机理，反应在颗粒表面进行，与黄铁矿相同，从表面结构看，此时状态与黄铁矿一致。在 653 ℃时，整体上与黄铁矿 659 ℃时相貌相同，大颗粒表面开裂程度更大，且表面粗糙但未见孔隙，细小颗粒烧结团聚。在 800 ℃时，整体上与 653 ℃时表面结构差别不大，只是大颗粒表面进一步开裂；结合 XRD 表征结果，此时是进一步生成赤铁矿（Fe_2O_3）过程，与上一阶段无明显区别；另外，在 653 ℃和 800 ℃温度下，未发现磁黄铁矿相应温度下产生的片状晶体结构。在 1100 ℃时，相比黄铁矿，大颗粒表面完全开裂，直至球形内部核心，进一步放大，内部颗粒同样存在空洞，小颗粒烧结的表面结构与磁黄铁矿在 1100 ℃时相貌较为一致；上述现象说明磁黄铁矿添加，会加速黄铁矿颗粒裂解，导致黄铁矿与 O_2 反应更加充分，促进黄铁矿氧化燃烧反应。

4.5　本章小结

本章利用 TG、箱式炉、XRD、TG-MS、SEM 等实验分析及表征手段，分析了不同磁黄铁矿含量对金属硫化矿尘在空气环境中氧化燃烧行为的影响，揭示了磁黄铁矿促发金属硫化矿尘云爆炸过程中关键步骤——氧化燃烧过程的化学反应及动力学机理，主要研究结论如下。

（1）黄铁矿、磁黄铁矿、黄铁矿-磁黄铁矿混合矿物（混合矿）的氧化燃烧过程相对于氮气环境中热分解过程更为复杂。当温度为室温至 800 ℃ 时，黄铁矿反应可分为四个阶段，磁黄铁矿、混合矿可分为五个阶段，比黄铁矿多出一个质量增加阶段。三种矿物氧化燃烧反应最终固体产物为赤铁矿（Fe_2O_3），气体产物均以 SO_2 为主，但是 SO、SO_3 同样可作为主要气体产物；质量增加现象主要是燃烧产生了硫酸盐（$FeSO_4$）所致。

（2）添加磁黄铁矿对金属硫化矿氧化燃烧的影响主要体现在反应的质量增加阶段，添加磁黄铁矿会促进硫酸盐（$FeSO_4$）生成，导致 DSC 曲线峰值温度随磁黄铁矿含量的增加呈下降趋势。氧化燃烧反应总质量损失量：黄铁矿>混合矿>磁黄铁矿，磁黄铁矿在氧化燃烧过程中更容易团聚并烧结，致使随着磁黄铁矿含量的增加混合矿质量质量损失率下降。

（3）从固相产物角度分析，黄铁矿氧化燃烧过程为直接反应，直接生成 Fe_2O_3。但是从气相产物角度分析，不排除有中间过程产物硫酸盐 $FeSO_4$、$Fe_2(SO_4)_3$ 分解产生 SO_2、SO_3 气体的可能性。磁黄铁矿氧化燃烧过程中有中间过程产物硫酸盐（$FeSO_4$），并容易生成 $[Fe_2(SO_4)_3]_2 \cdot Fe_2O_3$ 熔融物质，DSC 曲线放热峰是熔融物质热分解所致；反应物单斜磁黄铁矿（Fe_7S_8）氧化燃烧过程中伴随着晶体结构变化，生成了六方磁黄铁矿（$Fe_{1-x}S$）。混合矿的氧化燃烧反应为黄铁矿及磁黄铁矿相互独立的化学反应，反应过程包括两种矿物各自的化学反应。

第5章

含磁黄铁矿的金属硫化矿尘云爆炸过程

5.1 引言

由于硫铁矿中 S、Fe 元素各自的化学活性及可变的化合价，其在硫化矿中性质最为活泼，最容易引起自燃甚至爆炸[201]。本书作者团队在前期工作中，在东乡铜矿选取了金属硫化矿矿样。矿样主要组成为黄铁矿，按照硫含量的高低对矿样进行了编组，分为超高硫矿石 A 组(硫含量 30%~40%)、高硫矿石 B 组(硫含量 20%~29%)、中硫矿石 C 组(硫含量 10%~19%)、低硫矿石 D 组(硫含量 0%~9%)。为避免含水率对磨矿及后续实验的影响，将粗碎后的矿样在 40 ℃温度、N_2 环境中干燥 24 h，利用 XZM-100 型磨矿机将硫化矿石进一步细碎，并过 200 目(75 μm)、300 目(48 μm)、500 目(25 μm)标准筛，制备出相应实验需要的矿尘(全粒级粉尘)；应用 TD-20L DG 型国产 20 L 爆炸球开展爆炸实验，得出以下结论。

(1)进行了金属硫化矿尘云最小点火能量实验，结果表明：在 300 目粒径、200 g/m³ 质量浓度下，A300 组、B300 组、C300 组的实验值分别为 3~4 kJ、9~10 kJ 和 12 kJ，即硫含量越高，金属硫化矿尘云最小点火能量越低[109]。

(2)进行了金属硫化矿尘云爆炸强度实验，结果表明：金属硫化矿尘爆炸临界硫含量为 16%~17%，硫含量低于 16%不易爆，高于 17%可爆；硫含量低于 37.9%的金属硫化矿尘属于弱爆性粉尘，爆炸猛烈度为 St1 级。爆炸压力上升过程包括爆炸前抽真空阶段、爆炸前喷粉阶段(点火延迟阶段)、爆炸压力上升阶段、爆炸压力峰值维持阶段和爆炸压力衰减阶段[108]。

(3)进行了金属硫化矿尘云爆炸下限浓度实验，结果表明：B200 组、B300 组、B500 组和 C200 组的爆炸下限浓度分别为 230 g/m³、150 g/m³、200 g/m³、640 g/m³；从硫含量角度分析，C200 组爆炸下限浓度明显高于 B200 组，即硫含量越高，金属硫化矿尘云爆炸下限浓度越低[108]。

虽然前期工作取得了一定研究成果，但是仍存在以下问题值得思考与研究。

（1）金属硫化矿尘爆炸及燃烧的产物的颜色受反应物中磁黄铁矿成分影响。通过 XRD 分析了爆炸及燃烧产物的矿物成分，发现氧化铁 Fe_2O_3 是主要致色成分，但 Fe_2O_3 生成过程及反应机理尚需明确。

（2）金属硫化矿尘云爆炸过程产物对爆炸发生起到的作用还需进一步明确，如首先需明确爆炸过程产物，其次气-固两相反应动力学机理也需要深入分析。

（3）金属硫化矿尘云爆炸燃烧过程动力学模型是否包含多场耦合作用，以及矿尘颗粒受力情况应进一步明确；模型可进一步修正，矿尘爆炸燃烧过程应考虑包含在模型中。

前面两个问题已在第 3、4 章中通过矿尘热分解及氧化燃烧过程进行了具体分析，本章将重点研究磁黄铁矿促发金属硫化矿尘云爆炸性质，拟通过爆炸强度、爆炸下限、粉尘云最低着火温度等指标为研究对象，探讨磁黄铁矿含量对金属硫化矿（以可爆典型矿物——黄铁矿为例）爆炸性参数的影响；并结合前两章研究成果及利用已有理论，讨论磁黄铁矿促发黄铁矿尘爆炸的机理。

为了解金属硫化矿尘爆炸特性，首先需要掌握实验装置构造，其次需要熟悉实验数据分析过程。

5.1.1　爆炸实验测试系统

本书含磁黄铁矿的金属硫化矿尘爆炸实验，采用 20 L 爆炸球粉尘爆炸测试系统开展。20 L 爆炸球粉尘爆炸测试系统如图 5-1 所示，主要包括以下系统。

（1）分散系统。

容器外的底部装有可通过气体粉尘混合物的气粉两相阀。该阀通过气动方式开启和关闭，以保证开启和关闭的速度。气动活塞的移动通过两个电磁阀控制。在容器内的底部安装反射式喷嘴，以使粉尘均匀分散在爆炸容器中。

（2）压力检测系统。

20 L 爆炸球形容器壁面具备两个传感器测试孔，一个实验用，另一个备用。测试孔上可安装压电型压力传感器。压力传感器与

图 5-1　20 L 爆炸球粉尘爆炸测试系统

数据采集卡相连接，对爆炸压力进行记录。该传感器可测定喷粉进气和爆炸过程的动态压力。测试系统可以实现两个传感器同时采集、分析数据。

（3）控制系统。

20 L 爆炸球形爆炸控制系统用于控制系统进气、触发采样、开阀喷粉、点火过程的。整个实验过程在不到 1 s 的时间内全部完成，中间进气、喷粉、触发采样、点火等动作的时间控制均以 ms 为单位。

（4）数据采集系统。

数据采集系统用于记录爆炸过程中压力的变化。其原理为：首先由压力传感器将瞬态爆炸压力信号转换为 0~5 V 的标准电压信号；然后利用计算机将电压信号记录下来，并将其转换为等值的压力信号，以供阅读和分析。

数据采集系统的硬件主要包括压力传感器、数据采集卡、接线卡和计算机。数据采集卡用于将模拟电压信号转换为数字信号的。系统采集的是瞬态信号，对数据采集卡的转换速率要求比较高。

传感器采用压电式高灵敏度传感器，灵敏度为 21.2 MV/psi（1 psi=6.985 kPa），动态响应频率为 250 kHz，其测压范围为 0~250 psi，对应的压力电压比为 0.323 MPa/V。传感器利用恒流源供电，恒流源利用 9 V 干电池供电。计算机数据采集系统硬件连接线路如图 5-2 所示。

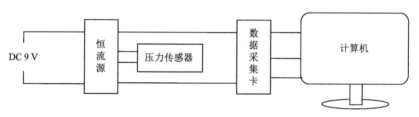

图 5-2 计算机数据采集系统硬件连接线路

20 L 爆炸球测试系统属于精密仪器，且爆炸实验存在危险性，因此实验时应注意以下事项：

①禁止 20 L 装置内压力高于大气压时，打开装置上盖；必须在排气阀门处于开启状态时打开。

②安装点火头前，必须用安全钳使点火电路短路；用万用表测量点火头时，必须扣上上盖测量，防止意外电流通过引爆点火头。

③清洗时和实验前必须先关好真空表前的阀门，否则会损坏压力表。

④设备的设计压力为 2.5 MPa，工作压力为 1.5 MPa，可以满足一般工业粉尘爆炸性的测试；不得用于初始压力大于 1.5 MPa（绝对压力）的爆炸性测试，也不适用于爆炸性物质的测试。

5.1.2 典型金属硫化矿尘云爆炸压力曲线分析

典型的金属硫化矿尘云爆炸压力曲线，体现了爆炸过程的五个阶段，如图 5-3 所示。

（1）A~B 段：爆炸前抽真空阶段。实验测试时，将含磁黄铁矿的金属硫化矿尘或其他矿样的矿尘放入储粉罐中，封闭 20 L 爆炸球后须进行抽真空操作。20 L 爆炸球内空气用真空泵抽至 -0.05 MPa，以平衡喷粉过程中冲入 20 L 爆炸球内部的空气压力。

（2）B~C 段：爆炸前喷粉阶段。在采样开始后，气粉两相阀的开关被打开，储粉罐中的金属硫化矿尘受 2 MPa 的空气压力作用，喷入 20 L 爆炸球内胆，并瞬间形成悬浮的粉尘

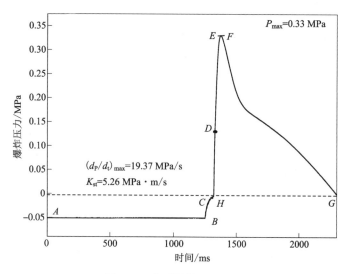

图 5-3　典型爆炸压力曲线

云。点火延迟时间为 60 ms，因此 $B \sim C$ 段的时间为 60 ms。

（3）$C \sim E$ 段：爆炸压力上升阶段。由于该阶段硫化矿尘云爆炸反应释放的能量超过传导过程中损失的能量，20 L 爆炸球内的能量呈集聚膨胀状态，爆炸压力不断增大。C 点为化学点火头受电极作用发生爆炸节点。随着化学点火头爆炸，悬浮的硫化矿尘云受化学点火头爆炸火焰引爆，粉尘微粒以热辐射的形式向外辐射爆炸能量，形成剧烈的爆炸湍流。在 D 点时，爆炸压力上升速率达到峰值，采集系统能够自动输出最大爆炸压力上升速率 $(d_p/d_t)_{max}$，最大爆炸压力上升速率为 19.37 MPa/s，如图 5-3 所示。D 点之后爆炸压力依然呈上升趋势，并在 E 点达到爆炸压力峰值 P_{max}，其爆炸压力峰值为 0.33 MPa（>0.15 MPa），说明矿尘发生了爆炸。

其中，t_{CH} 为诱导时间，即粉尘受点火头点火起始点（C）至爆炸压力曲线的切线与时间横轴交点（H）的时间间隔。

（4）$E \sim F$ 段：爆炸峰值维持阶段。该阶段硫化矿尘云爆炸反应所释放的能量与向外界传导的损失能量相当，系统内的爆炸峰值能够维持极短暂的时间，具体数值可通过分析系统输出的数据得到。

其中，t_{CF} 为燃烧持续时间，即粉尘受点火头点火起始点（C）至出现最大爆炸压力末端（F）的时间间隔。

（5）$F \sim G$ 段：爆炸压力衰减阶段。该阶段硫化矿尘云爆炸反应所释放的能量不足以抵消向外界传导的损失能量，系统内的爆炸能量逐渐耗散，爆炸压力逐渐减小[202-204]。

5.2 矿尘云爆炸强度实验结果

粉尘爆炸后果严重程度用最大爆炸压力 P_{max}、最大爆炸压力上升速率 $(d_p/d_t)_{max}$、爆炸指数 K_{st} 来表示[29]。通过爆炸强度实验，获得了五种矿样爆炸强度的三项参数结果，如表 5-1 所示。观察到，500 目的五种矿样全部爆炸，这与矿样硫含量有关[17]。五种矿样硫含量均大于 30%，已属于可爆范围，因此全部爆炸。根据 ISO 6184/1—1985 标准判断五种矿样爆炸猛烈度，因实验结果中爆炸指数均小于 8 MPa·m/s，最大爆炸压力上升速率均小于 30 MPa/s，符合 St1 级[K_{st} 为 0~20 MPa·m/s，$(d_p/d_t)_{max}$ 为 0~73.7 MPa/s]标准，五种矿样为弱爆炸性粉尘。

表 5-1 五种矿样爆炸强度实验结果

矿尘类别	质量浓度/(g·m⁻³)	最大爆炸压力 P_{max}/MPa	最大爆炸压力上升速率 $(d_p/d_t)_{max}$/(MPa·s⁻¹)	爆炸指数 K_{st}/(MPa·m·s⁻¹)	爆炸与否
黄铁矿	60	0.24	7.69	2.09	是
	250	0.24	8.54	2.32	是
	500	0.29	17.52	4.75	是
	750	0.31	20.51	5.57	是
	1000	0.31	23.50	6.38	是
	1500	0.31	22.64	6.15	是
	2000	0.29	24.35	6.61	是
	2500	0.27	21.36	5.80	是
磁黄铁矿	60	0.29	13.67	3.71	是
	250	0.29	18.37	4.99	是
	500	0.29	14.10	3.83	是
	750	0.32	18.37	4.99	是
	1000	0.30	23.50	6.38	是
	1500	0.29	20.08	5.45	是
	2000	0.27	21.36	5.80	是
	2500	0.26	14.95	4.06	是

续表5-1

矿尘类别	质量浓度 /(g·m⁻³)	最大爆炸压力 P_{max} /MPa	最大爆炸压力上升速率 $(d_P/d_t)_{max}$ /(MPa·s⁻¹)	爆炸指数 K_{st} /(MPa·m·s⁻¹)	爆炸与否
原矿	60	0.18	10.25	2.78	是
	250	0.21	10.68	2.90	是
	500	0.24	11.53	3.13	是
	750	0.26	17.09	4.64	是
	1000	0.27	11.96	3.25	是
	1500	0.26	12.39	3.36	是
	2000	0.25	10.25	2.78	是
	2500	0.22	11.53	3.13	是
黄铁矿：磁黄铁矿 (1：1)	60	0.18	6.41	1.74	是
	250	0.23	5.55	1.51	是
	500	0.29	14.95	4.06	是
	750	0.31	17.94	4.87	是
	1000	0.30	19.65	5.33	是
	1500	0.30	18.37	4.99	是
	2000	0.28	19.28	5.21	是
	2500	0.27	17.39	4.78	是
原矿：磁黄铁矿(1：1)	60	0.26	11.53	3.13	是
	250	0.24	8.97	2.44	是
	500	0.26	19.65	5.33	是
	750	0.28	18.80	5.10	是
	1000	0.28	15.38	4.17	是
	1500	0.27	13.24	3.59	是
	2000	0.27	18.37	4.99	是
	2500	0.22	16.66	4.52	是

5.3 质量浓度对矿尘云最大爆炸压力的影响

对矿尘云质量浓度与爆炸压力进行拟合，可观察到，除原矿质量浓度为 1000 g/m³ 外，基本矿尘在质量浓度为 750 g/m³ 时爆炸压力最大；且随着质量浓度增加，矿尘云最大爆炸压力基本呈先增大后减小趋势，如图 5-4 所示。造成上述现象的原因可能是当 20 L 爆炸球中矿尘云质量浓度较低时，球内充足空气与矿尘云混合处于未饱和状态，全部矿尘颗粒都可以充分与助燃剂 O_2 接触，在点火头能量作用下充分燃烧。随着质量浓度增大，矿尘云含氧量逐渐趋于饱和，此时存在最佳质量浓度使矿尘颗粒刚好与氧气 1:1 反应，导致爆炸压力最大。随着质量浓度进一步增大，20 L 爆炸球中 O_2 不足以支撑矿尘颗粒全部燃烧，因此存在部分未反应粉尘颗粒，导致爆炸压力随之减小；当质量浓度超过爆炸上限浓度时，矿尘不会发生爆炸[164]。

另外，在质量浓度小于 750 g/m³ 时，磁黄铁矿表现出较强的爆炸强度，最大爆炸压力相比其他矿尘更大，这一现象与文献[33]实验结果并不一致。随着质量浓度进一步增大，黄铁矿（纯矿物）的爆炸压力最大，原矿爆炸压力最小，两种混合矿物爆炸压力分别趋于黄铁矿与磁黄铁矿、原矿与磁黄铁矿之间，说明磁黄铁矿的参与对黄铁矿的爆炸压力有一定影响。原矿的主要矿物成分是黄铁矿，其他矿物元素所占质量比为 22% 以上。因爆炸性能主要由铁元素、硫元素决定[201]，通过对比各种矿尘爆炸压力，发现其他元素对原矿爆炸压力产生负向作用，导致原矿最大爆炸压力最低。然而，添加磁黄铁矿的原矿比原矿爆炸压力更大，说明磁黄铁矿的添加对原矿爆炸压力产生正向作用。结合第 3、4 章研究内容，发现磁黄铁矿有促发原矿爆炸趋势。但是，黄铁矿纯矿物添加磁黄铁矿后，未见促发爆炸，可能是第 4 章证实的黄铁矿成分对混合矿氧化燃烧起主导作用导致的。

综上，因矿山中的黄铁矿多为混合矿物，实验采用的原矿粉尘与矿山实际矿尘成分相同，所以得到的结论为：矿山中的黄铁矿内若含有磁黄铁矿成分，矿尘最大爆炸压力会增大，矿尘爆炸后伤害程度增大。

5.4 磁黄铁矿含量对矿尘云最大爆炸压力的影响

为掌握磁黄铁矿含量对黄铁矿纯矿及原矿矿尘云最大爆炸压力的影响，将质量浓度作为定量，取 750 g/m³，磁黄铁矿质量浓度作为变量开展爆炸实验。黄铁矿/原矿与磁黄铁矿的质量比为 1:0.1、1:0.25、1:0.5、1:0.75、1:1、1:1.25、1:1.5、1:2，结果如表 5-2 所示。

随着磁黄铁矿质量浓度增大，黄铁矿（纯矿物）最大爆炸压力并无明显变化，最大变化幅度为 -0.02 MPa，发生在质量比为 1:0.5 时。原矿添加磁黄铁矿后最大爆压力变化幅度不大，但是最大爆炸压力均增大；说明磁黄铁矿添加对原矿有一定促进作用，与 5.3 节实

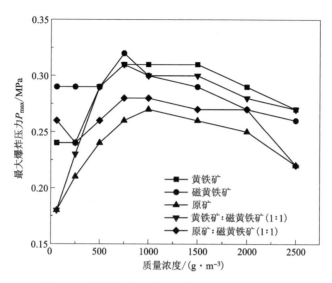

图 5-4　质量浓度对矿尘云最大爆炸压力的影响

验结果一致，如图 5-5 所示。这可能是因为磁黄铁矿具有更强的氧化性[198]，更容易与氧接触发生氧化燃烧反应。在原矿中添加磁黄铁矿，增加了矿尘颗粒与氧接触概率；氧分子在磁黄铁矿吸附作用下，克服了原矿中其他元素带来的阻力，到达原矿中黄铁矿颗粒表面与其发生反应，致使原矿与磁黄铁矿混合矿尘云最大爆炸压力增大。

表 5-2　磁黄铁矿含量对爆炸强度的影响

矿尘类别	质量比	最大爆炸压力 P_{max} /MPa	最大爆炸压力上升速率 $(d_p/d_t)_{max}$ /(MPa·s^{-1})	爆炸指数 K_{st} /(MPa·m·s^{-1})	爆炸与否
黄铁矿：磁黄铁矿	1：0	0.31	20.51	5.57	是
	1：0.1	0.30	18.80	5.10	是
	1：0.25	0.30	17.09	4.64	是
	1：0.5	0.29	15.38	4.17	是
	1：0.75	0.31	15.81	4.29	是
	1：1	0.31	17.94	4.87	是
	1：1.25	0.30	17.09	4.64	是
	1：1.5	0.31	14.95	4.06	是
	1：2	0.31	16.66	4.52	是
	0：1	0.32	18.37	4.99	是

续表5-2

矿尘类别	质量比	最大爆炸压力 P_{max} /MPa	最大爆炸压力上升速率 $(d_p/d_t)_{max}$ /$(MPa \cdot s^{-1})$	爆炸指数 K_{st} /$(MPa \cdot m \cdot s^{-1})$	爆炸与否
原矿:磁黄铁矿	1:0	0.26	17.09	4.64	是
	1:0.1	0.27	15.24	4.29	是
	1:0.25	0.28	14.52	3.94	是
	1:0.5	0.27	11.53	3.13	是
	1:0.75	0.27	12.82	3.48	是
	1:1	0.28	18.80	5.10	是
	1:1.25	0.29	14.10	3.83	是
	1:1.5	0.29	12.82	3.48	是
	1:2	0.27	16.23	4.41	是
	0:1	0.32	18.37	4.99	是

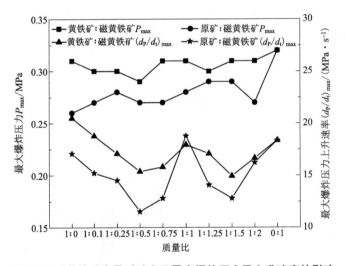

图5-5 磁黄铁矿含量对矿尘云最大爆炸压力及上升速率的影响

通过观察磁黄铁矿含量对矿尘云最大爆炸压力上升速率的影响，可以发现其明显呈"W"形趋势。即随着磁黄铁矿含量增加，黄铁矿与原矿最大爆炸压力上升速率呈现先减小后增大再减小再增大趋势，如图5-5所示。这可能是因为磁黄铁矿爆炸猛烈度没有黄铁矿强[33]，添加少量磁黄铁矿时，虽然能增加黄铁矿与氧气的反应机会，但是随着磁黄铁矿的添加降低了黄铁矿爆炸的猛烈度，迫使反应时间更长，导致最大爆炸压力上升速率下降。随着磁黄铁矿含量进一步增大，磁黄铁矿夺氧正离子的作用大于猛烈度低给黄铁矿造成的负作用，因此最大爆炸压力上升速率增大。然而，存在一个极值质量比为 1∶1。大于这个极值后，最大爆炸压力上升速率又呈现下降趋势，刚好与上阶段正、负作用相反。随着磁黄铁矿含量进一步增大，混合矿最大爆炸压力上升速率又增大，这可能是磁黄铁矿本身最大爆炸压力及最大爆炸压力上升速率与纯黄铁矿相差无几，虽然其猛烈度没有黄铁矿强，但是在磁黄铁矿量增加情况下，最大爆炸压力上升速率仍然会增大。

5.5　磁黄铁矿含量对矿尘云爆炸下限浓度的影响

为了掌握磁黄铁矿含量对黄铁矿及原矿矿尘云爆炸下限浓度的影响，取 200 目标准筛下矿尘进行了实验。因为从上述实验结果可以发现，500 目标准筛下矿尘质量浓度为 60 g/m³ 时，五种矿样均发生爆炸，难以降低质量浓度球爆炸下限浓度。为了提高实验准确性，故在爆炸与不爆炸区间寻求爆炸下限浓度，选择增大粉尘粒径。因为粒径增大会降低矿尘云爆炸强度[52]。实验同样将磁黄铁矿含量设为变量，分别采用黄铁矿/原矿与磁黄铁矿的质量比为 1∶0.25、1∶0.5、1∶1、1∶1.25、1∶1.5、1∶2，结果如图 5-6 所示。

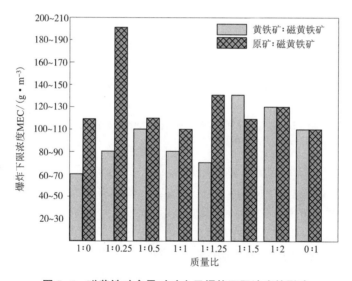

图 5-6　磁黄铁矿含量对矿尘云爆炸下限浓度的影响

虽然存在个别数据点突变，但是总体上随着磁黄铁矿含量增加，混合矿尘云爆炸下限浓度呈先增大后减小再增大再减小的"M"形趋势，与最大爆炸压力上升速率"W"形趋势相反，如图 5-6 所示。这进一步验证了上述预测磁黄铁矿添加量对黄铁矿/原矿爆炸性能影响原因的可能性。

5.6 磁黄铁矿含量对矿尘云最低着火温度的影响

粉尘爆炸的可能性可用粉尘云最低着火温度 MITC 来表示[29]。为掌握磁黄铁矿含量对黄铁矿及原矿矿尘云最低着火温度的影响,取 500 目标准筛下混合矿尘开展了 G-G 炉测试实验,结果如图 5-7 所示。

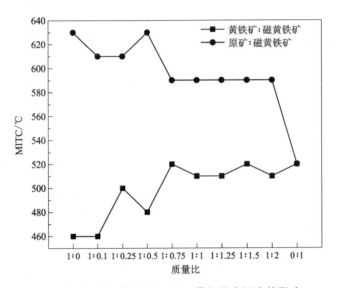

图 5-7　磁黄铁矿含量对矿尘云最低着火温度的影响

观察到,随着磁黄铁矿含量增加,黄铁矿(纯矿物)矿尘云最低着火温度呈上升趋势,原矿粉尘云最低着火温度呈下降趋势。这一实验现象刚好解释了矿尘云爆炸强度实验现象,即磁黄铁矿的添加未增加黄铁矿纯矿物的最大爆炸压力,而以黄铁矿为主要成分的原矿最大爆炸压力有所增加。这是因为磁黄铁矿的添加降低了原矿混合粉尘云最低着火温度,使得原矿更容易着火发生爆炸。其深层次机理可能与 5.4 节一致,有待进一步验证。

5.7 磁黄铁矿促发金属硫化矿尘云爆炸过程机理

5.7.1 固相爆炸过程

矿尘爆炸实验后,随机采集了黄铁矿(质量浓度为 1500 g/m³)、磁黄铁矿(质量浓度为 1000 g/m³)、原矿(质量浓度为 750 g/m³)、黄铁矿∶磁黄铁矿(1∶1)(质量浓度为

$850 \ g/m^3$)及原矿：磁黄铁矿($1:1$)(质量浓度为 $1500 \ g/m^3$)爆炸后产物，并利用 XRD 分析了爆炸产物的矿物组成，结果如图 5-8 所示。

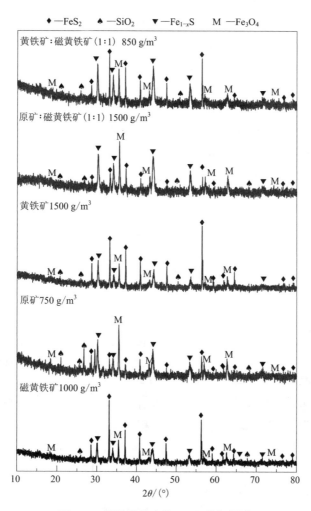

图 5-8　爆炸固体产物 XRD 分析图谱

采集的五种爆炸产物，都含有少量 SiO_2。因反应物中同样存在少量 SiO_2，且已证实 SiO_2 为惰性物质不参与爆炸反应[52, 153]，故不考虑 SiO_2 影响。五种爆炸产物都含有六方磁黄铁矿($Fe_{1-x}S$)，未见单斜磁黄铁矿(Fe_7S_8)。在第 3 章及第 4 章已经证实了磁黄铁矿晶型变化受温度控制。有文献报道磁黄铁矿(Fe_7S_8)在 300 ℃以上是不稳定的[140]，而爆炸实验温度远远高于 300 ℃[35]，因此可以验证上述成分分析的准确性。在第 4 章发现，空气环境中氧化燃烧产物受温度控制。500 ℃以上时，黄铁矿、磁黄铁矿及混合矿几乎全转化为赤铁矿(Fe_2O_3)，且黄铁矿氧化燃烧固相产物分析时未见中间过程产物是直接反应生成赤铁矿(Fe_2O_3)，与文献[83-90]一致。但是气相产物分析时发现，可能存在中间过程产物硫酸盐($FeSO_4$)。通过对比发现，爆炸产物存在磁黄铁矿($Fe_{1-x}S$)，尤其是黄铁矿及原矿产物都存在磁黄铁矿($Fe_{1-x}S$)。这是因为粉尘爆炸反应是快速的氧化燃烧过程,在爆炸后会存在一部分未反应的原始反应物,以及残留一部分未来得及进一步反应的中间过程产物[165];且六方磁黄铁矿($Fe_{1-x}S$)在308~1190 ℃时是稳定的[142],因此爆炸产物中会存在一部分中间过程产物磁黄铁矿($Fe_{1-x}S$),进一步说明金属硫化矿尘爆炸反应受动力学控制。通过上述分析,认为黄铁矿氧化燃烧过程中两步反应的可能性更大,第一步生成多孔磁黄铁矿及硫酸盐,第二步为磁黄铁矿进一步的氧化分解[68, 74, 91-92]。

五种爆炸产物中全部未见前期工作中发现的致色成分赤铁矿(Fe_2O_3),而全部包含磁铁矿(Fe_3O_4)。有文献报道,当温度高于1400 ℃时氧化燃烧产物全部为磁铁矿(Fe_3O_4)[86]。文献[68]认为,黄铁矿在温度低于1000 ℃的高氧浓度环境下生成赤铁矿,在低氧、更高温度时生成磁铁矿。鉴于20 L爆炸球中的氧浓度受限,且生成物为磁铁矿。因此,判断实验用矿尘爆炸温度应高于1400 ℃,且受矿物成分影响,具体在动力学分析时验证。综上,结合第3章及第4章分析结果,黄铁矿、磁黄铁矿及混合矿粉尘爆炸固相化学反应,可用式(5-1)表示:

$$FeS_2 \longrightarrow Fe_{1-x}S \longrightarrow Fe_2O_3 \longrightarrow Fe_3O_4 \tag{5-1}$$

5.7.2 爆炸过程气相产物

爆炸实验结束后采用铝箔集气袋,收集了质量浓度为750 g/cm³黄铁矿、磁黄铁矿、原矿、黄铁矿:磁黄铁矿(1:1)及原矿:磁黄铁矿(1:1)矿样爆炸的气体产物。应用Agilent 5977B GC/MSD气质联用仪,通过峰值下气体产物成分的质荷比m/z丰度进行分析,发现五种矿样爆炸气体产物的主要成分为SO_2,气相色谱分析结果如图5-9所示。

因此,通过上述爆炸产物固相及气相产物分析,可以在不考虑中间步骤的情况下将黄铁矿、磁黄铁矿及混合矿的爆炸化学反应方程式进行配平。黄铁矿反应如式(5-2)所示[205],磁黄铁矿如式(5-3)所示,混合矿遵循式(5-2)和式(5-3)共同作用。

$$6FeS_2 + 16O_2 === 2Fe_3O_4 + 12SO_2 \tag{5-2}$$
$$3Fe_7S_8 + 38O_2 === 7Fe_3O_4 + 24SO_2 \tag{5-3}$$

为了验证五种产物爆炸产物XRD分析结果的准确性,采用理论爆温计算的方法开展。因为文献[84-86]通过实验证明高于1427 ℃时,黄铁矿最终氧化燃烧产物为稳定的磁铁矿Fe_3O_4,所以XRD分析结果为磁铁矿Fe_3O_4。计算的理论爆温值应高于1427 ℃,证明实验结果是准确的。

采用卡斯特法计算黄铁矿、磁黄铁矿的爆温[206-207]。计算过程考虑了三个条件:(1)因爆炸反应在20 L爆炸球中进行,所以认为爆炸过程是定容过程;(2)因20 L爆炸球外壳及内胆采用水浴保护,因此认为反应是绝热的,反应中释放的能量全部用于加热爆炸产物;(3)爆炸产物的热容是温度函数,与爆炸压力等条件无关。根据上述条件,矿样的爆热与爆温的关系,如式(5-4)所示:

$$Q_v = \overline{C_v}t \tag{5-4}$$

式中:$\overline{C_v}$表示温度在0~t时全部爆炸产物的平均热容,J/(mo·℃);t表示计算的爆温值,℃。

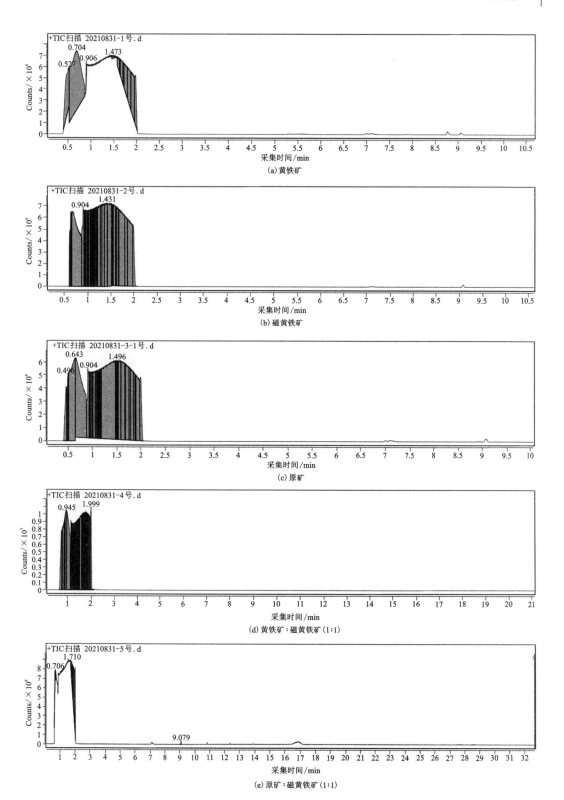

图 5-9　爆炸气体产物气相色谱分析结果

热容与温度关系为 $C_v = a_0 + a_1 t + a_2 T^2 + a_3 T^3 + \cdots$ 对于一般计算只取前两项，即 $C_v = a_0 + a_1 t$，因此 $Q_v = (a_0 + a_1 t) t$。爆温计算式如式(5-5)所示：

$$t = \frac{-a_0 + \sqrt{a_0^2 + 4a_1 Q_v}}{2a_1} \tag{5-5}$$

根据式(5-2)计算黄铁矿 FeS_2 爆炸反应的爆温，计算时须考虑氮气的存在，一般氧气与氮气的质量比为 21：79；资料显示黄铁矿的爆热为 1620 cal/g[208]。根据文献中各种爆炸产物的 a_0、a_1 值，经计算得黄铁矿(FeS_2)的理论爆温值为 2809 ℃。因此判断实验数据有效，实验用黄铁矿爆炸产物为磁铁矿(Fe_3O_4)。因磁黄铁矿($Fe_{1-x}S$)与 FeS 性质极为相似，常用 FeS 简化其化学式[209]，且未见 $Fe_{1-x}S$ 爆热值的报道，所以采用 FeS 计算磁黄铁矿的爆温。其中，FeS 的爆热为 1699 cal/g[208]，经计算磁黄铁矿的理论爆温值为 4203 ℃。文献[35]计算实验用黄铁矿的爆温为 1009 ℃，与之对比，发现黄铁矿中其他组分对爆温影响较大。文献[35]实验用黄铁矿含菱铁矿、高岭石等成分，通过对比本书计算的理论爆温值发现，其起到阻碍黄铁矿爆炸的作用。而本书第 4 章发现黄铁矿中含有磁黄铁矿，磁黄铁矿对氧化燃烧起到正向促进作用。因此，本书用黄铁矿、磁黄铁矿纯度较高。虽然上述计算的理论爆温值可能比实际爆温值偏高，但是总体上应该高于 1427 ℃。实验固体产物为 Fe_3O_4 是可信的。另外，通过理论爆温值发现，磁黄铁矿有促进黄铁矿爆炸的作用，与实验现象一致。

5.7.3 爆炸产物表面结构分析

爆炸温度与燃烧温度实质上是相同的，化学反应过程实质上也是相同的，不同的是反应速率，爆炸反应速率更大[210]。因此，目前研究爆炸反应动力学机理一般通过热重分析和计算表观活化能的方式判断爆炸反应动力控制过程。金属硫化矿爆炸反应过程为表面非均相动力学反应过程，可以通过分析矿样爆炸产物表面结构，结合燃烧反应动力学机理，来分析金属硫化矿尘云爆炸反应动力学机理。五种矿样爆炸产物的表面结构，如图 5-10 所示。

黄铁矿尘云爆炸产物部分呈现圆球状，球体中既有大颗粒又有小颗粒，大颗粒与小颗粒烧结、熔融。部分颗粒表面光滑，对比发现与反应物表面结构相同。结合 XRD 分析结果，应该是未反应的黄铁矿(FeS_2)。另外，球体中细小颗粒烧结状态与第 4 章中燃烧状态相同，应为黄铁矿爆炸反应生成的磁黄铁矿($Fe_{1-x}S$)，如图 5-10(a)所示。

磁黄铁矿、原矿及混合矿爆炸产物同样部分呈现圆球状，部分呈现烧结多孔结构，部分颗粒棱角分明未反应。具体动力学机理在第 6 章中讨论。

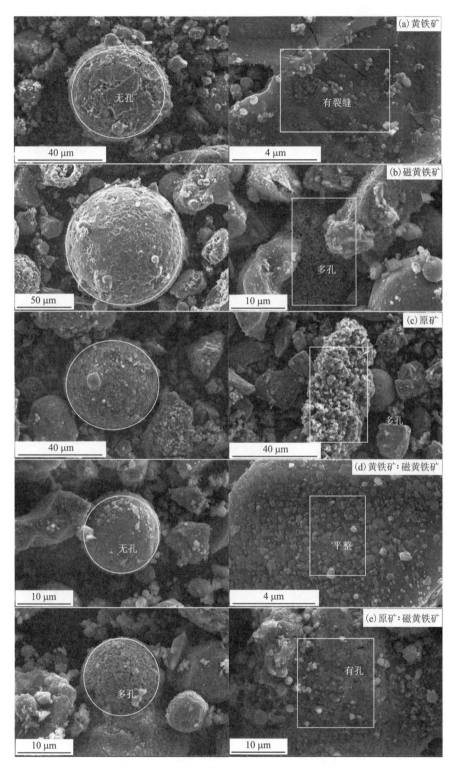

图 5-10　爆炸固相产物表面结构分析结果

5.8 本章小结

本章利用 20 L 爆炸球、G-G 炉测定了金属硫化矿尘云爆炸特性参数，采用 XRD、气质联用仪、SEM 等实验分析及表征手段，分析了不同磁黄铁矿含量对金属硫化矿尘云爆炸行为的影响，揭示了磁黄铁矿促发金属硫化矿尘云爆炸过程中关键步骤——爆炸过程的化学反应过程机理，主要研究结论如下。

（1）对于硫含量大于 30% 的金属硫化矿尘云，随着质量浓度的增加，最大爆炸压力先增大后减小；当质量浓度小于 750 g/m³ 时，纯磁黄铁矿爆炸强度大于纯黄铁矿及两者混合矿物。

（2）由于磁黄铁矿更容易氧化，具有较强的吸附氧能力，添加磁黄铁矿可以提高矿山采集黄铁矿与氧气发生化学反应概率，进而提高矿尘云爆炸压力。降低矿尘云最低着火温度和爆炸下限浓度。

（3）黄铁矿、磁黄铁矿及其混合矿的爆炸固体产物为磁铁矿（Fe_3O_4），气体产物为 SO_2；产物物相与反应温度有关，通过理论爆温值计算，黄铁矿、磁黄铁矿的理论爆温值大于 1427 ℃，验证爆炸反应固体为磁铁矿（Fe_3O_4）；爆炸温度受矿物组分控制，菱铁矿、高岭石等会降低爆炸温度，而磁黄铁矿会提高爆炸温度。

第6章

含磁黄铁矿的金属硫化矿尘爆炸动力学分析

6.1 引言

含磁黄铁矿的金属硫化矿尘爆炸是一个复杂的气-固两相动力学过程，其机理可结合爆炸过程及产物的表征进行分析，如第 1 章中表述已有的气相爆炸机理、表面非均相爆炸机理、爆炸性混合物爆炸机理都适用。为了进一步准确分析其爆炸动力学过程，在第 3、4 章中采用热分析技术进行了研究，本章将讨论含磁黄铁矿的金属硫化矿尘爆炸热分析动力学。

热分析动力学是一种通过热分析技术计算并确定反应机理函数和动力学参数的方法，其计算基础是热分析动力学[211]。非等温条件下非均相反应体系是热分析动力学研究的对象[212]，所以，等温条件下的均相反应动力学方程并不适用。应将等温均相条件下的浓度转换为转化百分率，确保得到非等温非均相反应条件下的热分析动力学方程：

$$\frac{\mathrm{d}c}{\mathrm{d}t} = k(T)f(c) \xrightarrow[\beta = \mathrm{d}T/\mathrm{d}t]{c \to \alpha} \frac{\mathrm{d}\alpha}{\mathrm{d}T} = \left(\frac{1}{\beta}\right)k(T)f(\alpha) \tag{6-1}$$

式中：c 为产物浓度，mol/L；t 为反应时间，s；$f(c)$、$f(\alpha)$ 为反应机理函数；β 为升温速率，℃/min；α 为转化百分率，$\alpha = (m_0 - m_t)/(m_0 - m_\infty)$（$m_0$ 为初始时刻的质量，mg；m_t 为 t 时刻的质量，mg；m_∞ 为反应终止时刻的质量，mg），%；$k(T)$ 为速率常数的温度关系式（简称速率常数），其关系式有多种形式，但最为常用的是 Arrhenius equation（阿仑尼乌斯公式）。

$$k = A\exp\left(-\frac{E_\mathrm{a}}{RT}\right) \tag{6-2}$$

式中：A 为指前因子，s^{-1}；E_a 为表观活化能，kJ/mol；T 为热力学温度，K；R 为摩尔气体常量，取 8.314 J/K·mol。

将式（6-2）代入式（6-1）化简为非均相体系非等温、等温条件下的热分析动力学方程。

非等温：

$$\frac{\mathrm{d}\alpha}{\mathrm{d}T} = \frac{A}{\beta}\exp\left(-\frac{E_\mathrm{a}}{RT}\right)f(\alpha) \tag{6-3}$$

等温：

$$\frac{\mathrm{d}\alpha}{\mathrm{d}t} = A\exp\left(-\frac{E_\mathrm{a}}{RT}\right)f(\alpha) \tag{6-4}$$

金属硫化矿尘热分析动力学的探究目标是求解出能描述其热分解、氧化燃烧反应中的"动力学三因子"：表观活化能 E_a、指前因子 A 和反应机理函数 $f(\alpha)$。目的是分析其热稳定性。

目前，利用处理数据对方程的求解方法有很多，微分法和积分法是主要方法。其中，微分法包括 Kissinger 法、Newkirk 法、Achar-Brindley-Sharp-Wendworth 法、Freeman-Carroll 法、Starink 法、Rogers 法等；积分法包括 Phadnis 法、Coats-Redfern 法、Kissinger 法、Agrawal 法、Popescu 法、Flynn-Wall-Ozawa 法等[213]。上述方法由于分析问题的角度和切入点不同，计算出的结果差异性很大，应考虑方程的适用性。

（1）Achar-Brindley-Sharp-Wendworth 法。

将式（6-3）两边同时除以 $f(\alpha)$，然后两边同取 ln 对数，可得：

$$\ln\left[\frac{\mathrm{d}\alpha}{f(\alpha)\mathrm{d}T}\right] = \ln\frac{A}{\beta} - \frac{E_\mathrm{a}}{RT} \qquad \frac{\mathrm{d}\alpha}{\mathrm{d}t} = \beta\frac{\mathrm{d}\alpha}{\mathrm{d}T} \tag{6-5}$$

式（6-5）即为 Achar-Brindley-Sharp-Wendworth 方程；将 $\mathrm{d}T = \beta\mathrm{d}t$ 代入式（6-5），得：

$$\ln\left[\frac{\mathrm{d}\alpha/\mathrm{d}t}{f(\alpha)}\right] = \ln A - \frac{E_\mathrm{a}}{RT} \tag{6-6}$$

由上述方程，对 $\ln[(\mathrm{d}\alpha/\mathrm{d}t)/f(\alpha)] - 1/T$ 作图，得到相应直线。根据直线斜率求得表观活化能 E_a，根据截距求得指前因子 A，其中 $\mathrm{d}\alpha/\mathrm{d}t$ 是反应速率，可以表示为：

$$\frac{\mathrm{d}\alpha}{\mathrm{d}t} = \frac{\mathrm{d}m_t/\mathrm{d}t}{m_0 - m_\infty} \tag{6-7}$$

（2）Coats-Redfern 法。

式（6-3）分离变量后，可得：

$$\frac{\mathrm{d}\alpha}{f(\alpha)} = \frac{A}{\beta}\exp\left(-\frac{E_\mathrm{a}}{RT}\right)\mathrm{d}T \tag{6-8}$$

将式（6-8）两边在 $0\sim\alpha$、$T_0\sim T$ 进行积分，并令 $G(\alpha) = \int_0^\alpha \mathrm{d}\alpha/f(\alpha)$，可得：

$$g(\alpha) = \int_0^\alpha \frac{\mathrm{d}\alpha}{f(\alpha)} = \frac{A}{\beta}\int_{T_0}^T \exp\left(-\frac{E_\mathrm{a}}{RT}\right)\mathrm{d}T \tag{6-9}$$

在热分解或氧化燃烧反应开始时，温度 T_0 较低，反应速率可忽略不计。所以式（6-9）两边可在 $0\sim\alpha$、$0\sim T$ 进行积分，可得：

$$g(\alpha) = \int_0^\alpha \frac{\mathrm{d}\alpha}{f(\alpha)} = \frac{A}{\beta}\int_0^T \exp\left(-\frac{E_\mathrm{a}}{RT}\right)\mathrm{d}T \tag{6-10}$$

式（6-10）中 $\int_0^\alpha \mathrm{d}\alpha/f(\alpha)$ 称为转化率函数积分，$\int_0^T \exp(-E_\mathrm{a}/RT)\mathrm{d}T$ 称为温度积分。温度积分在数学上没有解析解，只可得到数值解和近似解。因此，为了得到温度积分的近似解，令 $u = E_a/RT$，则 $T = E_a/Ru$。两边求微分，可得：

$$\mathrm{d}T = -\frac{E_a}{Ru^2}\mathrm{d}u \tag{6-11}$$

把式(6-11)代入式(6-10)中，可得：

$$g(\alpha) = \frac{A}{\beta}\int_0^T \exp\left(-\frac{E_a}{RT}\right)\mathrm{d}T = \frac{AE_a}{\beta R}\int_\infty^u \frac{-\mathrm{e}^{-u}}{u^2}\mathrm{d}u \tag{6-12}$$

因此，求解温度积分的近似解，转化为求解式(6-12)的近似解。具体求解过程如下：

$$
\begin{aligned}
g(\alpha) &= \frac{AE_a}{\beta R}\int_\infty^u \frac{-\mathrm{e}^{-u}}{u^2}\mathrm{d}u = \frac{AE_a}{\beta R}\int_\infty^u \frac{1}{u^2}\mathrm{d}\mathrm{e}^{-u}\\
&= \frac{AE_a}{\beta R}\left(\left.\frac{\mathrm{e}^{-u}}{u^2}\right|_\infty^u - \int_\infty^u \mathrm{e}^{-u}\mathrm{d}u^{-2}\right)\\
&= \frac{AE_a}{\beta R}\left[\frac{\mathrm{e}^{-u}}{u^2} - \int_\infty^u \mathrm{e}^{-u}(-2)u^{-3}\mathrm{d}u\right]\\
&= \frac{AE_a}{\beta R}\left(\frac{\mathrm{e}^{-u}}{u^2} - \int_\infty^u 2u^{-3}\mathrm{d}\mathrm{e}^{-u}\right)\\
&= \frac{AE_a}{\beta R}\left[\frac{\mathrm{e}^{-u}}{u^2} - \frac{2}{u^3}\mathrm{e}^{-u} + \int_\infty^u \mathrm{e}^{-u}(-6)u^{-4}\mathrm{d}u\right]\\
&= \frac{AE_a}{\beta R}\left(\frac{\mathrm{e}^{-u}}{u^2} - \frac{2}{u^3}\mathrm{e}^{-u} + \int_\infty^u 6u^{-4}\mathrm{d}\mathrm{e}^{-u}\right)\\
&= \frac{AE_a}{\beta R}\left(\frac{\mathrm{e}^{-u}}{u^2} - \frac{2}{u^3}\mathrm{e}^{-u} + \left.\frac{6}{u^4}\mathrm{e}^{-u}\right|_\infty^u - \int_\infty^u \mathrm{e}^{-u}\mathrm{d}\frac{6}{u^4}\right)\\
&= \frac{AE_a}{\beta R}\left(\frac{\mathrm{e}^{-u}}{u^2} - \frac{2}{u^3}\mathrm{e}^{-u} + \frac{6}{u^4}\mathrm{e}^{-u} - \int_\infty^u \frac{24}{u^5}\mathrm{d}\mathrm{e}^{-u}\right)\\
&= \frac{AE_a}{\beta R}\left(\frac{\mathrm{e}^{-u}}{u^2} - \frac{2}{u^3}\mathrm{e}^{-u} + \frac{6}{u^4}\mathrm{e}^{-u} - \left.\frac{24}{u^5}\mathrm{e}^{-u}\right|_\infty^u - \int_\infty^u \mathrm{e}^{-u}\mathrm{d}\frac{24}{u^5}\right)\\
&= \frac{AE_a}{\beta R}\cdot\frac{\mathrm{e}^{-u}}{u^2}\left(1 - \frac{2!}{u} + \frac{3!}{u^2} - \frac{4!}{u^3} + \cdots\right) \tag{6-13}
\end{aligned}
$$

若取式(6-13)右边括号内前两项，得到温度积分一级近似表达式，即 Coats-Redfern 近似式：

$$\int_0^T \exp\left(-\frac{E_a}{RT}\right)\mathrm{d}T = \frac{E_a}{R}\cdot\frac{\mathrm{e}^{-u}}{u^2}\cdot\frac{u-2}{u} = \frac{RT^2}{E_a}\left(1 - \frac{2RT}{E_a}\right)\exp\left(-\frac{E_a}{RT}\right) \tag{6-14}$$

设 $f(\alpha) = (1-\alpha)^n$，取式(6-13)右边括号内前两项，可得：

$$\int_0^\alpha \frac{\mathrm{d}\alpha}{(1-\alpha)^n} = \frac{A}{\beta}\cdot\frac{RT^2}{E_a}\left(1 - \frac{2RT}{E_a}\right)\exp\left(-\frac{E_a}{RT}\right) \tag{6-15}$$

整理积分方程式(6-15)，对式的两边取 ln 对数。

当 $n \neq 1$ 时：

$$\ln\left[\frac{1-(1-\alpha)^{1-n}}{T^2(1-n)}\right]=\ln\left[\frac{AR}{\beta E}\left(1-\frac{2RT}{E_a}\right)\right]-\frac{E_a}{RT} \tag{6-16}$$

当 $n=1$ 时：

$$\ln\left[\frac{-\ln(1-\alpha)}{T^2}\right]=\ln\left[\frac{AR}{\beta E_a}\left(1-\frac{2RT}{E_a}\right)\right]-\frac{E_a}{RT} \tag{6-17}$$

式(6-16)与式(6-17)即为 Coats-Redfern 方程。

若取式(6-13)右边括号内第一项，可以获得温度积分初级近似表达式，即 Frank-Kameneskii 近似式：

$$\int_0^T\exp\left(-\frac{E_a}{RT}\right)\mathrm{d}T=\frac{E_a}{R}\cdot\frac{\mathrm{e}^{-u}}{u^2}=\frac{RT^2}{E_a}\exp\left(-\frac{E_a}{RT}\right) \tag{6-18}$$

将式(6-12)和式(6-18)联立，并对两边取 ln 对数，则得到另一种 Coats-Redfern 积分式：

$$\ln\left[\frac{g(\alpha)}{T^2}\right]=\ln\left(\frac{AR}{\beta E_a}\right)-\frac{E_a}{RT} \tag{6-19}$$

由 $g(\alpha)/T^2$ 对 $1/T$ 作图，由直线斜率求表观活化能 E_a，由截距求指前因子 A。

（3）Popescu 法。

Popescu 法是通过测定不同升温速率 β_i 下的一组 TG 曲线，求得表观活化能 E_a，由截距求得指前因子 A 和最概然机理函数 $g(\alpha)$。实验采集不同升温速率 $\beta_i(i=1,2,3,\cdots)$ 下 T_m 和 T_n 时的转化百分率分别为 α_{m1}，α_{m2}，α_{m3}，$\cdots$ 和 α_{n1}，α_{n2}，α_{n3}，$\cdots$，以及 α_m 和 α_n 时的温度分别为 T_{m1}，T_{m2}，T_{m3}，$\cdots$ 和 T_{n1}，T_{n2}，T_{n3}，$\cdots$。对积分式进行最简近似处理，可得：

$$g(\alpha)_{mn}=\int_{\alpha_m}^{\alpha_n}\frac{\mathrm{d}\alpha}{f(\alpha)}=\frac{1}{\beta}\int_{T_m}^{T_n}k(T)\mathrm{d}T=\frac{1}{\beta}I(T)_{mn} \tag{6-20}$$

$$g(\alpha)_{mn}=\frac{A}{\beta}\int_{T_m}^{T_n}\exp\left(-\frac{E_a}{RT}\right)\mathrm{d}T=\frac{A}{\beta}(T_n-T_m)\exp\left(-\frac{E_a}{RT_\xi}\right)=\frac{A}{\beta}H(T)_{mn} \tag{6-21}$$

其中

$$I(T)_{mn}=\int_{T_m}^{T_n}k(T)\mathrm{d}T \tag{6-22}$$

$$H(T)_{mn}=(T_n-T_m)\exp\left(-\frac{E_a}{RT_\xi}\right) \tag{6-23}$$

$$T_\xi=\frac{T_m+T_n}{2} \tag{6-24}$$

由式(6-20)和式(6-21)可知，在合理 β 和 α 值范围内，$f(\alpha)$ 和 $k(T)$ 形式都不变。若实验数据和采用的机理函数 $g(\alpha)$ 满足 $g(\alpha)_{mn}-1/\beta_i$ 关系，为通过坐标原点（或截距趋向于零）的直线，则 $g(\alpha)$ 为反映真实化学过程的动力学机理函数。由于 Popescu 法既为引入任何温度积分的近似解，又为考虑 $k(T)$ 的具体形式，因此，此法计算结果准确度高。

对式(6-21)两边取 ln 对数，可得：

$$\ln\left(\frac{\beta}{T_n-T_m}\right)=\ln\left[\frac{A}{g(\alpha)_{mn}}\right]-\frac{E}{RT_\xi} \tag{6-25}$$

作 $\ln[1/(T_n-T_m)]-1/T_\xi$ 关系图，根据直线斜率求得表观活化能 E_a，根据截距求得指前因子 A。

（4）Flynn-Wall-Ozawa 法。

引入函数 $P(u)$，令

$$P(u)=\int_\infty^u \frac{-e^{-u}}{u^2}du=\frac{e^{-u}}{u^2}\left(1-\frac{2!}{u}+\frac{3!}{u^2}-\frac{4!}{u^3}+\cdots\right) \tag{6-26}$$

同样取方程式（6-26）右侧括号内前两项，并两边取 $\ln$ 对数，可得：

$$\ln P(u)=-u+\ln(u-2)-3\ln u \tag{6-27}$$

由 u 的区间范围 $20 \leqslant u \leqslant 60$，得 $-1 \leqslant (u-40)/20 \leqslant 1$。令 $v=(u-40)/20$，求得：

$$u=20v+40 \tag{6-28}$$

将式（6-28）代入式（6-26），将对数展开取一级近似，求得：

$$\ln P(u)=-u-3\ln 40+\ln\left(1+\frac{10}{19}v\right)-3\ln\left(1+\frac{1}{2}v\right)\approx-5.3308-1.0516u \tag{6-29}$$

$$P_D(u)=0.00484e^{-1.0516u} \tag{6-30}$$

$$\lg P_D(u)=-2.315-0.4567\frac{E_a}{RT} \tag{6-31}$$

联立式（6-12）和式（6-31），得到 Ozawa 公式：

$$\lg \beta=\lg\left(\frac{AE_a}{Rg(\alpha)}\right)-2.315-0.4567\frac{E_a}{RT} \tag{6-32}$$

根据式（6-32）求解表观活化能 E_a 的方法有两种：①因为不同升温速率 β_i 下，各热谱峰顶温度 T_{Pi} 处的各转化百分率 α 值近似相等，所以可用 $\lg \beta - 1/T$ 成线性关系来确定表观活化能 E_a；②由于在不同升温速率 β_i 下，选择相同转化百分率 α，则机理函数 $g(\alpha)$ 是一个恒定值，作 $\lg \beta - 1/T$ 关系图，从直线斜率可求出表观活化能 E_a。

在 Flynn-Wall-Ozawa 法中，反应机理函数不需要被代入，可直接求得表观活化能 E_a，避免因假设的反应机理函数不同而带来的误差。

6.1.1　热分析动力学研究方法

热分析动力学研究方法按照温度是否恒定可分为等温法和非等温法。其中，非等温法按照操作方式又可分为单个扫描速率的非等温法和多重扫描速率的非等温法。

（1）等温法。

在热分析动力学研究领域中，除主要使用非等温法外，还存在一些实验使用等温法。等温法相对非等温法更简单，其动力学方程，如式（6-33）所示。

$$g(\alpha)=A\int_0^t \exp\left(-\frac{E_a}{RT}\right)dt=kt \tag{6-33}$$

由式（6-33）可知，对于简单反应，等温法中速率常数是一个可以与机理函数分离的常数。因此，一般采取实验数据与动力学模式相配合的方法对"动力学三因子"开展计算，主要分为两步[211]。

①在一条等温的 α-t 曲线上选取一组 α、t 值代入假设的机理函数 $g(\alpha)$ 中，则 $g(\alpha)$-t 图是一条直线。通过不断假设，选取一条线性最佳的机理函数 $g(\alpha)$。

②再用同样的方法在一组不同温度下测得的等温 $g(\alpha)$-t 曲线上得到一组斜率 k。由 $\ln k = -E/RT + \ln A$ 可知，作 $\ln k$-$1/T$ 图可获一条直线。由其斜率和截距分别求得表观活化能 E_a 和指前因子 A。

（2）单个扫描速率的非等温法。

单个扫描速率的非等温法是在通过同一扫描速率时，对反应测得的一条热重曲线上的数据进行动力学分析的方法[211]。单个扫描速率的非等温法只需测定一条热重曲线就可分析"动力学三因子"，因此长期以来是热分析动力学的主要数据处理方法。按数学处理方式不同，主要有微分法和积分法。但这两种方法都有不足：微分法需要用到微商数据，这对于 DTA 和 DSC 两类技术是比较困难的；积分法需要处理温度积分的难解以及各种近似方法所带来的误差。21 世纪初，众多学者提出，使用单一扫描速率处理热分析动力学数据不可靠，结果误差大，不能反映固态反应的复杂本质[213]。

（3）多重扫描速率的非等温法。

多重扫描速率的非等温法是指用不同升温速率下所测得的多条热重曲线来进行动力学分析的方法[206]。这类方法主要以 Flynn-Wall-Ozawa 法、Kissinger-Akahira-Sunose 法和 Friedman 法为代表。由于其中的一些方法常用在几条热重曲线上同一转化百分率 α 处的数据，故又称等转化率法。这种方法能在不涉及动力学模式函数的前提下（因此又称无模式函数法）获得较为可靠的表观活化能 E_a，可以用来对单个扫描速率的非等温法的结果进行验证，而且还可以通过比较不同转化百分率 α 下的表观活化能 E_a 来核实反应机理在整个过程的一致性。国际热分析界呼吁应该采用多重扫描速率法对物质进行热分析，并通过等转化率法确定表观活化能 E_a 随转化率的变化情况[211]。

6.1.2　动力学机理函数

动力学机理函数表示物质反应速率与转化百分率 α 所遵循的某种函数关系[211]，代表了反应机理，直接决定了热重曲线的形状。它的相应积分形式为：

$$g(\alpha) = \int_0^\alpha \frac{\mathrm{d}(\alpha)}{f(\alpha)} \tag{6-34}$$

动力学机理函数的建立始于 20 世纪 20 年代后期，Mac Donald-Hinshelwood 提出了固体分解过程中产物核形成和生长的概念；之后，引起了其他机理函数的建立。这些机理函数都是设想固相反应中，在反应物和产物的界面上存在有一个局部的反应活性区域；而反应进程则由这一界面的推进来进行表征，再按照控制反应速率的各种关键步骤，如产物晶核的形成和生长、相界面反应或产物气体的扩散等分别推导出来的，在推导过程中假设反应物颗粒具有规整的几何形状和各向同性的反应活性[211]。表 6-1 列出了常用的 $f(\alpha)$ 及其相应的 $g(\alpha)$ 形式。

表 6-1　常用动力学机理函数

函数编号	函数名称	微分形式 $f(\alpha)$	积分形式 $g(\alpha)$
1	抛物线法则	$1/(2\alpha)$	α^2
2	Valensi 方程	$[-\ln(1-\alpha)]^{-1}$	$\alpha+(1-\alpha)\ln(1-\alpha)$
3	Jander 方程	$4(1-\alpha)^{1/2}[1-(1-\alpha)^{1/2}]^{1/2}$	$[1-(1-\alpha)^{1/2}]^{1/2}$
4	Jander 方程	$6(1-\alpha)^{2/3}[1-(1-\alpha)^{1/3}]^{1/2}$	$[1-(1-\alpha)^{1/3}]^{1/2}$
5	Jander 方程	$3/2(1-\alpha)^{2/3}[1-(1-\alpha)^{1/3}]^{-1}$	$[1-(1-\alpha)^{1/3}]^2$
6	G-B 方程	$3/2[(1-\alpha)^{-1/3}-1]^{-1}$	$1-2/3\alpha-(1-\alpha)^{2/3}$
7	反 Jander 方程	$3/2(1+\alpha)^{2/3}[(1+\alpha)^{1/3}-1]^{-1}$	$[(1+\alpha)^{1/3}-1]^2$
8	Z-L-T 方程	$3/2(1-\alpha)^{4/3}[(1-\alpha)^{-1/3}-1]^{-1}$	$[(1-\alpha)^{-1/3}-1]^2$
9	Avrami-Erofeev 方程	$4(1-\alpha)[-\ln(1-\alpha)]^{3/4}$	$[-\ln(1-\alpha)]^{1/4}$
10	Avrami-Erofeev 方程	$3(1-\alpha)[-\ln(1-\alpha)]^{2/3}$	$[-\ln(1-\alpha)]^{1/3}$
11	Avrami-Erofeev 方程	$5/2(1-\alpha)[-\ln(1-\alpha)]^{3/5}$	$[-\ln(1-\alpha)]^{2/5}$
12	Avrami-Erofeev 方程	$2(1-\alpha)[-\ln(1-\alpha)]^{1/2}$	$[-\ln(1-\alpha)]^{1/2}$
13	Avrami-Erofeev 方程	$3/2(1-\alpha)[-\ln(1-\alpha)]^{1/3}$	$[-\ln(1-\alpha)]^{2/3}$
14	Avrami-Erofeev 方程	$4/3(1-\alpha)[-\ln(1-\alpha)]^{1/4}$	$[-\ln(1-\alpha)]^{3/4}$
15	Avrami-Erofeev 方程	$2/3(1-\alpha)[-\ln(1-\alpha)]^{-1/2}$	$[-\ln(1-\alpha)]^{3/2}$
16	Avrami-Erofeev 方程	$1/2(1-\alpha)[-\ln(1-\alpha)]^{-1}$	$[-\ln(1-\alpha)]^2$
17	Avrami-Erofeev 方程	$1/3(1-\alpha)[-\ln(1-\alpha)]^{-2}$	$[-\ln(1-\alpha)]^3$
18	Avrami-Erofeev 方程	$1/4(1-\alpha)[-\ln(1-\alpha)]^{-3}$	$[-\ln(1-\alpha)]^4$
19	Mample 单行法则	$1-\alpha$	$-\ln(1-\alpha)$
20	Mampel Power 法则	$4\alpha^{3/4}$	$\alpha^{1/4}$
21	Mampel Power 法则	$3\alpha^{2/3}$	$\alpha^{1/3}$
22	Mampel Power 法则	$2\alpha^{1/2}$	$\alpha^{1/2}$
23	Mampel Power 法则	1	α
24	Mampel Power 法则	$2/3\alpha^{-1/2}$	$\alpha^{3/2}$
25	Mampel Power 法则	$1/2\alpha^{-1}$	α^2

续表6-1

函数编号	函数名称	微分形式 $f(\alpha)$	积分形式 $g(\alpha)$
26	反应级数	$4(1-\alpha)^{3/4}$	$1-(1-\alpha)^{1/4}$
27	收缩球状(体积)	$3(1-\alpha)^{2/3}$	$1-(1-\alpha)^{1/3}$
28	收缩球状(体积)	$(1-\alpha)^{2/3}$	$3[1-(1-\alpha)^{1/3}]$
29	收缩圆柱体(面积)	$2(1-\alpha)^{1/2}$	$1-(1-\alpha)^{1/2}$
30	收缩圆柱体(面积)	$(1-\alpha)^{1/2}$	$2[1-(1-\alpha)^{1/2}]$
31	反应级数	$1/2(1-\alpha)^{-1}$	$1-(1-\alpha)^2$
32	反应级数	$1/3(1-\alpha)^{-2}$	$1-(1-\alpha)^3$
33	反应级数	$1/4(1-\alpha)^{-3}$	$1-(1-\alpha)^4$
34	反应级数	$(1-\alpha)^2$	$(1-\alpha)^{-1}-1$
35	二级	$(1-\alpha)^2$	$(1-\alpha)^{-1}$
36	三级	$1/2(1-\alpha)^3$	$(1-\alpha)^{-2}$
37	2/3级	$2(1-\alpha)^{3/2}$	$(1-\alpha)^{-1/2}$
38	指数法则	α	$\ln\alpha$
39	指数法则	$1/2\alpha$	$\ln\alpha^2$

6.2 含磁黄铁矿的金属硫化矿尘热分解动力学机理

6.2.1 热分解过程的动力学机理

表观活化能 E_a 作为研究对象，可以很好地描述物体非等温、非均相反应体系下的热动力学机理[211-212]。通过第3章热分解研究结果，可以明确 N_2 环境中磁黄铁矿促发黄铁矿热分解机理可以用 E_a 表达。黄铁矿、磁黄铁矿及混合矿(1∶1)三种矿样的热分解动力学反应模型可用式(6-19)所述 Coats-Redfern 方法计算。

三种矿样热分解实验升温梯度为 10 ℃/min，利用常用的 39 种反应模型的积分函数 $g(\alpha)$(表6-1)，绘制 $g(\alpha)/T^2$-$1/T$ 关系曲线。根据相关系数，求解上述矿样三个不同热分解反应阶段的表观活化能 E_a，结果如表6-2所示。

表 6-2　三种矿样 N_2 环境中热分解表观活化能计算结果

矿尘类别	反应阶段	温度/℃	函数名称	机理	$g(\alpha)$	R^2	E_a/(kJ·mol^{-1})	指前因子 A/(s^{-1})
黄铁矿	一	27~560	三级	化学反应,F_3,减速型 a-t 曲线	$(1-a)^{-2}$	0.8331	1.583	1.65×10^5
黄铁矿	二	560~645	反 Jander 方程	三维扩散,3D	$[(1+a)^{1/3}-1]^2$	0.9848	141.238	4.36×10^4
黄铁矿	三	645~1100	Jander 方程	二维扩散,2D,$n=1/2$	$[1-(1-a)^{1/2}]^{1/2}$	0.9957	11.623	4.30×10^6
混合矿(1:1)	一	27~470	三级	化学反应,F_3,减速型 a-t 曲线	$(1-a)^{-2}$	0.8619	1.660	1.39×10^5
混合矿(1:1)	二	470~620	反 Jander 方程	三维扩散,3D	$[(1+a)^{1/3}-1]^2$	0.9631	52.685	4.60×10^2
混合矿(1:1)	三	620~1100	Jander 方程	二维扩散,2D,$n=1/2$	$[1-(1-a)^{1/2}]^{1/2}$	0.9940	10.220	3.68×10^6
磁黄铁矿	一	27~500	三级	化学反应,F_3,减速型 a-t 曲线	$(1-a)^{-2}$	0.9688	3.716	4.10×10^5
磁黄铁矿	二	500~670	三级	化学反应,F_3,减速型 a-t 曲线	$(1-a)^{-2}$	0.9828	21.330	1.23×10^3
磁黄铁矿	三	670~1100	Jander 方程	二维扩散,2D,$n=1/2$	$[1-(1-a)^{1/2}]^{1/2}$	0.9952	8.321	3.09×10^6

　　三种矿样热分解反应第一阶段的表观活化能均较小,遵循三级反应;反应机理为化学反应,反应速度逐渐降低。第二阶段,黄铁矿、混合矿(1:1)、磁黄铁矿的 E_a 值分别为 141.238 kJ/mol、52.685 kJ/mol、21.330 kJ/mol,表明磁黄铁矿含有更多活性反应物,热分解反应所需能量更少,更容易发生化学反应。黄铁矿、混合矿(1:1)反应遵循反 Jander 方程,反应机理为三维扩散—3D 反应,说明反应发生在矿尘颗粒表面,各方向上均发生反应,具体在 6.2.2 节中验证;此阶段磁黄铁矿仍遵循三级反应,说明磁黄铁矿热分解反应为多级反应,更为复杂,且反应更为迟缓,此现象可在图 3-1 中可以观察到。第三阶段,三种矿样的表观活化能比第一阶段大,说明相对第一阶段,第三阶段反应更难发生;结合物相分析结果,此阶段是磁黄铁矿的进一步分解。与第一阶段反应机制不同,此阶段 E_a 值有:黄铁矿>混合矿(1:1)>磁黄铁矿,遵循 Jander 方程。

综上，从反应更为剧烈的第二阶段、第三阶段的 E_a 值可以看出，黄铁矿>混合矿（1∶1）>磁黄铁矿，从动力学机理角度证明了添加磁黄铁矿会降低混合矿的 E_a 值，促发黄铁矿热分解。

6.2.2 磁黄铁矿促发金属硫化矿尘热分解过程模型

基于第 3 章磁黄铁矿促发金属硫化矿尘热分解过程中物相、气相及表面结构分析结果，观察到黄铁矿粉尘表面结构以无孔结构为主[135]。在 N_2 环境中热分解反应为表面非均相气-固两相反应，反应后气体产物为挥发的 S_2，在三维扩散后固体产物呈缩球状。可以利用缩核模型（shrinking core model）与含挥发分的颗粒燃烧模型（diffusion limited volatiles combustion model）建立黄铁矿粉尘热分解反应过程模型，如图 6-1 所示。

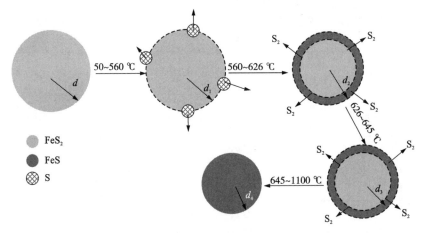

图 6-1　黄铁矿在 N_2 环境中热分解反应过程模型

黄铁矿在 N_2 环境中的热分解反应过程包括四个阶段。第一阶段，黄铁矿受热导致表面劈裂，形成多孔结构；组分中单质硫 S 受热挥发，导致颗粒直径由 d 缩小到 d_1，变化率与黄铁矿组分有关。第二阶段，黄铁矿受热发生了化学反应，产生气体 S_2 并挥发，导致颗粒直径由 d_1 缩小到 d_2。第三阶段，产生气体 S_2 量变小，但继续挥发，促使黄铁矿进一步失重，此时颗粒直径由 d_2 缩小到 d_3。第二阶段与第三阶段合并表述为 TG 实验的第二阶段。第四阶段，黄铁矿（FeS_2）全部反应生成了六方陨铁矿（FeS），此时颗粒直径由 d_3 缩小到最终的 d_4。

磁黄铁矿在 N_2 环境中的热分解反应为细小颗粒表面非均相气-固两相反应，反应后气体产物为挥发的 S_2，反应后固体颗粒团聚成球形。可以利用含挥发分的颗粒燃烧模型（diffusion limited volatiles combustion model）建立磁黄铁矿粉尘热分解反应过程模型，如图 6-2 所示。

磁黄铁矿在 N_2 环境中的热分解反应过程包括三个阶段。第一阶段，磁黄铁矿受热，组分中单质硫 S 从细小颗粒缝隙中受热挥发，并生成少量黄铁矿（FeS_2）。第二阶段，磁黄

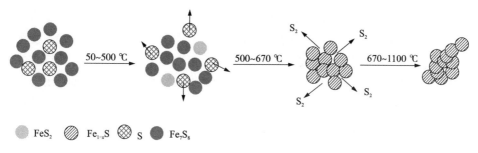

$\bullet$ FeS$_2$　$\oslash$ Fe$_{1-x}$S　$\otimes$ S　$\bullet$ Fe$_7$S$_8$

图 6-2　磁黄铁矿在 N$_2$ 环境中热分解反应过程模型

铁矿细小颗粒受热发生了化学反应，产生气体 S$_2$ 并挥发，颗粒受热发生团聚。第三阶段，产生气体 S$_2$ 量变小，颗粒进一步团聚。此时细小颗粒发生了球化变形，团聚的颗粒呈现多球聚合现象。在这个阶段，磁黄铁矿发生了晶体转化，全部反应生成为六方磁黄铁矿（Fe$_{1-x}$S）。

　　混合矿粉尘在 N$_2$ 环境中的热分解反应包含了磁黄铁矿及黄铁矿两种矿物的热分解反应特性。从 SEM 图像观察到，与单独矿物不同，有大量磁黄铁矿细小颗粒吸附在大的黄铁矿颗粒表面。本书认为这是导致磁黄铁矿促发黄铁矿在 N$_2$ 环境中热分解的原因。究其原因有三：一是小颗粒吸附增加了大颗粒集团的比表面积，增强了热分解反应活性，加速了热分解，这一现象从动力学分析结果可以证实；二是细小颗粒吸附在黄铁矿大颗粒表面，由于磁黄铁矿中铁（Fe）元素自身正向磁力，加速了黄铁矿中负电荷 S^{-1} 的析出，致使黄铁矿表面更早地出现气孔（图 3-8）；三是细小颗粒吸附在黄铁矿大颗粒表面，因细小颗粒反应温度更低，挥发气体产物 S$_2$ 更早，细小颗粒产生的气体产物挥发增加了黄铁矿大颗粒表面张力，加速了黄铁矿大颗粒表面劈裂，降低了黄铁矿热分解反应温度。具体反应模型如图 6-3 所示。

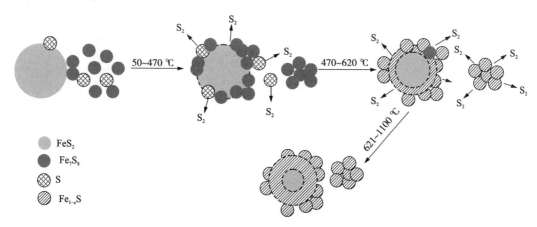

$\bullet$ FeS$_2$

$\bullet$ Fe$_7$S$_8$

$\otimes$ S

$\oslash$ Fe$_{1-x}$S

图 6-3　混合矿（1∶1）在 N$_2$ 环境中热分解反应过程模型

磁黄铁矿与黄铁矿混合矿在 N_2 环境中的热分解反应过程包括三个阶段。第一阶段，黄铁矿受热，组分中单质硫 S 从磁黄铁矿细小颗粒缝隙中和大颗粒黄铁矿黏附的表面上受热挥发，同时一部分细小磁黄铁矿吸附在黄铁矿表面，另一部分团聚在一起；黄铁矿表面发生少量劈裂现象，有微量 S_2 挥发。第二阶段，黄铁矿表面出现大量孔隙，与磁黄铁矿细小颗粒同时受热发生了化学反应，产生气体 S_2 并挥发，吸附在黄铁矿表面及团聚在一起的细小颗粒进一步受热团聚。第三阶段，产生气体 S_2 量变小，无论是吸附了细小颗粒的大颗粒，还是单独聚合在一起的小颗粒，团聚紧实，呈六方柱形，全部反应生成六方磁黄铁矿（$Fe_{1-x}S$）。

6.3　含磁黄铁矿的金属硫化矿尘燃烧动力学机理

6.3.1　燃烧过程的动力学机理

采用 Coats-Redfern 动力学方法对黄铁矿、磁黄铁矿及混合矿（1：1）氧化燃烧过程进行了动力学分析。样品在空气环境中加热，温度为 27~800 ℃，升温速率为 10 ℃/min。根据 DTG 分析结果（图 4-2），黄铁矿定义了四个特征阶段，混合矿（1：1）、磁黄铁矿定义了五个特征阶段。对三种矿样各个阶段进行动力学参数计算，结果如表 6-3 所示。

表 6-3　三种矿样在空气环境中氧化燃烧表观活化能计算结果

矿尘类别	反应阶段	温度/℃	函数名称	机理	$g(\alpha)$	R^2	E_a/(kJ·mol^{-1})	指前因子 A/(s^{-1})
黄铁矿	一	27~416	三级	化学反应，F_3，减速型 a-t 曲线	$(1-a)^{-2}$	0.8561	1.418	1.18×10^5
黄铁矿	二	416~545	Avrami-Erofeev 方程	随机成核和随后生长（$n=4$）	$[-\ln(1-a)]^4$	0.8989	194.805	8.50×10^{12}
黄铁矿	三	545~673	反应级数	$n=4$	$1-(1-a)^4$	0.9965	8.042	1.88×10^6
黄铁矿	四	673~800	反应级数	$n=4$	$1-(1-a)^4$	0.9994	12.179	3.98×10^6
混合矿（1：1）	一	27~189	三级	化学反应，F_3，减速型 a-t 曲线	$(1-a)^{-2}$	0.9417	1.038	4.20×10^4
混合矿（1：1）	二	189~410	2/3 级	化学反应	$(1-a)^{-1/2}$	0.9884	4.554	5.80×10^5

续表6-3

矿尘类别	反应阶段	温度/℃	函数名称	机理	$g(\alpha)$	R^2	E_a /(kJ·mol^{-1})	指前因子 A /(s^{-1})
混合矿 (1:1)	三	410~548	Avrami-Erofeev 方程	随机成核和随后生长 ($n=3$)	$[-\ln(1-a)]^3$	0.9545	105.787	1.96×10^4
混合矿 (1:1)	四	548~667	反应级数	$n=4$	$1-(1-a)^4$	0.9954	7.288	1.63×10^6
混合矿 (1:1)	五	667~800	反应级数	$n=4$	$1-(1-a)^4$	0.9994	12.085	3.92×10^6
磁黄铁矿	一	27~190	三级	化学反应, F_3, 减速型 $a-t$ 曲线	$(1-a)^{-2}$	0.9542	1.040	4.16×10^4
磁黄铁矿	二	190~480	2/3级	化学反应	$(1-a)^{-1/2}$	0.9784	5.280	8.17×10^5
磁黄铁矿	三	480~551	2/3级	化学反应	$(1-a)^{-1/2}$	0.9474	4.256	7.49×10^5
磁黄铁矿	四	551~682	反 Jander 方程	三维扩散, 3D	$[(1+a)^{1/3}-1]^2$	0.9966	109.678	3.67×10^1
磁黄铁矿	五	682~800	反应级数	$n=4$	$1-(1-a)^4$	0.9995	12.260	4.03×10^6

　　计算的表观活化能表明,三种矿样氧化燃烧过程各个阶段都发生在动力学场中[159]。反应受温度控制,主要反应发生在 400~800 ℃。三种矿样的表观活化能为黄铁矿>磁黄铁矿>混合矿(1:1),说明添加磁黄铁矿有利于黄铁矿发生氧化燃烧反应。

　　三种矿样的燃烧过程都伴随着多级反应,虽然 4.4.1 节固相分析结果显示黄铁矿(FeS$_2$)为直接反应,生成赤铁矿(Fe$_2$O$_3$),但是 4.4.2 节气相分析时发现有中间产物的可能性。上述表观活化能计算结果进一步证实,其为多级反应,反应会存在中间过程产物。另外,黄铁矿及混合矿主要氧化燃烧阶段遵循随机成核和随后生长机理,说明矿尘颗粒在氧化过程中存在未反应的内核,反应发生在矿尘颗粒表面;磁黄铁矿氧化燃烧过程主要遵循三维扩散—3D 机理,在反应过程中可能会发生限制性凝聚,具体在氧化燃烧过程产物 SEM 表征中已求证。

6.3.2　磁黄铁矿促发金属硫化矿尘燃烧过程模型

　　基于第 4 章磁黄铁矿促发金属硫化矿尘氧化燃烧过程中物相、气相及表面结构分析结果,发现黄铁矿尘氧化燃烧过程是气相反应与表面非均相反应相结合的热化学反应。因为原始反应物黄铁矿粉尘表面结构以无孔结构为主[135],反应过程中发现颗粒表面逐级变化,与动力学分析结果多级反应一致;反应最终产物呈球形,且是由起始随机成核的颗粒团逐渐收缩而成。可以利用缩核模型(shrinking core model)与含挥发分的颗粒燃烧模型

（diffusion limited volatiles combustion model）建立黄铁矿粉尘热分解反应过程模型，如图6-4所示。

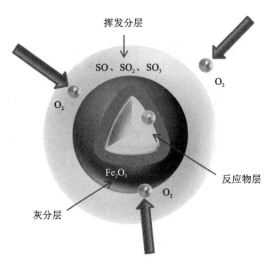

图6-4　黄铁矿矿尘氧化燃烧反应过程模型

依据该模型理论，黄铁矿粉尘燃烧过程应包括如下步骤：（1）矿尘中 FeS_2 反应物获取能量后，表面开裂，形成气道；由于环境中存在 O_2，矿尘中心反应物层的表面与 O_2 充分反应，形成了灰分层（Fe_2O_3）；同时，发生热解反应挥发出 S_2 等气体并发生反应，受氧化燃烧程度的影响，形成了气体产物挥发层（SO、SO_2、SO_3）。（2）O_2 经主气流扩散到灰分表面，经过灰分层空隙扩散到反应物层内核表面。（3）内核表面发生化学反应，形成新的灰分层（Fe_2O_3）。（4）新产生的气体经灰分层向外扩散，扩散到挥发分层。（5）新产生的气体与 O_2 发生反应，生成 SO、SO_2、SO_3 等气体并挥发，剩余固体颗粒呈球形。由于黄铁矿氧化燃烧反应是连续过程，所以上述各步骤的先后顺序区分并不明显，但是从反应物、产物及第3章热解过程基础分析，该模型描述的反应过程应该是有效的。

磁黄铁矿在空气环境中氧化燃烧反应为气-固两相反应；固体反应以细小颗粒多级反应为主要框架，以三维扩散—3D反应为主要反应机理[215]；气体反应主要以 S_2 挥发与 O_2 化学反应生成 SO、SO_2、SO_3 为主，建立磁黄铁矿矿尘氧化燃烧反应过程模型，如图6-5所示。

图6-5　磁黄铁矿矿尘氧化燃烧反应过程模型

磁黄铁矿在空气环境中的氧化燃烧反应过程可简化为三个阶段。第一阶段，磁黄铁矿受热团聚，与环境中的 O_2 发生氧化燃烧反应，反应生成 $SO_x(x=1, 2, 3)$ 气体并挥发，生成赤铁矿(Fe_2O_3)、硫酸盐($FeSO_4$)及黄铁矿(FeS_2)，并且黄铁矿表面开裂；第二阶段，硫酸盐($FeSO_4$)与环境中 O_2 发生氧化燃烧反应，反应生成 $[Fe_2(SO_4)_3]_2 \cdot Fe_2O_3$ 熔融物质；第三阶段，$[Fe_2(SO_4)_3]_2 \cdot Fe_2O_3$ 熔融物质受热分解生成赤铁矿(Fe_2O_3)，并释放出 $SO_x(x=1, 2, 3)$ 气体；整个反应过程生成物晶体形状呈现多级及三维扩散形态变化。

混合矿粉尘在空气环境中的氧化燃烧反应，包含磁黄铁矿及黄铁矿两种矿物的氧化燃烧反应特性。从 SEM 图像观察到，磁黄铁矿颗粒更容易吸附在黄铁矿大颗粒表面。第 3 章已证实其会加速黄铁矿热分解。第 4 章同样观察到添加磁黄铁矿会促使黄铁矿氧化燃烧更加充分，具体原因可能与第 3 章相同。另外，观察到燃烧过程产物的外貌特征受黄铁矿成分影响较大，反应过程中黄铁矿可能起主导作用，这也是导致混合矿质量损失大于磁黄铁矿的原因。从动力学分析结果可知，混合矿氧化燃烧反应主要阶段反应机理与黄铁矿相同，并从机理角度证实了这一结论；当达到反应结束温度时，细小颗粒外貌特征与磁黄铁矿最终产物的外貌特征一致。因此，混合矿反应机理包含黄铁矿及磁黄铁矿反应机理，反应模型大颗粒符合图 6-4，细小颗粒符合图 6-5。

6.4　含磁黄铁矿的金属硫化矿尘爆炸动力学机理

6.4.1　爆炸过程的动力学机理

结合 6.3 节中氧化含磁黄铁矿的金属硫化矿尘燃烧机理分析结果，黄铁矿尘云爆炸反应动力学机理应符合缩核模型与含挥发分的颗粒燃烧模型，在反应过程中随机成核，部分颗粒燃烧反应速率受挥发气体控制。因此判断其反应机理应与黄铁矿相同。结合第 3、4 章研究内容，金属硫化矿尘爆炸动力学过程应为矿尘颗粒随机成核，受热表面形成多孔磁黄铁矿，多孔磁黄铁矿进一步氧化形成赤铁矿氧化膜；受爆炸的高温高压影响，生成的赤铁矿氧化膜会被氧化成磁铁矿。通过第 4 章中氧化燃烧的热重分析结果，可发现整个爆炸过程受温度及挥发气体总量控制，气体生成量越多，反应速率越大，随机形成的反应核直径不断缩小。

6.4.2　磁黄铁矿促发金属硫化矿尘爆炸过程模型

6.4.2.1　矿尘颗粒非均匀燃烧的定义

在第 5 章含磁黄铁矿的金属硫化矿尘云爆炸特征参数分析中，采用的混合矿(1∶1)矿尘云最大质量浓度为 2500 mg/m^3。在 20 L 爆炸球中，假设矿尘组分为磁黄铁矿(Fe_7S_8)和黄铁矿（FeS_2）纯矿物，其密度分别为 $4.65~g/cm^3$ 和 $4.90~g/cm^3$。经过计算，颗粒所占体积分数约为 0.052%，非常小。经表征，实验用矿尘粒径为 35 μm 以下。20 L 爆炸球中，其间距为 70~120 μm（间距主要受粉尘质量浓度影响）。因此，当颗粒表面附近发生反应时，可以假设单个粉尘颗粒在燃烧时与其他粉尘颗粒之间的相互作用微弱或没有相互作用[216]，且金属硫化矿尘在 20 L 爆炸球中的爆炸视为不均匀燃烧。欧拉-拉格朗日方法（Eulerian-Lagrangian method）适用于这种情况的解析。它通过拉格朗日方法离散地跟踪质点的行为[217]，欧拉求解器可以计算连续气体介质流动[218-219]，进而建立合适的力学模型研究矿尘颗粒的运动状态。

6.4.2.2　气相控制方程

金属硫化矿尘云在 20 L 爆炸球中的气相反应，采用可压缩、连续相的 Navier-Stokes 方程来表示，其质量、动量、能量和组元守恒方程[220]如下所示。

（1）质量守恒方程：

$$\frac{\partial \rho}{\partial t}+\frac{\partial(\rho u_i)}{\partial x_i}=S_m \tag{6-35}$$

式中：x_i 为笛卡尔（Cartesian）坐标；t 为时间；ρ 为气体密度；u 为气体速度；S_m 为质量源项。

（2）动量守恒方程：

$$\frac{\partial(\rho u_i)}{\partial t}+\frac{\partial(\rho u_i u_j)}{\partial x_i}=-\frac{\partial P}{\partial x_i}+\frac{\partial \mu}{\partial x_j}\left(\frac{\partial u_i}{\partial x_j}+\frac{\partial u_j}{\partial x_i}\right)+\rho g_i+S_v \tag{6-36}$$

式中：P 为气体压力；μ 为气体动力黏度；g 为重力加速度；S_v 为动量源项。

（3）能量守恒方程：

$$\frac{\partial(\rho c_p T)}{\partial t}+\frac{\partial(\rho c_p u_i T)}{\partial x_i}=\frac{\partial}{\partial x_i}\left(\lambda+c_p\frac{\mu_t}{Pr_t}\right)\frac{\partial T}{\partial x_i}+S_h \tag{6-37}$$

式中：c_p 为气体比热容；T 为气体温度；λ 为气体导热系数；μ_t 为气相湍流黏度系数；Pr_t 为湍流普朗特数；S_h 为能量源项。

（4）组元守恒方程：

$$\frac{\partial(\rho Y)}{\partial t}+\frac{\partial(\rho u_i Y)}{\partial x_i}=\frac{\partial}{\partial x_i}\left(\rho D+\frac{\mu_t}{Sc_t}\right)\frac{\partial Y}{\partial x_i}+R_Y+S_Y \tag{6-38}$$

式中：Y 为气体质量分数；D 为气体扩散系数；Sc_t 为湍流施密特数（Schmidt number）；R_Y 和 S_Y 分别为反应速率项和组元源项。

以上 4 个式中的 i、j 是空间或物种的指数。

6.4.2.3　固相控制方程

（1）质量守恒方程。

金属硫化矿尘云在爆炸燃烧过程中，矿尘每个颗粒都要遵循质量守恒。

$$\frac{dm_P}{dt}=\frac{dm_W}{dt}+\frac{dm_V}{dt}+\frac{dm_C}{dt} \tag{6-39}$$

式中：$\dot{m}_P$ 为颗粒的总质量；$\dot{m}_W$ 为水分质量；$\dot{m}_V$ 为挥发分质量；$\dot{m}_C$ 为燃烧的颗粒质量；t 为燃烧所需的时间。

这里的质量交换可以是存在源项的连续相的质量守恒，也可以是对流-扩散方程中化学物质的来源的质量守恒。

（2）颗粒的受力。

拉格朗日跟踪方法适用于模拟分散颗粒的动力学，每个颗粒的运动可以由牛顿第二定律确定。

$$\frac{\mathrm{d}x_d}{\mathrm{d}t}=u_d \tag{6-40}$$

$$\dot{m}_P\frac{\mathrm{d}u_d}{\mathrm{d}t}=F_P \tag{6-41}$$

式中：x_d、u_d 和 $\dot{m}_P$ 分别为颗粒的瞬时位置、速度和质量；F_P 为作用于颗粒上的总力，由以下力组成。

$$F_P=F_d+F_g+F \tag{6-42}$$

式中：F_d 为阻力；F_g 为具有浮力的重力；F 为附加力。它们分别由下式求得：

$$F_d=\frac{18\mu}{P_pd_p^2}\frac{C_DRe}{24}(u-u_p) \tag{6-43}$$

$$F_g=\frac{g(\rho_p-\rho)}{\rho_p} \tag{6-44}$$

$$F=F_v+F_f+F_M+F_S+F_t \tag{6-45}$$

式中：ρ 和 ρ_p 分别为气体和铝颗粒的密度；C_D 为阻力系数，$C_D=a_1+\dfrac{a_2}{Re}+\dfrac{a_3}{Re^2}$，$a_1$、$a_2$、$a_3$ 为常数；Re 为雷诺数，$Re=\dfrac{\rho d_p|u_p-u|}{\mu}$；$u$、$u_p$ 分别为气相速度和金属硫化矿尘颗粒的速度；d_p 为颗粒的直径；μ 为气相的分子黏度；F_v 为虚拟质量力；F_f 为压力梯度力；F_M 为 Magnus 力；F_S 为 Saffman 力；F_t 为热泳力。各力的计算式如下：

$$F_v=C_v\frac{\rho}{\rho_p}\left[u_p\nabla u-\frac{\mathrm{d}u_p}{\mathrm{d}t}\right] \tag{6-46}$$

$$F_f=\frac{\rho}{\rho_p}u_p\nabla u \tag{6-47}$$

$$F_M=\pi d_p^3\rho\omega\frac{(u-u_p)}{2} \tag{6-48}$$

$$F_S=\frac{2kv^{1/2}\rho d_{ij}}{\rho_pd_p(d_{lk}d_{kl})^{1/4}}(u-u_p) \tag{6-49}$$

$$F_t=-9\pi a_p\frac{\bar{\mu}^2}{\rho^2T}\left(\frac{k_f}{2k_f+k_p}\right)\nabla T \tag{6-50}$$

式中：C_v 为虚拟质量因数；ω 为粒子的旋转角速度；d_{ij}、d_{lk}、d_{kl} 为变形张量；v 为运动黏度；T 和 ΔT 为周围气体的平均温度和温度梯度；k_f 和 k_p 分别为气体导热系数和颗粒导热系数。金属硫化矿尘颗粒的受力情况，如下所示：

$$F_p = \frac{18\mu}{P_p d_p^2} \frac{C_D Re}{24}(u-u_p) + \frac{g(\rho_p-\rho)}{\rho_p} + C_v \frac{\rho}{\rho_p}\left[u_p \nabla u - \frac{du_p}{dt}\right] + \frac{\rho}{\rho_p} u_p \nabla u + \pi d_p^3 \rho\omega \frac{(u-u_p)}{2} +$$

$$\frac{2kv^{1/2}\rho d_{ij}}{\rho_p d_p (d_{lk} d_{kl})^{1/4}}(u-u_p) - 9\pi a_p \frac{\overline{\mu}^2}{\overline{\rho}^2 T}\left(\frac{k_f}{2k_f+k_p}\right)\nabla T \tag{6-51}$$

（3）能量守恒方程。

根据单个颗粒表面对流和传热的热量平衡，金属硫化矿尘颗粒燃烧的能量守恒方程和传热可以表示为：

$$m_p C_p \frac{dT_p}{dt} = hA_p(T-T_p) + A_p \varepsilon_p \sigma(\theta_R^4 - T_p^4) + m_W h_W + m_v h_v - \sum_i (m_{C,i} Q_i) \tag{6-52}$$

传热系数为：

$$N_u = \frac{hd_p}{k} = 2 + 0.6Re^{1/2}Pr^{1/3} \tag{6-53}$$

$$\theta_R = \left(\frac{I}{4\sigma}\right)^{1/4} \tag{6-54}$$

式中：m_p 为每个粒子的质量；C_p 为粒子的比热；A_p 为粒子的表面积；T、T_p、θ_R 分别为气相温度、金属硫化矿尘颗粒温度、辐射温度；ε_p 为金属硫化矿尘颗粒的辐射系数；σ 为斯蒂芬-波尔兹曼（Stephen-Boltzmann）常数；h_W 为对流换热系数；h_v 为蒸发潜热；Re 和 Pr 分别为雷诺数和普朗特数；Q_i 为颗粒不均匀反应的反应热；I 为辐射强度。

气相与金属硫化矿尘颗粒之间的传热和能量交换，可以用模型中各单一颗粒通过各控制体时的热变化和均相反应之和来描述，即

$$\dot{Q} = \left[\frac{m_p}{m_{p,0}}c_p\Delta T_p + \frac{\Delta m_p}{m_{p,0}}\left(h_{pyrol} - h_{fg} + \int_{T_{ref}}^{T_p} c_{p,i} dT - h_{reac}\right)\right]m_{p,0} \tag{6-55}$$

式中：$m_{p,0}$ 为粒子的初始质量；T_p 为粒子温度；ΔT_p 为粒子在控制体内的温度变化；h_{fg}、h_{pyrol}、h_{reac} 分别是潜热、粒子裂解热和粒子表面反应热。

气体与粒子之间的耦合作用可以用下述关系式计算[181]：

$$\vec{k} = \dot{m}_p \vec{u} \cdot \dot{F}_D \vec{u} \tag{6-56}$$

$$\dot{e} = Q' + \frac{1}{2}\vec{mu}^2 - \dot{F}_D \vec{u} \tag{6-57}$$

式中：$\cdot$ 为参数随时间的变化率；$\vec{k}$ 为气相与粒子之间的动量通量；$\dot{e}$ 为气相和粒子之间的能量通量；Q' 为气相和粒子之间的能量交换量。

6.4.2.4 燃烧模型

当前，分析粉尘爆炸机理主要从颗粒着火角度出发，包含气相着火机理、表面非均相着火机理及连锁反应机理，未见统一标准[210]。这主要是因为粉尘爆炸与气体爆炸不同，随机性较大，如每次最大爆炸压力、爆炸压力上升速率的实验结果都不一致；研究人员认

为最大爆炸压力误差在 10% 以内、爆炸压力上升速率误差在 30% 以内，其实验结果是可以接受的[221]。有相关报道：大颗粒粉尘加热速率慢以气相反应为主，小颗粒加热速率快以表面非均相反应为主，以加热速率 100 ℃/s、颗粒直径 100 μm 为分界线[37]。基于上述定义，会存在气相反应与表面非均相反应并存的情况。

如图 5-8 所示，对比金属硫化矿尘云爆炸前后的物相，可以发现，反应前后都存在 SiO_2、FeS_2，目前已证实 SiO_2 是惰性物质[148]，不参与反应；而 FeS_2 经过上述热重分析结果验证，为主要反应物，爆炸后产物中还存在一定量 FeS_2，表明一部分 FeS_2 没有参加反应；爆炸产物中只存在 Fe_3O_4。综上分析可知金属硫化矿尘云爆炸为气相反应与表面非均相反应相结合的热化学反应，反应物反应程度受成分影响较大。因为金属硫化矿尘表面结构以无孔结构为主[135]，所含矿物成分反应过程与煤尘等含挥发分的粉尘相似。所以可以利用缩核模型（shrinking core model）与含挥发分的颗粒燃烧模型（diffusion limited volatiles combustion model）建立金属硫化矿尘爆炸反应过程模型，命名为 SC-DLVC 模型，如图 6-6 所示。

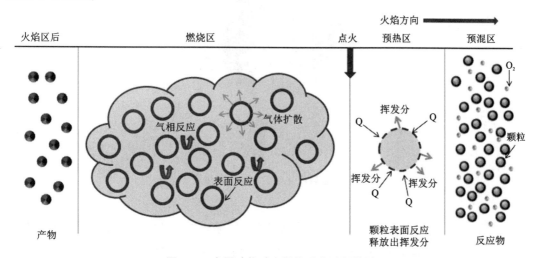

图 6-6　金属硫化矿尘爆炸反应过程模型

依据该模型理论，金属硫化矿尘爆炸过程应包括 4 个阶段、5 个过程，具体各阶段反应过程分析如下。

（1）反应物预混阶段。

在反应物预混阶段，矿尘颗粒通过粉尘扩散器吹入反应室，与空气充分混合。爆炸室①中主要受重力和黏性阻力作用。由于两相热传递产生的热泳力，其余附加力在此阶段可以不用考虑。因此，此阶段粉尘颗粒附加力方程表达式可将式（6-45）改写为：

$$F = F_v + F_f + F_M + F_s \tag{6-58}$$

$$F = C_v \frac{\rho}{\rho_p} \left[u_p \nabla u - \frac{du_p}{dt} \right] + \frac{\rho}{\rho_p} u_p \nabla u + \pi d_p^3 \rho \omega \frac{(u - u_p)}{2} + \frac{2kv^{1/2} \rho d_{ij}}{\rho_p d_p (d_{lk} d_{kl})^{1/4}} (u - u_p) \tag{6-59}$$

---

① 爆炸室：指粉尘爆炸所在的空间区域，包含 20 L 爆炸球腔室及相对封闭的楔形巷道铲运区等。

在此阶段，矿尘颗粒不断运动。因此应该重点监测矿尘颗粒在爆炸室内的运动轨迹，为解算最佳的点火延迟时间做准备。通常计算矿尘颗粒在 0~200 ms 的运动状态[52]。

（2）反应物预热阶段。

反应物预热阶段定义为矿尘颗粒在预混后、点火前所在的阶段。此阶段，矿尘颗粒已经达到了最佳的分散状态。即一旦达到最低着火能的要求，矿尘就会发生爆炸燃烧的状态。在反应物预热阶段，热以高温环境和表面非均相反应形式传递到颗粒表面。颗粒升温，表面发生破裂，挥发分析出，在颗粒表面形成一团气体云。O_2 与挥发分气团混合，并经气团流扩散到颗粒表面，如图 6-7 所示。热传递包括对流和辐射。

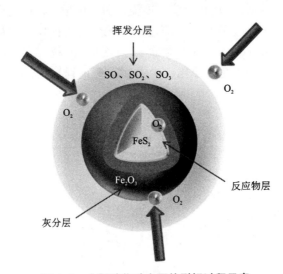

图 6-7　金属硫化矿尘预热裂解过程示意

磁黄铁矿容易被氧化，致使矿尘颗粒表面形成一层保护层（氧化层）[198]。氧化层的存在会像铝尘一样影响矿尘爆炸的难易程度[222]。因此，在分析矿尘爆炸燃烧机理时，应该考虑氧化层外壳的厚度。假设氧化层外壳均匀地覆盖在矿尘颗粒表面，颗粒的直径计算公式如下：

$$d_\mathrm{p} = \left(\frac{6}{\pi}\frac{m_{\mathrm{Fe_2O_3}}}{\rho_{\mathrm{Fe_2O_3}}} + d_\mathrm{OD}^3\right)^{1/3} \qquad (6\text{-}60)$$

式中：$m_{\mathrm{Fe_2O_3}}$ 和 $\rho_{\mathrm{Fe_2O_3}}$ 分别为氧化层的质量和密度；d_OD 为矿尘颗粒内芯（反应物层）的直径。OD 角标为 ores dust，将其应用于计算燃烧阶段的反应速率，可以简单地计算为：

$$d_\mathrm{OD} = \left(\frac{6}{\pi}\frac{m_\mathrm{OD}}{\rho_\mathrm{OD}}\right)^{1/3} \qquad (6\text{-}61)$$

式中：m_OD 和 ρ_OD 分别为矿尘的质量和密度。

（3）反应物燃烧阶段。

①表面非均相燃烧。经过了反应物预热阶段，矿尘颗粒会在某一点被点燃并燃烧。由于假设单个粒子是离散燃烧的，所以采用单个粒子的点火温度[221]。点火温度是颗粒直径的函数，如式（6-62）所示。当温度超过点火温度时，颗粒进入燃烧阶段。

$$T_{\text{ign}} = \exp\left[0.087 \times \ln(d_{\text{p}} \cdot 10^6)\right] + 7.28 \tag{6-62}$$

矿尘颗粒在表面非均相燃烧阶段的热量和质量转换，如图 6-8 所示。热传递包括热对流($\dot{q}_{\text{c}}$)和热辐射($\dot{q}_{\text{r}}$)燃烧产生的热量。热分布比(η_{d})将释放的热量值分配到颗粒和气体环境中。流入矿尘颗粒的内部热量使颗粒产生挥发分($\dot{m}_{\text{v}}$)。在反应燃烧阶段，此处释放的挥发分和扩散的 O_2 反应，生成气体产物，具体过程在下一步气相反应中讨论。总反应速率($\dot{m}_{\text{c}}$)和燃烧能量($\dot{q}_{\text{c}}$)用与时间相关联的颗粒燃烧系数(τ_{b})表示[223]，具体如下：

$$\dot{m}_{\text{c}} = m_{\text{OD}} / \tau_{\text{b}} \tag{6-63}$$

$$\dot{q}_{\text{c}} = h_{\text{c}} \dot{m}_{\text{c}} \tag{6-64}$$

$$\tau_{\text{b}} = d_{\text{p}}^{0.3} / \left(C_{\text{e}}^{(-E_{\text{a}}/RT)} \cdot X_{O_2}\right) \tag{6-65}$$

式中：E_{a} 是表观活化能，本书第 4 章已经计算了不同类型矿尘的表观活化能；C 是常数；h_{c} 为气态铁与 O_2 反应生成 Fe_2O_3 的燃烧焓，取 -824.2 kJ/mol；该方程考虑了颗粒的直径、周围氧化剂含量和气体温度的影响。

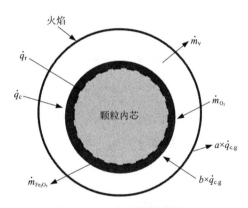

图 6-8　矿尘颗粒燃烧原理

此处提出的气态铁概念，是基于矿尘颗粒在燃烧时能够产生铁单质的假设。Tang 等[224-225]指出，铁是一种特别的燃料，因为它在空气中的绝热火焰温度（1977 ℃）远低于其沸点温度（2857 ℃）及其产物的沸点温度。而且反应过程中，它不会产生气体亚氧化物中间产物。这些特征导致铁的燃烧是不完全均匀的，所有反应都发生在固体颗粒燃料的表面。这与其他金属燃料不同，如铝和镁的火焰温度超过了它们的沸点，它们燃烧时会产生金属蒸汽——空气火焰。另外一种说法是，金属在氧中的燃烧通常按金属氧化成最小的一氧化物的方式分类。这个过程既可以发生在金属和氧化剂在气相（气相反应）中，也可以发生在金属凝聚态反应（非均相反应）中[226-227]。对此，文献[226]论证了金属在气相燃烧时，氧化物挥发温度必须大于金属的沸点温度。如果氧化物的挥发温度低于燃料的沸点，燃烧必须在颗粒表面均匀地进行。这个概念被称为金属气相燃烧的"格拉斯曼标准"（Glassman's criterion）[227]。因此，他们表示，铁（Fe）、铪（Hf）、铬（Cr）和钛（Ti）等金属在 1 标准大气压下的纯 O_2 中，有能力作为气相扩散火焰燃烧。由于金属沸点温度在金属氧化物挥发温度 127 ℃ 以下，反应区的任何热量损失都能改变燃烧方式。铁在常压下的沸点温度为 2860 ℃，FeO 挥发温度为 3127 ℃，燃烧模式具有从气相转变为非均相反应的能力[226-227]。综上，铁在燃烧时应该是以表面非均相反应为主，气相扩散反应为辅，且大部分集中在表面非均相反应过程中，所以此处考虑了气相铁燃烧的过程。

矿尘颗粒的燃烧过程可分为三个阶段。由第 3 章可知，在第一阶段，混合矿矿尘颗粒表面温度为 470~610 ℃，黄铁矿表面脱硫分解成磁黄铁矿，有多余的氧。这一阶段点火能量通过热辐射及对流的形式到达矿尘颗粒表面，靠近矿尘颗粒表面的强烈火焰消耗了燃烧热。所需的热量为 $\dot{q}_c + \dot{q}_r$，产生的挥发分质量 $\dot{m}_v = (1 - \eta_d) h_c \dot{m}_c / h_v$。当温度接近铁的沸点时，矿尘颗粒燃烧进入第二阶段。与铝尘燃烧类似[228]，为了保持强烈的燃烧，耗氧量 X_{O_2} 应大于 $X_{min} = 0.05$。在这种情况下，矿尘颗粒燃烧不需要过多的能量。这主要是由于火焰环和颗粒之间的温度梯度减小，更多的燃烧能量被应用于气相，产生的气体增多。矿尘颗粒的气相转化率与第一阶段相同，会有一小部分气相铁产生，并参与反应[其源相 $\dot{S}_{Fe}$ 及颗粒的质量变化率，如式(6-66)、式(6-67)所示，式中 $h_{e.Fe}$ 为气相铁的蒸发焓]，但是矿尘颗粒的温度不发生变化。随着矿尘颗粒耗氧量趋于稳定，$X_{O_2} < X_{min}$，矿尘颗粒燃烧进入第三阶段。在这一阶段，颗粒周围的火焰有所减弱或不存在火焰，允许热量和矿尘颗粒向周围环境传递，最终爆炸燃烧结束。

$$\dot{S}_{Fe} = (\dot{q}_c + \dot{q}_r) / h_{e.Fe} \qquad (6-66)$$

$$\frac{dm_{Fe}}{dt} = -\dot{m}_c - \dot{S}_{Fe} \qquad (6-67)$$

②气相燃烧反应。在 6.3 节反应动力学的求解过程中，模拟了气相铁的生成以及与氧的气相反应过程。根据爆炸燃烧产物的成分分析，不存在未反应的单质铁，故假设气相铁的生成及反应只是整个矿尘颗粒燃烧微弱的一部分。为了简化这一反应过程，忽略了中间反应步骤。反应方程式为：

$$3Fe + 2O_2 \longrightarrow Fe_3O_4 \qquad (6-68)$$

另外，挥发分的燃烧满足气相守恒。气相燃烧反应速率 k 为：

$$k = A \times \exp(-E_a / RT) \qquad (6-69)$$

式中：A 为指前因子；E_a 为气体的表观活化能；R 为气体常数。

(4)反应物燃烧后阶段。

反应物燃烧后阶段，矿尘颗粒完成燃烧，产生的能量与周围环境完成了热交换，生成反应产物。根据动力学机理分析及生成物的表征，矿尘颗粒燃烧后的产物只有磁铁矿 (Fe_3O_4)。另外，还有部分未参与燃烧反应的矿尘颗粒成分 (FeS_2)，可以充分验证矿尘爆炸是不均匀的燃烧反应过程。

6.4.2.5 湍流模型

当高压空气吹入腔室时，腔室内的气流瞬间达到紊流状态，并在短时间内保持这种状态。采用 Launder 和 Spalding 提出的标准 $k-\varepsilon$ 模型来描述气相流场[229]。利用半经验模型的双方程公式计算湍流动能 k 和湍流耗散率常数，公式如下：

$$\rho \frac{dk}{dt} = \frac{\partial}{\partial x_i} \left[\left(\mu + \frac{\mu_t}{\sigma_k} \right) \frac{\partial k}{\partial x_i} \right] + G_k + G_b - \rho\varepsilon - Y_M + S_k \qquad (6-70)$$

$$\rho \frac{\mathrm{d}\varepsilon}{\mathrm{d}t} = \frac{\partial}{\partial x_i}\left[\left(\mu + \frac{\mu_t}{\sigma_\varepsilon}\right)\frac{\partial \varepsilon}{\partial x_i}\right] + C_{1\varepsilon}(G_k + C_{3\varepsilon}G_b)\frac{\varepsilon}{k} - C_{2\varepsilon}\rho\frac{\varepsilon^2}{k} + S_\varepsilon \tag{6-71}$$

式中：k 为湍流动能；ε 为动能耗散率；G_k 为平均速度梯度引起的动能；G_b 为浮力引起的动能；Y_M 为可压缩气流脉动膨胀对所有耗散率的影响；$C_{1\varepsilon}$、$C_{2\varepsilon}$、$C_{3\varepsilon}$ 为默认常数值，分别为 1.44、1.92、−0.373；σ 为普朗特数；σ_ε、σ_k 分别为湍流 ε、k 的普朗特常数，其值分别为 1.3、1.0；μ_t 为湍流黏度系数；S_k 和 S_ε 代表用户定义的源项。

6.4.2.6　辐射模型

采用基于辐射热转换为正交球面谐波的 P-1 模型来描述矿尘颗粒间的热辐射[230-231]。在该模型中，描述入射辐射的传输公式可表示为：

$$\nabla\left[\frac{\nabla G}{3(a+\sigma_s)}\right] - aG + 4a\sigma T^4 = 0 \tag{6-72}$$

式中：a 为吸收系数；σ_s 为散射系数；σ 为 Stefan-Boltamann 常数；T 为局部温度；G 为偶然辐射角。

对于包含吸收、发射和散射粒子的项，描述入射辐射的传输公式如下：

$$\nabla\left[\frac{\nabla G}{3(a+\sigma_s)}\right] + 4\pi\left(\frac{a\sigma T^4}{\pi} + E_p\right) - (a+a_p)G = 0 \tag{6-73}$$

式中：E_p 为矿尘颗粒的等效发射；a_p 为等效吸收系数。

变量 σ_s、a_p、E_p、A_{pn} 可以使用以下公式计算：

$$\sigma_s = \lim_{V \to 0}\sum_{n=1}^{N}(1-f_{pn})(1-\delta_{pn})\frac{A_{pn}}{V} \tag{6-74}$$

$$a_p = \lim_{V \to 0}\sum_{n=1}^{N}\left(\delta_{pn}A_{pn}\frac{1}{V}\right) \tag{6-75}$$

$$E_p = \lim_{V \to 0}\sum_{n=1}^{N}\left(\delta_{pn}A_{pn}\frac{\sigma T_{pn}^4}{\pi V}\right) \tag{6-76}$$

$$A_{pn} = \frac{\pi d_{pn}^2}{4} \tag{6-77}$$

式中：A_{pn} 表示矿尘颗粒的投影面积；T_{pn} 表示粒子的温度；f_{pn} 和 δ_{pn} 都是指矿尘颗粒的散射系数；$n\delta_{pn}$ 和 d_{pn} 定义为第 n 个粒子的直径。

6.5　本章小结

本章结合前三章实验结果，通过热动力学分析，对含磁黄铁矿的金属硫化矿尘爆炸过程中的热分解、氧化燃烧过程的动力学机理及模型进行了研究；结合已有文献报道的煤尘、铝尘等数值模型与前三章实验结果，分析了磁黄铁矿促发金属硫化矿尘云爆炸动力学机理，建立了磁黄铁矿促发金属硫化矿尘云爆炸数值模型，主要结论如下。

(1)黄铁矿、混合矿及磁黄铁矿热分解反应最激烈的第二阶段表观活化能 E_a 值分别为 141.238 kJ/mol、52.685 kJ/mol、21.330 kJ/mol，磁黄铁矿<混合矿(1:1)<黄铁矿；磁黄铁矿反应活性更强，在黄铁矿热解过程中可能充当催化剂角色。磁黄铁矿促发金属硫化矿尘热分解具体动力学机理为：①热分解过程中磁黄铁矿细小颗粒吸附在黄铁矿颗粒表面，增加了比表面积，增大了反应概率；②磁黄铁矿中铁(Fe)元素自身的正向磁力，加速了黄铁矿中负电荷 S^{-1} 的析出；③吸附在黄铁矿大颗粒表面的磁黄铁矿细小颗粒，反应温度更低，产生的气体产物 S_2 更早挥发，增加了黄铁矿大颗粒表面张力，加速了大颗粒表面劈裂，降低了黄铁矿热分解反应温度。

(2)黄铁矿可以利用缩核模型(shrinking core model)与含挥发分的颗粒燃烧模型(diffusion limited volatiles combustion model)表述 N_2 环境中热分解反应过程模型；磁黄铁矿可以用三维扩散、球形对称的含挥发分颗粒燃烧模型表述；混合矿则同时兼顾了黄铁矿、磁黄铁矿两种矿物反应模型的特性。

(3)三种矿物氧化燃烧反应均为气-固两相表面非均相化学反应，反应受动力学控制。在主要氧化燃烧反应阶段，黄铁矿动力学反应机理为随机成核，可以利用缩核模型与含挥发分的颗粒燃烧模型表述；磁黄铁矿氧化燃烧产物 SEM 表征结果显示，随着温度升高磁黄铁矿熔融体在空间内各个方向上生长，动力学反应机理符合三维扩散—3D 模型；混合矿动力学过程受黄铁矿成分影响较大，反应主要阶段与黄铁矿相同，为随机成核机理，同时磁黄铁矿同样表现出三维扩散趋势。

(4)金属硫化矿尘爆炸动力学机理符合矿尘颗粒随机成核的缩核反应模型及气体挥发反应模型；反应过程中矿尘颗粒烧结成核，表面受热形成多孔磁黄铁矿；多孔磁黄铁矿氧化成赤铁矿氧化膜阻碍反应进一步进行。受高温高压影响，矿尘颗粒表面开裂，下部磁黄铁矿继续反应生成赤铁矿(Fe_2O_3)，赤铁矿(Fe_2O_3)进一步反应会形成最终爆炸产物磁铁矿(Fe_3O_4)；反应受温度及气体总量控制。

(5)金属硫化矿尘云在 20 L 爆炸球中爆炸视为不均匀燃烧。颗粒在爆炸过程中受虚拟质量力、压力梯度力、Magnus 力、Saffman 力、热泳力等影响，遵循质量守恒与能量守恒定律。

(6)结合 C-J 反应面理论与实验数据，认为含磁黄铁矿的金属硫化矿尘云爆炸燃烧过程包括反应物预混、反应物预热、反应物燃烧、反应物燃烧后等四个阶段，并包含一个点火过程。

第7章

含磁黄铁矿的金属硫化矿尘爆炸热力学分析

7.1 引言

含磁黄铁矿的金属硫化矿尘爆炸的源能量是爆炸破坏的根源,同样是计算爆炸特性参数重要的依据。爆炸事故的强度、威力、破坏性及危险性的评估,都要分析最基本的爆炸源特性,并进行热化学及反应动力学的计算。计算的目的在于提供燃烧、爆炸产物组分和温度及释放的能量,可利用这些源参数进一步估算矿尘爆炸的特性参数,如最大爆炸压力、最大爆炸压力上升速率、燃烧速率、火焰传播速度等。本章将重点讨论含磁黄铁矿的金属硫化矿尘爆炸的热力学问题。

7.1.1 热力学及其发展概况

人类很早就认识到了热这一自然现象,并学会了用火或取火。但是,注意到热、冷现象本质的时间并不早。17世纪末,错误的"热质说"还流行。"热质说"认为:热是一种"热质",是无质量的流体,可以进入一切物体之中,而且不生不灭;物体热或冷,取决于物体中所含有"热质"的多少。1709—1714年和1742—1745年,分别建立了华氏温标和摄氏温标,使得测温具备了公认的标准。

1798年,冯·伦福德的一篇论文,最先用实验事实批判了"热质说"。他指出钻头钻炮筒时所切下的铁屑温度很高,而且随着切削,高温铁屑源源不断地产生。既然可以不断产生热,热必然是一种运动,消耗机械功的结果是钻头和筒身都升温。1799年,英国人H.戴维用两块冰互相摩擦使表面融化,来支持热的运动说。但是,他们的研究工作并没有引起物理学界的重视,主要是因为还没有找到功热转换关系的数量。1842年,迈耶提出了能量守恒定律,认定热是能量的一种形式,可与机械能互相转化,并且利用空气的定压比热容与定容比热容之差计算出了热功当量。同一时期,英国物理学家J.焦耳建立电热当量的概念,后用不同的方式实测了热功当量。焦耳的实验结果让人们彻底抛弃了"热质说",

至此，能量守恒定律得到科学界的认可。可以和热互相转换的热力学第一定律诞生，能量单位焦耳(J)就是以他的名字命名的。

1848 年，英国工程师开尔文根据卡诺定理制定了热力学温标。1850 年和 1851 年，德国的 R. 克劳修斯和开尔文先后提出了热力学第二定律，并基于此重新证明了卡诺定理。热力学第一定律和第二定律的出现，对两类"永动机"不可能实现的事实，作出了最后科学的结论，正式形成了热现象的宏观理论——热力学。同一时期，学者采用应用热力学理论研究物质性质时，发展了热力学的数学理论，获得了相应反映物质各种性质的热力学函数，确定了物质在相变、化学反应和溶液特性方面所遵循的各种规律。1906 年，德国的 W. 能斯特在观察低温下化学反应的许多实验事实发现了热定理。1912 年，该定理被修定为热力学第三定律的表述形式，确认了绝对零度不能达到。热力学第三定律的建立使热力学理论更加完善。

7.1.2 热力学基本概念

如上所述，热力学是基于热力学第一定律和热力学第二定律建立起来的，它是研究流体力学、粉尘的燃烧或爆炸对介质作用的基础。热力学第一定律描述了热力学过程中的能量与热量转换关系。它代表在任何过程中，某一系统的内能变化量 ΔU 等于系统所获得的热量 Q 与系统对外界所做的功 W 之和，表达为：

$$\delta Q = dU + \delta W \tag{7-1}$$

式(7-1)是对一个微小单元变化过程而言的。其中，dU 为内能的全微分，因为内能是一种状态参量，其变化量只取决于系统的初态和终态；Q 和 W 是非状态参量，其变化量与变化的路径相关，因此不能写成全微分的形式。

7.1.2.1 内能

内能 U 为系统储存的总能量，包括系统内分子热运动的动能、分子间相互作用的势能、原子内各层电子的旋转能和位能等。目前还不能测量系统内能的绝对值，但可测量系统内能的变化量。从热力学意义的角度分析，内能是一种状态参变量。在粉尘爆炸中，系统内分子中的电子能和位能通常不易被激发，所以系统内能主要由分子热运动的动能和相互作用的势能组成。其中分子热运动的动能主要与温度有关，同时受密度影响；分子相互作用的势能则表现为压力的高低，它与比容(密度)有关。因此内能为 V 和 T 的函数为：

$$U = U(V, T) \tag{7-2}$$

取微分后得：

$$dU = \left(\frac{\partial U}{\partial V}\right)_T dV + \left(\frac{\partial U}{\partial T}\right)_V dT \tag{7-3}$$

式中：$\left(\frac{\partial U}{\partial T}\right)_T$ 为等容过程中内能随温度的变化率，即为定容热容(比热容)；$\left(\frac{\partial U}{\partial V}\right)_V$ 为等温过程中内能随比容的变化率。

因

$$\left(\frac{\partial U}{\partial T}\right)_V dT = C_V \tag{7-4}$$

实验证明，对于理想气体，$\left(\frac{\partial U}{\partial V}\right)_T = 0$，因而，式(7-3)可写为：

$$dU = C_V dT \tag{7-5}$$

在定压过程中：

$$C_P = \left(\frac{\partial Q}{\partial T}\right)_P \tag{7-6}$$

$$dQ = dU + PdV = C_V dT + d(PV) - VdP \tag{7-7}$$

$$\left(\frac{\partial Q}{\partial T}\right)_P = C_V + \frac{d(PV)}{dT} = C_P \tag{7-8}$$

对于理想气体：

$$PV = RT \tag{7-9}$$

$$C_V = R + C_P \tag{7-10}$$

理想气体的比热用 k 表示：

$$k = \frac{C_P}{C_V} \tag{7-11}$$

$$C_V = \frac{R}{k-1} \text{ 或 } R = C_V(k-1) \tag{7-12}$$

$$C_P = \frac{k}{k-1}R \tag{7-13}$$

在空气中，$k = 1.4$，$R = 8.314 \text{ J/(mol · K)}$，$C_V = 20.786 \text{ J/(mol · K)}$，$C_P = 29.1004 \text{ J/(mol · K)}$。

7.1.2.2　焓

物质的焓 H 定义为物质具有的内能 U 加上势能(或功)PV，即

$$H = U + PV \tag{7-14}$$

在温度 T 时，单位质量物质的焓 h 可表示为：

$$h = \int_0^T C_P dT \tag{7-15}$$

式中：C_P 为定压热容。

在定压过程对系统中加入的热量，全部转化为系统的焓，即

$$(dh)_P = (dQ)_P = C_P dT \tag{7-16}$$

对式(7-16)进行积分得：

$$h - h_0 = C_P(T - T_0) \tag{7-17}$$

标准化学元素在化学反应中生成 1 mol 化合物时，释放或吸收的热量称为物质的生成焓 h_f。在热力学相应的计算中常采用标准生成焓，它的定义是在标准条件下(1 个大气压下 0.1013 MPa 和 298.16 K)由标准元素生成 1 mol 物质时释放或吸收的热量。其值与物质的标

准生成热数值相等,符号相反,即放热为负($-h_\mathrm{f}$),吸热为正($+h_\mathrm{f}$)。定义中提到的标准元素是指在自然界处于稳定的和最常见状态下的单质,如:N_2、H_2、O_2、固态 C、金属 Al 等。

7.1.2.3 熵

熵的定义是在研究理想热机的循环过程中总结出来的。它已成为判定一个过程能否自动进行以及得出进行的方向和限度的一种依据。

由热力学第一定律知:

$$dQ = dU + PdV \tag{7-18}$$

又有

$$dH = dU + PdV + VdP = C_P dT \tag{7-19}$$

所以可以得到:

$$dQ = C_P dT - VdP \tag{7-20}$$

式(7-20)不是全微分方程式。将式子左右两边同时除以 T,可得:

$$\frac{dQ}{T} = C_P \frac{dT}{T} - \frac{V}{T}dP \tag{7-21}$$

若介质为理想气体,则有:

$$\frac{dQ}{T} = C_P \frac{dT}{T} - R \frac{dP}{P} \tag{7-22}$$

式中:dQ/T 为某一量的全微分,这个量是状态参数 T 和 P 的函数,其变化只取决于初态和终态,与中间过程无关。

热力学上把这个量称为熵,以 S 表示,即

$$dS = \frac{dQ}{T} \tag{7-23}$$

式(7-23)为 S 的全微分。因此积分可得:

$$S - S_0 = C_P \ln T - R \ln P \tag{7-24}$$

对理想气体有:

$$R = \frac{k-1}{k} C_P$$

所以

$$S = C_P \ln \frac{T}{P^{\frac{k-1}{k}}} + S_0 \tag{7-25}$$

对于等熵过程 $S - S_0 = 0$,则式(7-25)转化为:

$$T(P^{\frac{k-1}{k}}) = 常数$$

又有

$$T = \frac{PV}{R} = \frac{P}{\rho^k}$$

所以

$$P\rho^{-k} = 常数 \quad 或 \quad PV^k = 常数 \tag{7-26}$$

7.1.2.4　吉布斯自由能

由热力学第二定律可知：在任何与外界无能量交换的隔绝系统中所发生的过程，若是可逆过程，则熵始终保持不变；若一旦发生了不可逆过程，系统的熵就要增大。其变化值为：

$$dS \geqslant \frac{dQ}{T} \tag{7-27}$$

由热力学第一定律有：

$$TdS \geqslant dU + PdV \quad 或 \quad dU + PdV - TdS \leqslant 0 \tag{7-28}$$

对于等温等压过程，式(7-28)可写成：

$$d(E + PV - TS)_{T,P} \leqslant 0 \quad 或 \quad d(H - TS)_{T,P} \leqslant 0 \tag{7-29}$$

其中，$G = H - TS$ 为吉布斯自由能，因此式(7-29)可写为：

$$d(G)_{T,P} \leqslant 0 \tag{7-30}$$

这说明，在等温等压过程中，吉布斯自由能 G 总是向减小的方向自发地进行。当过程达到平衡状态时，自由能最小，即 $G = G_{\min}$。因而等温等压下的热力学平衡条件可以写成 $dG = 0$。

判别式(7-30)可以推广到化学平衡系统。对存在有化学反应的多组分系统，G 是 T、P 各组分物质的量的函数，即

$$G = G(T, P, n_1, n_2, \cdots, n_n) \tag{7-31}$$

$$dG = \left(\frac{\partial G}{\partial T}\right)_{P, n_1, n_2, \cdots, n_k} dT + \left(\frac{\partial G}{\partial P}\right)_{T, n_1, n_2, \cdots, n_k} dP + \sum_{i=1}^{k} \left(\frac{\partial G}{\partial n_i}\right)_{T, P, n_1, \cdots, n_{i-1}, n_{i+1}, \cdots, n_k} dn_i \tag{7-32}$$

由 $G = H - TS$，$H = U - PV$，$\left(\frac{\partial G}{\partial T}\right)_{P, n_1, n_2, \cdots, n_k} = -S$，$\left(\frac{\partial G}{\partial P}\right)_{T, n_1, n_2, \cdots, n_k} = V$，则式(7-32)可写成：

$$dG = -SdT + VdP + \sum_{i=1}^{k} \left(\frac{\partial G}{\partial n_i}\right)_{T, P, n_1, \cdots, n_{i-1}, n_{i+1}, \cdots, n_k} dn_i \tag{7-33}$$

或

$$dG = -SdT + VdP + \sum_{i=1}^{k} \mu_i dn_i \tag{7-34}$$

其中

$$\mu_i = \left(\frac{\partial G}{\partial n_i}\right)_{T, P, n_1, \cdots, n_{i-1}, n_{i+1}, \cdots, n_k} \tag{7-35}$$

μ_i 称为第 i 组分的化学势(化学位)，其物理意义是在温度、压力和其他组分物质的量不变时，组分 i 增加 1 mol，系统内自由能 G 的增量。

系统在等温等压条件下，处于化学平衡的条件为：

$$dG = 0 \tag{7-36}$$

则有

$$\sum_{i=1}^{k} \mu_i dn_i = 0 \tag{7-37}$$

由于在这种条件下，1 mol i 组分的自由能 G_i 在数值上等于该组分的化学势 μ_i，则：

$$G_i = \mu_i \tag{7-38}$$

又有 $G = H - TS$，故在一定温度下，$dG = VdP$。对于理想气体 $V = nRT/P$，因此：

$$dG = VdP = nRTd\ln P \tag{7-39}$$

$$G = G^0 + nRT\ln P \tag{7-40}$$

$$\mu_i = \mu_i^0 + RT\ln P_i \tag{7-41}$$

式中：G^0 为标准大气压下的吉布斯自由能，是温度的函数；μ_i^0 为标准大气压下 1 mol 第 i 组分的标准化学势；P_i 为 i 组分的分压；R 取 8.314 J/(mol·K)。

7.1.3　爆炸产物平衡组分的计算

爆炸产物平衡组分的计算是确定爆炸特性参数的基础。确定了爆炸产物的确切组分后，才可以计算粉尘爆炸时所释放的能量和所达到的温度，继而计算各种爆炸特性参数。

爆炸产物平衡组分的精确计算是相当复杂的，计算方法大致分为两类：一类是化学平衡常数法，是以质量守恒定律为基础的；另一类是最小自由能法，是以最小自由能原理为基础的[234]。本书主要介绍化学平衡常数法。

7.1.3.1　化学平衡常数法

(1) 确定爆炸产物中所含组分的种类。

对于一般碳氢化合物燃料和空气的混合物，其元素组分通常是 C、H、O、N、S。然而，金属粉尘还包含金属元素。因此，爆炸产物中包含 CO_2、CO、H_2O、H_2、H、OH、NO、N_2、N、O_2、O、SO_2 及金属氧化物等。若不考虑微量的 S 和金属粉尘，则化学反应方程式可写为：

$$C_aH_bO_cN_d \longrightarrow n_1O_2 + n_2O + n_3CO + n_4CO_2 + n_5H + n_6OH + n_7H_2 + n_8H_2O + n_9NO + n_{10}N_2 + n_{11}N \tag{7-42}$$

(2) 质量守恒方程。

由燃烧产物的组分可以建立四种元素的质量守恒方程：

C：

$$n_3 + n_4 = a \tag{7-43}$$

H：

$$n_5 + n_6 + 2n_7 + n_8 = b \tag{7-44}$$

O：

$$2n_1 + n_2 + n_3 + n_4 + n_6 + n_8 + n_9 = c \tag{7-45}$$

N：

$$n_9 + 2n_{10} + n_{11} = d \tag{7-46}$$

(3) 产物组分之间的二次反应化学平衡方程。

$$CO_2 + H_2 \rightleftharpoons CO + H_2O$$

$$\frac{n_{CO}n_{H_2O}}{n_{CO_2}n_{H_2}}=K_P \tag{7-47}$$

$$CO_2 \rightleftharpoons CO+\frac{1}{2}O_2$$

$$\frac{n_{CO}n_{O_2}^{1/2}\left(\dfrac{P}{N}\right)^{1/2}}{n_{CO_2}}=K_{P,\,CO_2} \tag{7-48}$$

$$O_2 \rightleftharpoons 2O$$

$$\frac{n_O^2\left(\dfrac{P}{N}\right)}{n_{O_2}}=K_{P,\,O_2} \tag{7-49}$$

$$H_2 \rightleftharpoons 2H$$

$$\frac{n_H^2\left(\dfrac{P}{N}\right)}{n_{H_2}}=K_{P,\,H_2} \tag{7-50}$$

$$H_2O \rightleftharpoons OH+\frac{1}{2}H_2$$

$$\frac{n_{OH}n_{H_2}^{1/2}\left(\dfrac{P}{N}\right)^{1/2}}{n_{H_2O}}=K_{P,\,H_2O} \tag{7-51}$$

$$N_2 \rightleftharpoons 2N$$

$$\frac{n_N^2\left(\dfrac{P}{N}\right)}{n_{N_2}}=K_{P,\,N_2} \tag{7-52}$$

$$N_2+O_2 \rightleftharpoons 2NO$$

$$\frac{n_{NO}^2}{n_{N_2}\cdot n_{O_2}}=K_{P,\,NO} \tag{7-53}$$

式中：N 为气相产物的总物质的量。

$$N=\sum_{i=1}^{m}n_i \tag{7-54}$$

(4)求解多元方程组。

由上述 4 个质量守恒方程式[式(7-43)~式(7-46)]和 7 个化学平衡方程式[式(7-47)~式(7-53)]，可以求解这 11 个产物的组分物质的量。因为化学平衡方程是非线性代数方程，一般需要采用迭代求解。在第一次迭代计算时，须令次要产物组分等于零，先求出产物的主要组分的近似值，然后求次要组分的近似值；以求出的次要组分近似值为初值，再求出主要组分的第二次近似值；如此反复迭代，直至达到要求的精度为止[234]。

7.1.3.2　爆炸产物组成的简化计算

用上述方法计算的爆炸产物比较精确，但计算过程相当复杂，需要借用计算机。在一般工程应用中，常常采用粗略估算的方式求爆炸热力学参数。例如，在爆炸事故调查或爆炸危险性评估时，可以不用上述精确的计算，而是采用简化方法来计算爆炸产物组成。同样，工程上往往采用经验法则计算爆炸产物组成。

假设燃料的分子式为 $C_aH_bO_cN_d$，若在纯氧中燃烧时，消耗 e mol 的氧，即

$$C_aH_bO_cN_d+eO_2 = C_aH_bO_{2e+c}N_d \tag{7-55}$$

若 $c+2e>2a+\dfrac{b}{2}$，为"缺油型"燃料-氧混合物，或"缺油型"燃料——正氧平衡混合物；

若 $c+2e=2a+\dfrac{b}{2}$，为"化学计量"燃料-氧混合物，或"化学计量"燃料——零氧平衡混合物；

若 $c+2e<2a+\dfrac{b}{2}$，为"富油型"燃料-氧混合物，或"富油型"燃料——负氧平衡混合物。

上述燃料在空气环境中燃烧时，有：

$$C_aH_bO_cN_d+(eO_2+3.774eN_2) = C_aH_bO_{2e+c}N_{d+7.548e} \tag{7-56}$$

上述三种情况的判据同样与在氧气环境中燃烧时相同，因为 N 在简化法则中作为惰性气体放出，不参与氧化反应。

对于"缺油型"燃料——正氧平衡混合物，其含氧量充足，产物组成按照最大放热原则确定。即产物中的碳全部被氧化成 CO_2，氢全部被氧化成 H_2O，其反应式可表达为：

$$C_aH_bO_cN_d+e(O_2+3.774N_2) \longrightarrow aCO_2+\frac{b}{2}H_2O+\left[\left(\frac{c}{2}+e\right)-\left(a+\frac{b}{4}\right)\right]O_2+\left(\frac{d}{2}+3.774e\right)N_2 \tag{7-57}$$

对于"化学计量"燃料——零氧平衡混合物，其全部氧恰好消耗完即碳完全氧化成 CO_2，氢完全氧化成 H_2O，产物中没有剩余氧。其反应式可写成：

$$C_aH_bO_cN_d+e(O_2+3.774N_2) \longrightarrow aCO_2+\frac{b}{2}H_2O+\left(\frac{d}{2}+3.774e\right)N_2 \tag{7-58}$$

例如，丙烷（C_3H_8）+空气环境化学计量方程为：

$$C_3H_8+5(O_2+3.774N_2) \longrightarrow 3CO_2+4H_2O+18.87N_2 \tag{7-59}$$

丙烷的体积百分数为：

$$C_{St}=\frac{100}{1+5\times(1+3.774)}=4.02\% \tag{7-60}$$

对于"富油型"燃料——负氧平衡混合物，可按"H_2O-CO-CO_2 法则"求解。即空气环境中的氧首先将燃料中的 H 氧化成 H_2O，多余的氧使 C 氧化成 CO；若还有剩余的氧，则继续将 CO 氧化成 CO_2。

一般碳氢气体燃料中各组分的含量均以体积分数表示，因而在反应式中氧含量 e 可由式（7-61）求解：

$$e=\frac{(C^{-1}-1)}{4.774} \tag{7-61}$$

式中：C 为燃料气体的浓度，即混合气中燃料气体的体积分数。

例如，含有 C_3H_8 为 4.97% 的混合气体，空气中氧含量 e 为：

$$e=\frac{(0.0497^{-1}-1)}{4.774}=4(\text{mol})$$

那么，反应方程式可表达为：

$$C_3H_8+4(O_2+3.774N_2)\longrightarrow 4H_2O+2CO+CO_2+15.096N_2 \qquad (7-62)$$

对"缺油型"燃料——正氧平衡空气混合物，氧含量可用同样算法求解。

例如，含有 C_3H_8 为 3.37% 的混合气体，氧含量 e 为：

$$e=\frac{(0.0337^{-1}-1)}{4.774}=6(\text{mol})$$

那么，反应方程式可表达为：

$$C_3H_8+6(O_2+3.774N_2)\longrightarrow 4H_2O+O_2+3CO_2+22.644N_2 \qquad (7-63)$$

在工程应用中，通常需要知道 1 kg 混合气体的爆炸反应式。此时，对燃料-空气混合物 $C_aH_bO_{2e+c}N_{d+7.548e}$，可先计算其摩尔质量：

$$\mu=am_C+bm_H+(c+2e)m_O+(d+7.548e)m_N \qquad (7-64)$$

那么，1 kg 燃料-空气混合物的量为：

$$n=\frac{1000}{\mu} \qquad (7-65)$$

例如，"化学计量"C_3H_8-空气混合物的分子式为 $C_3H_8O_{10}N_{37.74}$，其摩尔质量为：

$$\mu=3\times12+8\times1+10\times16+37.74\times14=732.36(\text{g/mol})$$

那么，1 kg"化学计量"C_3H_8-空气混合物质量为：

$$n=\frac{1000}{\mu}=\frac{1000}{732.36}=1.365(\text{mol})$$

因此，1 kg"化学计量"C_3H_8-空气混合物的反应式为：

$$1.365C_3H_8O_{10}N_{37.74}\longrightarrow 1.365(4H_2O+3CO_2+18.87N_2) \qquad (7-66)$$

或

$$1.365C_3H_8+6.825(O_2+3.774N_2)\longrightarrow 5.46H_2O+4.095CO_2+25.758N_2 \qquad (7-67)$$

粉尘爆炸中，燃料浓度常用每立方米空气中燃料的质量表示，因此需要给出 1 m^3 燃料-空气混合物的反应方程式。

通常认为 1 m^3 的空气中约含有 0.21 m^3 或 9.38 mol O_2 和 0.79 m^3 或 35.27 mol N_2，倘若已知粉尘浓度为 C，则可知 1 m^3 体积中粉尘粒子含量 n 为：

$$n=\frac{C}{m_0} \qquad (7-68)$$

例如，淀粉粉尘云的浓度为 253 g/m^3，淀粉摩尔质量 $m_0=162$ g/mol，则 $n=1.56$ mol/m^3。因此，化学反应方程可表达为：

$$1.56C_6H_{10}O_5+9.38O_2+35.27N_2 =\!\!= C_{9.38}+H_{15.6}O_{26.56}N_{70.54}\longrightarrow 9.38CO_2+7.8H_2O+35.27N_2$$

7.1.4 爆炸热效应计算

爆炸热效应是爆炸破坏作用的能源,是在热化学的盖斯定律基础上建立起的计算。盖斯定律规定:在定容或定压条件下,反应的热效应与反应进行的途径无关,只取决于反应的初态和终态。运用盖斯定律时,反应过程的条件一定是固定的,都是定压过程,或者都是定容过程。

根据盖斯定律,元素→产物过程的热效应与由元素→反应物→产物过程的热效应在数值上是相等的,如图7-1、式(7-69)和式(7-70)所示。

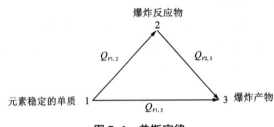

图 7-1 盖斯定律

$$Q_V = Q_{V2,3} = Q_{V1,3} - Q_{V1,2} \tag{7-69}$$

$$Q_V = Q_P + \Delta n R T \tag{7-70}$$

式中:Q_V 为定容爆热,kJ/kg;$Q_{V1,3}$ 为爆炸产物定容生成热之和,kJ/kg;$Q_{V1,2}$ 为反应物各组分的定容生成热之和;$Q_{V2,3}$ 为定容爆热,kJ/kg;Q_P 为爆炸反应物的定压放热,kJ;Δn 为爆炸产物与反应物所含中气体物质的量之差,mol;R 为气体常数,取 8.314 J/(mol·K);T 为温度,取 25 ℃。

由于燃料-空气混合物反应前后量的变化并不大,定容热效应与定压热效应的值近似相等,因此可以直接利用热化学表中的焓值来计算获得。常见物质的生成焓 $\Delta H_{f,298}^0$ 值,见表 7-1。

燃料-空气混合物的爆热 Q 可由式(7-71)计算:

$$Q = -\Delta H = -\left[\left(\sum n_j \Delta H_{j,298}^0\right) - \left(\sum n_i \Delta H_{i,298}^0\right)\right] \tag{7-71}$$

例如,计算 1 kg"化学计量"C_3H_8-空气混合物的爆热,简化计算爆炸反应方程式为:

$$1.365C_3H_8 + 6.825(O_2 + 3.774N_2) \longrightarrow 5.46H_2O + 4.095CO_2 + 25.758N_2 + Q$$

所以

$$\begin{aligned}
Q &= -\left[\left(\sum n_j \Delta H_{j,298}^0\right) - \left(\sum n_i \Delta H_{i,298}^0\right)\right] \\
&= -\left[4.095 \times (-393.78) + 5.46 \times (-242) - 1.365 \times (-103.92)\right] \\
&= 2792(\text{kJ/kg}) = 2.792(\text{MJ/kg})
\end{aligned}$$

表 7-1　常见物质的生成焓 $\Delta H_{\mathrm{f,298}}^0$ 值

名称	分子式	摩尔质量 /(g·mol^{-1})	生成焓 $\Delta H_{\mathrm{f,298}}^0$ /(kJ·mol^{-1})
二氧化碳	CO_2	44	-393.78
水(气)	H_2O	18	-242.00
水(液)	H_2O	18	-286.06
一氧化碳	CO	28	-110.60
甲烷(气)	CH_4	16	-74.90
乙烷(气)	C_2H_6	30	-80.74
丙烷(气)	C_3H_8	44	-103.92
正丁烷(气)	C_4H_{10}	58	-124.81
正戊烷(气)	C_5H_{12}	72	-131.69
正己烷(液)	C_6H_{14}	86	-198.97
正庚烷(液)	C_7H_{16}	100	-224.55
正辛烷(液)	C_8H_{18}	114	-250.13
乙烯(气)	C_2H_4	28	52.32
丙烯(气)	C_3H_6	42	20.43
乙炔(气)	C_2H_2	26	226.89
环氧乙烷(液)	C_2H_4O	44	-97.56
环氧丙烷(液)	C_3H_6O	58	-120.59
乙醇(液)	C_2H_6O	46	-277.81
苯(液)	C_6H_6	78	48.99
氧离子(气)	O	16	249.35
氢离子(气)	H	1	218.12
氢氧根离子(气)	OH	17	42.03
氮离子(气)	N	14	473.04
一氧化氮(气)	NO	30	90.31
二氧化氮(气)	NO_2	46	33.08
氨(气)	NH_3	17	-46.14
原子碳(气)	C	12	718.90
三氧化二铝(固)	Al_2O_3	102	-1676.89

7.1.5 爆温的计算

爆温是指反应物爆炸放出的热能将爆炸产物加热到的最高温度。爆温常与气体压力有关，实验测定爆温尚十分困难，因为爆温很高，且达最大值后在极短时间内即迅速下降，同时又伴随有爆轰的破坏效应；可用色光法测定，实时热电偶测量，但采用卡斯特热容法进行理论计算相对简单[235-236]。爆炸物热容公式如下：

$$Q_V = \overline{C}_V(T_B - T_0) = \overline{C}_V \Delta T \tag{7-72}$$

式中：Q_V 为定容爆热，kJ/kg；$\overline{C}_V$ 表示温度在 $0 \sim t$ 的全部爆炸产物的平均热容，J/(mol·℃)；T_B 表示计算的爆温值，℃；T_0 为爆炸初始温度，25 ℃；ΔT 为爆炸初始温度与爆炸温度之间的温度差，℃。

热容与温度关系：$C_V = a_0 + a_1 t + a_2 T^2 + a_3 T^3 + \cdots$ 对于一般计算只取前两项，即 $C_V = a_0 + a_1 t$，因此 $Q_V = (a_0 + a_1 t)t$。爆温计算公式为：

$$t = \frac{-a_0 + \sqrt{a_0^2 + 4a_1 Q_V}}{2a_1} \tag{7-73}$$

爆轰产物热容量很难直接获得，一般采用 Kast 平均分子热容量式计算，如表 7-2 所示。

表 7-2 Kast 平均分子热容量式

名称	热容 C_V
二原子气体	$20.08 + 18.83 \times 10^{-4} t$
水蒸气	$16.74 + 89.96 \times 10^{-4} t$
三原子气体	$37.66 + 24.27 \times 10^{-4} t$
四原子气体	$41.84 + 18.83 \times 10^{-4} t$
五原子气体	$50.21 + 18.83 \times 10^{-4} t$
碳	25.11
固体化合物	$25.11n$（n 为固体化合物中的原子数）

7.2 含磁黄铁矿的金属硫化矿尘爆炸热力学分析

7.2.1 含磁黄铁矿的金属硫化矿尘爆热计算

如前所述，爆热通常是指 1 mol 爆炸物爆炸时放出的热量，与爆炸物的爆速、爆压等密切相关,也是计算爆温、爆容等其他热力学参数的重要参数。爆炸发生过程极为迅速短暂,可将爆炸瞬间视为等容过程,又可称为定容爆热,一般采用盖斯定律计算[236]。

为方便计算,将爆炸产物中六方晶系磁黄铁矿均视为 FeS,假设爆炸环境温度为室温 25 ℃。通过查找化学手册可知道各物质的标准生成焓,如表 7-3 所示。

表 7-3 物质标准摩尔生成焓

物质种类	分子式	标准摩尔生成焓 /(kJ·mol^{-1})
反应物	FeS$_2$	-178.238
	Fe$_7$S$_8$	-736.384
助燃剂	O$_2$	0
产物	Fe$_3$O$_4$	-1118.383
	SO$_2$	-296.830
	FeS$_2$	-178.238
	FeS	-99.998

本书课题组同类实验中,黄铁矿中 FeS$_2$ 质量分数为 97.12%,磁黄铁矿中 Fe$_7$S$_8$ 质量分数为 94.75%。根据质量分数计算反应物质的量,再将化学式化为一般分子式。因此,实验用各反应物中物质量有:黄铁矿(FeS$_2$)为 0.243 mol,其一般化学式为 S$_{0.486}$Fe$_{0.243}$;磁黄铁矿(Fe$_7$S$_8$)为 0.029 mol,其一般化学式为 S$_{0.232}$Fe$_{0.203}$;混合矿(1:1)中黄铁矿为 0.069 mol,磁黄铁矿为 0.012 mol,其一般化学式为 S$_{0.234}$Fe$_{0.153}$。

考虑求解含铁产物物质的量,同时计算 SO$_2$ 物质的量。根据质量守恒定律,发现耗氧量受温度、时间以及压力的控制,氧气参与量不尽相同。考虑实际耗氧量建立化学反应方程,如式(7-74)~式(7-76)所示。计算时因产物物质的量较少,认为 0.0001 内的误差可以接受。

(1)黄铁矿:

$$S_{0.486}Fe_{0.243}+0.246O_2 \longrightarrow 0.0797FeS_2+0.0149Fe_{0.875}S+0.0196Fe_3O_4+0.2066SO_2$$

$$(7-74)$$

(2)磁黄铁矿:

$$S_{0.232}Fe_{0.203}+0.111O_2 \longrightarrow 0.0216Fe_{0.893}S+0.0475Fe_{0.95}S_{1.05}+0.0287Fe_3O_4+0.0543FeS_2+0.0539SO_2$$

$$(7-75)$$

(3)混合矿(1:1):

$$S_{0.234}Fe_{0.153}+0.0693O_2 \longrightarrow 0.0535FeS_2+0.0767Fe_{0.95}S_{1.05}+0.0099Fe_3O_4+0.0495SO_2$$

$$(7-76)$$

根据式(7-72)反应方程计算黄铁矿的爆炸反应热:

$$Q_P = 0.0797×(-178.238)+0.0149×(-736.384)+0.0196×(-1118.383)$$

$$+0.2066 \times (-296.830) - 0.243 \times (-178.238) = 65.111\,(\text{kJ})$$

将 0.243 mol 黄铁矿的定压爆热转换为 2234.734 kJ/kg，根据式(7-70)计算出定容爆热为 2293.182 kJ/kg。采取同样方法，计算得到磁黄铁矿、混合矿(1∶1)定容爆热分别为 2286.532 kJ/kg、1338.872 kJ/kg。

7.2.2　含磁黄铁矿的金属硫化矿尘爆温计算

在第 5 章中为了验证爆炸产物的准确性，已经对爆温进行了计算。此处为给读者提供参考，详细阐述一下计算步骤，具体如下。

根据上述反应方程式(7-73)计算黄铁矿(FeS_2)爆炸反应的爆温，计算时须考虑氮气的存在，一般氧气与氮气的质量比为 21∶79。资料显示黄铁矿的爆热为 1620 cal/g[208]，根据表 7-2 中各种爆炸产物的 a_0、a_1 值，以及黄铁矿(FeS)爆炸反应方程式(7-77)，求解黄铁矿爆温。

$$6FeS_2 + 16O_2 + 16 \times \frac{79}{21}N_2 =\!\!=\!\!= 2Fe_3O_4 + 12SO_2 + 16 \times \frac{79}{21}N_2 \qquad (7\text{-}77)$$

计算过程：

对于 Fe_3O_4：$\overline{C_V} = 2 \times 25.11 \times 7 = 351.54$；

对于 SO_2：$\overline{C_V} = 12 \times (37.66 + 24.27 \times 10^{-4}t) = 451.92 + 291.24 \times 10^{-4}t$；

对于 N_2：$\overline{C_V} = 16 \times \frac{79}{21} \times (20.08 + 18.83 \times 10^{-4}t) = 1208.62 + 1133.39 \times 10^{-4}t$；

故 $\sum \overline{C_V} = 2012.08 + 1424.63 \times 10^{-4}t$，得到 a_0 为 2012.08；a_1 为 0.14。

黄铁矿爆温：

$$t = \frac{-a_0 + \sqrt{a_0^2 + 4a_1 Q_V}}{2a_1} = \frac{-2012.08 + \sqrt{2012.08^2 + 4 \times 0.14 \times 1620 \times 4.2 \times 1000}}{2 \times 0.14} \approx 2809\ ^\circ\!C$$

同理，因磁黄铁矿($Fe_{1-x}S$)与 FeS 性质极为相似，常用 FeS 简化其化学式；且未见 $Fe_{1-x}S$ 爆热值的报道，所以采用 FeS 计算磁黄铁矿的爆温，其中 FeS 的爆热为 1699 cal/g。经计算，磁黄铁矿的理论爆温值为 4203 ℃。

此外，为了对比研究矿物成分对金属硫化矿尘爆温的影响，采用假定化学式进行计算。

通过 X 线荧光光谱分析，结果表明，金属硫化矿尘含铁量、含硫量较高，其主要化学成分，如表 7-4 所示。利用 X 线粉末衍射仪对金属硫化矿尘与爆炸产物的物相进行表征，结果表明，金属硫化矿尘由 FeS_2、$FeCO_3$、SiO_2、$Al_2Si_2O_5(OH)_4$ 组成；其中，FeS_2 质量分数为 70.91%，$FeCO_3$ 质量分数为 11.83%，$Al_2Si_2O_5(OH)_4$ 质量分数为 6.99%，SiO_2 质量分数为 6.48%，其他物质质量分数为 3.79%。金属硫化矿尘成分复杂，且大多数成分含量较少。为了简化计算，假设 3.79% 的其他物质不参与爆炸反应，且反应前后总焓相等。

表 7-4　实验用金属硫化矿尘的主要化学成分

主要组成元素的质量分数/%									
Fe	S	Si	Al	Cu	Mn	Zn	Ca	Ti	其他
38.71	37.90	4.55	1.46	1.06	0.39	0.15	0.09	0.05	15.64

（1）30 g 金属硫化矿尘各组分假定化学式的计算。

首先将各组分写成如式（7-78）的一般化学式形式，以表示该组分所含元素的情况。30 g 硫化矿尘组分的假定化学式可根据式（7-79）计算。

$$C_CH_HO_ON_N\cdots \tag{7-78}$$

$$N_C=\frac{30}{M}N_C \qquad N_H=\frac{30}{M}N_H$$
$$N_O=\frac{30}{M}N_O \qquad N_N=\frac{30}{M}N_N\cdots \tag{7-79}$$

式中：N_C、N_H、N_O、N_N⋯为 30 g 金属硫化矿尘组分中含有各元素的摩尔原子数；M 为该组分的摩尔质量。根据化学式将摩尔质量代入，获得 30 g 矿尘各组分假定的化学式。FeS_2 假定的化学式为 $Fe_{0.5}OS_{0.25}$，$FeCO_3$ 假定的化学式为 $C_{0.26}O_{0.78}Fe_{0.26}$，$Al_2Si_2O_5(OH)_4$ 假定的化学式为 $H_{0.47}O_{1.05}Si_{0.23}Al_{0.23}$。

（2）30 g 金属硫化矿尘假定化学式的计算。

根据金属硫化矿尘各组分的假定化学式及其质量分数，利用式（7-80）可计算出金属硫化矿尘的假定化学式。

$$N_C=\sum_{i=1}^{k}(q_iC_i') \qquad N_H=\sum_{i=1}^{k}(q_iH_i')$$
$$N_O=\sum_{i=1}^{k}(q_iO_i') \qquad N_N=\sum_{i=1}^{k}(q_iN_i')\cdots \tag{7-80}$$

式中：N_C、N_H、N_O、N_N⋯表示金属硫化矿尘中含有 C、H、O、N⋯元素的摩尔原子数；q_i 为金属硫化矿尘中第 i 种组分的质量分数。因 SiO_2 不参与爆炸反应，故假定化学式中不讨论。

经计算，30 g 金属硫化矿尘的假定化学式为：

$$C_{0.03}H_{0.03}O_{0.17}S_{0.36}Si_{0.02}Al_{0.02}Fe_{0.21}$$

金属硫化矿尘爆炸是一个非常复杂的化学反应过程，在考虑各组分的情况下，列出化学平衡方程、平衡常数与温度之间的关系式比较困难。因此，采用最小自由能法能大大简化计算过程。金属硫化矿尘在 20 L 爆炸球内被化学点火头引爆发生爆炸，球体内压力逐渐增加。当达到最大爆炸压力时，系统达到化学平衡状态，此时实验用矿尘爆炸导致的 20 L 爆炸球内压力为 0.33 MPa。计算工作开始前首先需要确定金属硫化矿尘爆炸产物含有组分的种类和状态。由爆炸产物 XRD 分析结果可知，爆炸产物主要含有黄铁矿（FeS_2）、三氧化二铁（Fe_2O_3）、二氧化硅（SiO_2）以及化学点火头爆炸产生的锆酸钡（$BaZrO_3$）、二氧化锆（ZrO_2）。爆炸产物残留黄铁矿说明在此浓度下 20 L 球内氧气基本耗尽，金属硫化矿尘粒子不能完全燃烧。

根据金属硫化矿尘化学成分并查找相关文献资料，可以确定爆炸产物的种类和状态为 $Fe_2O_3(c)$、$Al_2O_3 \cdot SiO_2(c)$、$SO_2(g)$、$CO_2(g)$、$H_2O(g)$、$FeS_2(c)$，其物质的量分别用 n_1、n_2、n_3、n_4、n_5、n_6 表示。根据质量守恒方程，金属硫化矿尘中 C、H、O、S、Si、Al、Fe 与 20 L 爆炸球内空气中 O 的物质的量之和等于爆炸产物各组分相应原子的物质的量。将数据代入式(7-81)中得：

$$N_k = \sum_{j=1}^{N} (A_{kj}n_j) \quad (k = 1, 2, \cdots, M) \tag{7-81}$$

式中：N_k 为粉尘中含有的第 k 元素的摩尔原子数；n_j 为爆炸产物中含有编号为 j 组分的物质的量，mol；A_{kj} 为 j 组分中含有 k 元素的摩尔原子数。

$$N_C = n_4 = 0.03$$
$$N_H = 2n_5 = 0.03$$
$$N_O = 3n_1 + 7n_2 + 2n_3 + 2n_4 + n_5 = 0.55$$
$$N_S = n_3 + 2n_6 = 0.36$$
$$N_{Si} = N_{Al} = 2n_2 = 0.02$$
$$N_{Fe} = 2n_1 + n_6 = 0.21$$

由上式可求解出爆炸产物组分：$n_1 = 0.048$ mol、$n_2 = 0.01$ mol、$n_3 = 0.132$ mol、$n_4 = 0.03$ mol、$n_5 = 0.015$ mol、$n_6 = 0.114$ mol。不需要列出化学平衡方程，主要原因是金属硫化矿尘爆炸产物中含同一元素的组分单一。

金属硫化矿尘或爆炸产物的总焓可由式(7-82)计算：

$$\tilde{I}_p = \sum_{j=1}^{k} (I_j n_j) \tag{7-82}$$

式中：I_j 为金属硫化矿尘或爆炸产物各组分的总焓，kJ；n_j 为金属硫化矿尘或爆炸产物各组分物质的量，mol。

金属硫化矿尘各组分的总焓可通过查找相关热力学数据手册得到，通过计算，金属硫化矿尘的总焓为-115.173 kJ。金属硫化矿尘在 20 L 爆炸球内由 10 kJ 化学点火头引爆，因此金属矿尘爆炸反应前总焓为-125.173 kJ。根据线性内插法求解理论爆炸温度，设 $T_1 = 1100$ K，$\tilde{I}'_m = -134.911$ kJ；$T_2 = 1300$ K，$\tilde{I}''_m = -124.232$ kJ，则有：

$$T_f = T_1 + \frac{\tilde{I}_p - \tilde{I}'_m}{\tilde{I}''_m - \tilde{I}'_m}(T_2 - T_1) = 1282 \text{ K} = 1009 \text{ ℃}$$

因此，计算实验用黄铁矿的爆温为 1009 ℃。与之对比，发现黄铁矿中其他组分对爆温影响较大，菱铁矿、高岭石等成分起到阻碍黄铁矿爆炸作用，磁黄铁矿对氧化燃烧起到正向促进作用。

7.3　本章小结

本章在第 4 章热分析的基础上,计算得到了空气气氛下黄铁矿、磁黄铁矿及混合矿的热力学参数,判断了磁黄铁矿对黄铁矿爆炸特性参数的影响机制。主要结论如下:

(1)通过理论爆温值计算,得到黄铁矿理论爆温值为 2809 ℃,磁黄铁矿的理论爆温值为 4203 ℃,爆炸温度与反应物及生成物成分有关。

(2)黄铁矿中其他组分对爆温影响较大,菱铁矿、高岭石等成分起到阻碍黄铁矿爆炸作用,磁黄铁矿对氧化燃烧起到正向促进作用。

第8章

含磁黄铁矿的金属硫化矿尘爆炸过程模拟

8.1 引言

如前所述，在定量或定性的物相分析中采用 XRD 是很好的技术手段，但是对某些含量较少的物相不能准确检测出；而且在通过衍射峰辨别相邻物相时存在一定误差；再者，定性分析时只能检测晶体物相，不能检测非晶相物体。在 XRD 定量分析时，虽然能准确给出矿物物相，但是烦琐、复杂的检测步骤，昂贵的价格，制约了矿样物相分析[134]。基于最小吉布斯函数原理建立的 FactSage 软件丰富的热力学数据库、多相平衡计算，可以弥补这一方面的不足[237]。只需设定一组参加反应初始组分的质量/物质的量，就能计算出不同温度和压力范围内的物相平衡，以及生成物或中间产物的相态与数量。因此学者们应用该软件在炼钢、钢渣处理、城市污泥燃烧等方面开展了相关研究[238-239]。

此外，金属硫化矿尘爆炸是气-固两相流爆炸，爆炸机理十分复杂，研究人员较少，实验数据稀缺，仅从以往极少数研究数据及经验公式难以揭示爆炸机理[138]。随着近年来计算资源的不断完善，计算流体动力学(computational fluid dynamics，CFD)应运而生。其数值模拟技术成为分析机理与现象的有力工具，并逐渐取代常用的经验公式和图表[240-242]。

8.1.1 FactSage 热力学软件简介

FactSage 软件包含化合物/Compound、化学反应/Reaction、平衡计算/Equilib、相图计算/Phase Diagram 等多个应用模板。Equilib 模块采用了 ChemSage 的最小吉布斯自由能函数及算法(吉布斯自由能函数的化学平衡计算只与终态产物有关，不涉及反应方程式以及化学反应机理，也不涉及反应时间和反应的速度)，是目前最常用的一个模块。通过给定元素或化合物求解达到化学平衡时各产物种类及其浓度大小，其变量设置可以是 T(温度)、P(压强)、V(体积)或者物种的 mole(物质的量)、gram(克)、activity(活度)等；在化合物数据库以及溶液数据库中检索可能形成的产物，产物可能是纯物质，也可能是理想溶液(气相、液相、固相)或者非理想溶液(炉渣、熔盐、稀溶液或者水溶液等)。

8.1.2　CFD 方法研究现状

CFD 是将数值计算方法和数据可视化技术有机结合起来的一门新兴的独立学科。它可对流动、换热等相关物理现象进行数值模拟分析,是目前除了实验测量、理论分析之外解决流动与换热问题的又一种创新技术手段。当今,CFD 分析已经广泛应用于各种现代科学研究工程和应用之中。它的基本思想是把原来在时间域和空间域上连续的物理量场,用大量离散点上的变量值的集合来代替,利用求解一定关系建立起的代数方程组的近似值来反应变量之间的关系。CFD 可以看作是质量守恒方程、动量守恒方程、能量守恒方程等控制方程下,对流动过程进行的数值模拟。通过这类数值模拟,可以得到复杂流场内各个位置上的速度、压力、温度、浓度等基本物理量分布与时间变化情况。另外,CFD 兼容性比较好,可以与 CAD 结合,还可以进行优化设计。CFD 是理论分析、实验测量的一种补充,可推动理论分析与实验测量的进行,三者共同构成流动、换热问题研究的完整体系。其关系可以通过图 8-1 表述[128]。

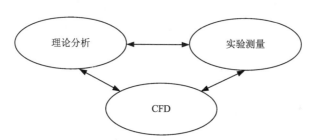

图 8-1　理论分析、实验测量与 CFD 关系

近年来,国内外学者应用 CFD 方法对粉尘爆炸进行了数值模拟,粉尘爆炸数值模型也得到了应用与发展,有助于更好地揭示粉尘爆炸机理及发展过程,为粉尘爆炸的预测、评估和防治提供了理论依据及数值参考,具有重要实际应用价值。

有学者建立了湍流粉尘爆炸均匀多相输运数学模型,采用涡流扩散相关系数对受限湍流预混气体火焰进行模拟,并与 20 L 爆炸球中(采用中心点火)的铝粉爆炸实验数据进行了比较。结果表明,模型具有较好的适用性[244]。

有学者为了提高对粉尘爆炸的认识,提出了一种多尺度模拟粉尘爆炸方法。该方法运用 CFD 方法模拟了标准 20 L 爆炸球中准均匀相的铝尘云爆炸现象,并与文献[244]的模型进行了比较。结果表明,该方法可以有效预测爆炸特性参数,建立的模型可以较好地捕捉数量级精度内的粉尘爆炸趋势,但是,缺乏精确一致性。这表明需要将更严格的粒子尺度动力学传输模型纳入 CFD 整体框架中[242]。

相关学者概述了引起煤尘爆炸的弥散参数,并通过 CFD 模拟研究了粒径对印度煤矿分散性的影响;采用粉尘-空气混合物的湍流动能和速度矢量方法,模拟了无尘空气对煤尘扩散的影响。结果表明,无尘空气的速度矢量路径是均匀对称的;由于空气夹带了粉尘颗粒，粉尘–空气混合物的湍流动能等值线和速度矢量路径呈不对称分布；在速度矢量中观察到旋涡路径随时间的增加而逐渐减小[241]。

相关学者提出一个粉尘爆炸组织架构、模型和发展过程理论。在基本掌握爆炸发展过程基础上研究了组织的概念；根据粉尘爆炸系统相互依赖性，判定了尺度特征和结构的重要度；采用组织图形式展示了粉尘爆炸过程；应用三个案例研究了气室中粉尘、气体和湍流状态以及系统相互作用，并对实验方差来源进行了分类。结果表明，CFD 方法建立的模型具有一定适用性[245]。

有人采用 CFD 方法对 20 L 和 50 L 爆炸球中铝粉燃烧的全过程进行了数值模拟，应用拉格朗日变换、物理分裂法和自适应网格技术等数值方法，扩大了计算域。结果表明，测得的压力和压力上升速率与计算结果基本相符[246-247]。

有人采用 CFD 方法、利用 Fluent 软件、运用欧拉–拉格朗日方法对不同情况下玉米淀粉粉尘爆炸火焰传播行为进行了仿真研究，并将仿真结果与实验数据进行了对比。结果表明，数值模拟计算结果可以全面反映密闭容器中粉尘爆炸过程，较好地再现了实验压力的发展过程，粉尘爆炸火焰发展规律与实验结果吻合程度较高[248]。

综上所述，虽然金属、非金属粉尘爆炸研究取得了一定成果，但在金属硫化矿尘爆炸领域还存在着一定的空白之处。磁黄铁矿作为金属硫化矿尘组成，或作为参与矿尘爆炸的一部分，其氧化性能比黄铁矿强；但爆炸特性参数、影响因素和机理尚不明确，需要深入研究。可以尝试应用 CFD 方法、利用 Fluent 软件在封闭空间粉尘爆炸仿真中的优势，对磁黄铁矿促发金属硫化矿尘云爆炸进行仿真，揭示其爆炸过程及爆炸机理。

8.1.3　Fluent 软件简介

Fluent 软件是目前在国内外比较流行的商用 CFD 软件包，其在美国的市场占有率高达60%，与流体、热传递及化学反应等有关的工业均可应用。该软件具有物理模型丰富、数值方法先进以及前后处理功能强大等特点，在航空航天、汽车设计、石油天然气、涡轮机设计、井巷通风、矿物加工等方面都有着广泛的应用；在石油天然气工业上的应用深入，包括燃烧、井下分析、喷射控制、环境分析、油气消散/聚积、多相流、管道流动等方面。

Fluent 软件的设计基于 CFD 软件集群思想，从用户需求角度出发。针对不同复杂流动的物理现象，Fluent 软件采用相应的离散格式和数值方法，以期在特定的领域将计算速度、稳定性和精度等促成最佳组合，进而高效率地解决不同领域复杂的流动计算问题。基于该思想，Fluent 开发了适用于不同领域的流动模拟软件。这些软件能够模拟流体流动、传热传质、化学反应和其他复杂的物理现象，采用了统一的网格生成技术及共同的图形界面，区别仅在于应用的工业背景不同。因为采用了多种求解方法和多重网格加速收敛技术，所以 Fluent 能达到最佳的收敛速度和求解精度。因为具有灵活的非结构化网格和基于解的自适应网格技术及成熟的物理模型，致使 Fluent 在转捩与湍流、化学反应与燃烧、传热与相变、动/变形网格、旋转机械、多相流、噪声、燃料电池、材料加工等方面有广泛应用。

8.2　磁黄铁矿促发金属硫化矿尘爆炸过程模拟

8.2.1　热分解过程数值模拟

本书在实验结果分析的基础上,采用 FactSage 8.0 软件计算中 Equilib 模型对三种矿样在 N_2 环境中热分解过程进行了数值模拟计算。模拟条件与管式炉实验条件相同,即三种矿样分别取 2.5 g,通气量为 200 mL/min,反应物由 50 ℃升温至反应结束温度 1100 ℃,升温速率为 10 ℃/min,在 1100 ℃保持 20 min 恒温,计算步长为 1 ℃/每次,初始压力为 $1.01×10^5$ Pa。

经计算,三种矿样及氮气的物质的量如表 8-1 所示。

表 8-1　三种矿样及氮气的物质的量计算结果

主要反应物	化学式	质量 /g	物质的量 /mol
黄铁矿	FeS_2	2.5	0.02084
混合矿(1∶1)	$FeS_2+Fe_7S_8$	2.5	0.01042+0.001929
磁黄铁矿	Fe_7S_8	2.5	0.003858
氮气	N_2	—	1.1161

确定了物质的量后,进入热力学平衡 Equilib 模块,选择数据库;在 Reactants 界面输入模拟的反应分子式,选择 Initial conditions 确定反应物最初状态、压力与温度;进入计算环节,根据固相与气相反应可能出现的相态,在 Compound species 中选择理想的气态(g)与纯固态(s)数据库;在 Equilibrium 模块选择 normal 算法,由此得到反应物相态转化与热力学参数变化过程;作图保留主要反应产物,不对极小量物质进行说明。

经计算,得到了三种矿样在 N_2 环境中热分解气相和固相产物。其中,气相产物主要有 S(g)、S_2(g)、S_3(g)、S_4(g)、S_5(g)、S_6(g)、S_7(g)、S_8(g)、NS(g)、Fe(g)、FeS(g),所有气体产物随着温度的升高不断增加。以反应最强烈的黄铁矿为例,至 1100 ℃时,除 S_2(g)气体外,所有气体物质的量全部小于 $1.039×10^{-5}$ mol,相对于 S_2(g)产量 0.0104 mol 相差三个数量级,因此忽略不计。这一结果与 TG-MS 表征结果一致。固体产物除 FeS(s)、FeS_2(s)两种物相未见其他,对计算结果作图表,如图 8-2、表 8-2 所示。

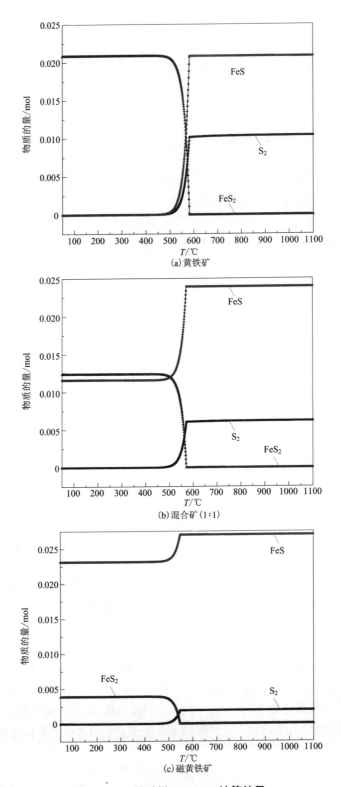

图 8-2　三种矿样 FactSage 计算结果

表 8-2　不同温度下三种矿样产物物质的量计算结果

主要反应物		热分解温度 / ℃	剩余反应物量 /mol	气体产物		固体产物	
名称	化学式 物质的量/mol			化学式	物质的量 /mol	化学式	物质的量 /mol
黄铁矿	FeS₂ 0.02084	550	0.01636	S₂	0.002205	FeS	0.004474
		560	0.01353	S₂	0.003590	FeS	0.007301
		626	0	S₂	0.01025	FeS	0.02084
		645	0	S₂	0.01027	FeS	0.02084
		1100	0	S₂	0.01040	FeS	0.02084
混合矿 (1:1)	FeS₂+Fe₇S₈ 0.01042+0.001929	470	0.01229+0	S₂	0.00002797	FeS	0.01163
		550	0.007874+0	S₂	0.002206	FeS	0.01605
		610	0	S₂	0.006088	FeS	0.02392
		620	0	S₂	0.006095	FeS	0.02392
		1100	0	S₂	0.006167	FeS	0.02392
磁黄铁矿	Fe₇S₈ 0.003858	500	0	S₂	0.0001600	FeS / FeS₂	0.02347 / 0.003536
		550	0	S₂	0.001904	FeS	0.02701
		578	0	S₂	0.001910	FeS	0.02701
		670	0	S₂	0.001920	FeS	0.02701
		1100	0	S₂	0.001928	FeS	0.02701

由图 8-2、表 8-2 可知，在相应温度下，黄铁矿反应生成物的物相与 XRD 及 TG-MS 表征结果一致，都为 FeS(s) 与 S₂(g)。另外，黄铁矿在热分解反应峰值温度 626 ℃后全部转化为磁黄铁矿(FeS)，并产生气体 S₂。磁黄铁矿在 500 ℃时生成了少量 FeS₂，550 ℃生成的 FeS₂ 全部反应，进一步生成了磁黄铁矿(FeS)，与实验现象中发现少量黄铁矿生成现象一致。对比三种矿样气体产物，S₂ 物质的量为磁黄铁矿<混合矿(1:1)<黄铁矿，与实验结果一致。

此外，观察 FactSage 软件计算结果 FeS 生成量最大值时温度，黄铁矿为 583 ℃、混合矿(1:1)为 571 ℃、磁黄铁矿为 548 ℃；实验热转化峰值温度，黄铁矿为 626 ℃、混合矿(1:1)为 610 ℃、磁黄铁矿为 578 ℃。计算结果比实验结果温度更低，但总体上还是呈现磁黄铁矿的添加促进了黄铁矿热分解的趋势，与实验结果一致。分析造成计算结果温度更低的原因，可能是计算时都以纯矿物形式开展，没有考虑 XRF 分析出的矿样中其他元素的干扰。磁黄铁矿及混合矿(1:1)固相产物为 FeS，因为磁黄铁矿除用 Fe₁₋ₓS 分子式表达外，也常用 FeS 表达。采用 FactSage 软件可以较好地模拟黄铁矿、磁黄铁矿及混合矿在 N₂ 环境中的热分解行为。

8.2.2　氧化燃烧过程数值模拟

磁黄铁矿促发金属硫化矿氧化燃烧过程的模拟，同样采用 FactSage 8.0 软件中 Equilib

模型,对三种矿样在空气环境中氧化燃烧过程进行了数值模拟计算。模拟条件与箱式炉实验条件相同,即三种矿样分别取 2.5 g,通气量为 200 mL/min,反应物由 50 ℃升温至反应结束温度 800 ℃,升温速率为 10 ℃/min,在 800 ℃保持 20 min 恒温,计算步长为 1 ℃/每次,初始压力为 1.01×10^5 Pa。经计算,三种矿样及空气中主要成分物质的量如表 8-3 所示。

表 8-3　三种矿样及空气中主要成分物质的量计算结果

主要反应物	化学式	质量/g	物质的量/mol
黄铁矿	FeS_2	2.5	0.02084
混合矿(1:1)	$FeS_2 + Fe_7S_8$	2.5	0.01042+0.001929
磁黄铁矿	Fe_7S_8	2.5	0.003858
氮气	N_2	—	0.6616
氧气	O_2	—	0.1781
二氧化碳	CO_2	—	0.0080
氩气	Ar	—	0.0003

通过计算,得到了三种矿样在空气环境中热解气相和固相产物。其中,气相产物主要有 $S(g)$、$S_2(g)$、$S_3(g)$、$SO(g)$、$SO_2(g)$、$SO_3(g)$、$SSO(g)$、$COS(g)$,除 SO_3 外所有气体产物随着温度的升高不断增加。相比 SO_2、SO_3 的产量为 10^{-2} mol 级,SO 的产量为 10^{-8} mol 级,其余气体的产量小于 10^{-14} mol 级,可忽略不计;固体产物除 $Fe_2O_3(s)$ 与 $Fe_2(SO_4)_3$ (s) 两种物相,未见其他产物。

上述结果与 TG-MS、XRD 表征结果较为一致,但 SO_3 生成量比测试结果偏大。TG-MS 表征结果为主要气体产物中 SO_2 量大于 SO、SO_3,固相产物主要以 $Fe_2O_3(s)$、$FeSO_4(s)$ 为主。造成上述结果的原因是 FactSage 软件是基于丰富文章实验数据库建立起来的,金属硫化矿氧化燃烧实验现象比氮气环境中热分解化学反应更为复杂,且受成分影响较大[221],目前也未见统一结论,因此与实验现象存在差异。但是,相对其他气体,SO (g)、$SO_2(g)$、$SO_3(g)$ 仍可作为主要气体产物。另外,在气相分析时已证实三种矿样氧化燃烧反应过程存在 $FeSO_4(s)$、$Fe_2(SO_4)_3(s)$ 的可能性,且两种产物之间也存在相互转化,因此 $Fe_2O_3(s)$、$Fe_2(SO_4)_3(s)$ 可作为固体产物分析。这可以说明由相同矿物元素组成的金属硫化矿,无论是何晶体结构,燃烧化学反应后产物同样为金属氧化物。另外,产物 SO_2 和 SO_3 对井下工作人员的皮肤、黏膜组织等会产生强烈的刺激和灼伤,造成极大的危害,而且遇水后会形成酸性液体,加快井下生产设备的腐蚀与老化,因此须着重关注[249]。中间过程主要固体产物为 $Fe_2(SO_4)_3$,在一定条件下与 SO_2、H_2O 发生反应生成 $FeSO_4$ 和 H_2SO_4,是导致环境酸化的主要物质;反应方程式为: $Fe_2(SO_4)_3 + SO_2 + H_2O = 2FeSO_4 + 2H_2SO_4$。

黄铁矿氧化燃烧过程可分为以下 4 个阶段,如图 8-3(a)所示,分别为 FeS_2 氧化阶段、SO_3 一次分解阶段、$Fe_2(SO_4)_3$ 分解阶段和 SO_3 二次分解阶段。而主要反应物包含或为磁

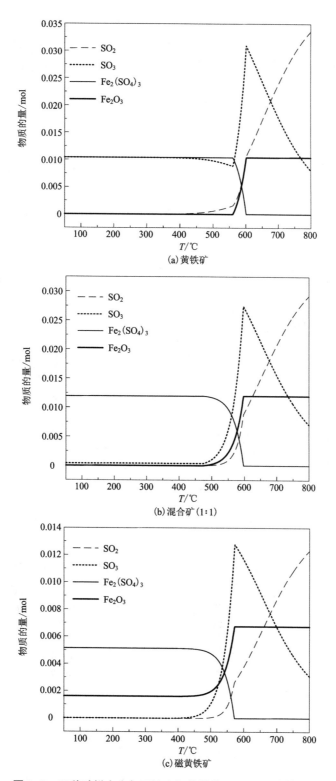

(a) 黄铁矿

(b) 混合矿(1:1)

(c) 磁黄铁矿

图 8-3　三种矿样在空气环境中氧化燃烧 FactSage 计算结果

黄铁矿时。由图 8-3(b)、图 8-3(c)可知，反应分为 3 个阶段，分别为 Fe_7S_8 氧化阶段、$Fe_2(SO_4)_3$ 分解阶段和 SO_3 分解阶段。相比黄铁矿，磁黄铁矿氧化燃烧没有经历产物 SO_3 一次分解阶段。这是因为黄铁矿相比磁黄铁矿反应程度更为剧烈[33]，黄铁矿在 560～600 ℃ 的主要分解阶段曲线更陡峭，其斜率大于混合矿(1∶1)及磁黄铁矿的斜率。

由图 8-3 可知，主要区别为第 1 阶段 FeS_2 与 Fe_7S_8 氧化过程，磁黄铁矿比黄铁矿氧化速率更快，在反应开始即产生了氧化产物 Fe_2O_3。相关实验研究表明，相同条件下磁黄铁矿的氧化速率是黄铁矿的 20～100 倍[198]。究其原因，磁黄铁矿矿尘与铝尘相同，在快速氧化后，表面覆盖了一层氧化薄膜，氧化薄膜导致了氧分子与反应物接触难度加大[47]，进而导致燃烧更不容易发生。综上，计算结果气体产物生成量和固体中间过程产物与实验数据存在一定差异，但反应最终气体产物与固体产物的物相与实验结果一致，都为 $SO(g)$、$SO_2(g)$、$SO_3(g)$ 及 $Fe_2O_3(s)$，且反应趋势与实验保持一致。

8.2.3 爆炸过程数值模拟

8.2.3.1 仿真模型的构建

采用 Fluent 构建三维非结构化网格，根据实验装置的实际尺寸建立了 1∶1 的三维仿真 20 L 爆炸球、腔室、注入管和回弹喷管的等效模型，几何模型与网格划分如图 8-4 所示。对关键部位网格进行加密处理，网格总数为 75 万个；采用有限体积法计算了矿尘-空气混合物的紊流和燃烧反应，以气相作为连续介质，用时间平均的 Navier-Stokes(N-S)方程求解；采用欧拉-拉格朗日方法分别描述气相和颗粒相的耦合作用。此外，两相的质量、动量和能量守恒通过双向耦合算法交替求解，并采用一阶迎风近似将模型的控制方程转化为一组具有预测多场变量的高精度的代数方程；将所有计算目标的收敛系数设为 $1×10^{-6}$，迭代时间步长设为 $5×10^{-5}$ s。

8.2.3.2 边界条件与假设

将第 6 章构建的数学模型应用到仿真模拟中，采用 Fluent 对金属硫化矿尘云爆炸过程进行三维数值模拟研究。对于离散粒子，将假定质量的矿尘样品放入尘室，在 2.2 MPa 的高压下注入球体。根据实验规律，腔室预设压力为-0.06 MPa。当球形容器内压力达到约 $1×10^7$ Pa 时，与注入管连接的球形界面的边界条件由压力入口条件变为壁面条件。通气 40 ms 关闭阀门，并在 20 L 爆炸球中心位置点火。在整个模拟过程中，计算域壁面设置为无滑移边界和绝热条件。采用矿尘为混合矿(1∶1)，矿尘质量浓度最大为 2500 mg/m^3；在 20 L 爆炸球中，矿尘的组分为磁黄铁矿(Fe_7S_8)与黄铁矿(FeS_2)纯矿物，矿尘的粒径为 35 μm 以下。

另外，矿尘-空气混合物的瞬态燃烧涉及物理化学现象、燃烧-湍流流动和气粒耦合作用。为了简化计算过程，需要作以下几个假设。

(1)矿尘颗粒的燃烧是一个连锁反应过程，伴随着多米诺效应。在本书中，没有考虑与化学反应和燃烧有关的中间问题。根据第 5 章分析结果，矿尘颗粒的燃烧反应可以简化为：

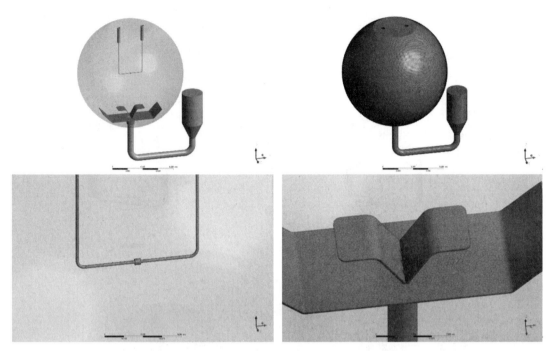

图 8-4　20 L 爆炸球三维模拟图及网格划分情况

$$6FeS_2+3Fe_7S_8+54O_2 \xlongequal{\quad\quad} 9Fe_3O_4+36SO_2 \quad\quad\quad (8-1)$$

（2）矿尘颗粒假设为球形。此外，还考虑了矿尘颗粒之间的碰撞和热辐射。然而，矿尘颗粒的变形、聚结、断裂和破碎没有被考虑在内。

（3）气态被认为是可压缩的和反应的。此外，燃烧产物被假定为气态。

（4）考虑了扩散过程中气态和离散相的相互作用。

（5）考虑了阻力、Magnus 力、Saffman 力、热泳力和虚拟质量力对矿尘颗粒的影响。

8.2.3.3　矿尘扩散轨迹数值模拟结果

为评估矿尘颗粒在球体内的运动轨迹，计算了矿尘颗粒在点火前 0~40 ms 的运动状态。模拟计算结果如图 8-5 所示。矿尘扩散速度随着扩散时间的增大而增大，40 ms 时扩散相对均匀，此时点火较为适宜。上述各种力作用下的矿尘颗粒在 20 L 爆炸球中呈现悬浮状态，此时点火容易引起矿尘爆炸。

8.2.3.4　矿尘爆炸温度分布情况

反应初始温度设为室温 27 ℃，点火后矿尘云温度变化如图 8-6 所示。根据图 6-6 划分的金属硫化矿尘爆炸模型，观察矿尘颗粒点火后不同阶段的温度变化。在反应物预热阶段为 42~48 ms，高温区域较小，矿尘未被点燃；随着时间发展，在反应物燃烧阶段为 50~62 ms，矿尘云温度不断上升，在 62 ms 时达到最大，最高温度为 2926 ℃。由于球体内不同位置的矿尘云扩散程度不同，导致矿尘云爆炸温度不同，矿尘云密度较大区域的爆炸温度较高。

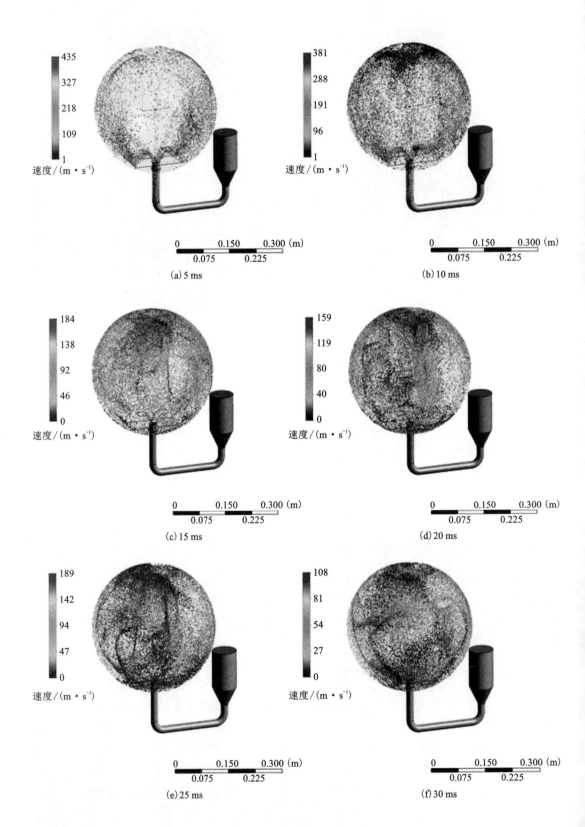

(a) 5 ms

(b) 10 ms

(c) 15 ms

(d) 20 ms

(e) 25 ms

(f) 30 ms

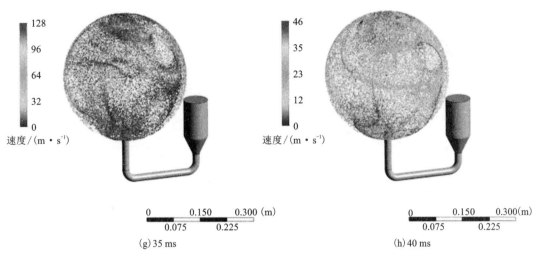

图 8-5　20 L 爆炸球中不同时刻矿尘颗粒分布情况

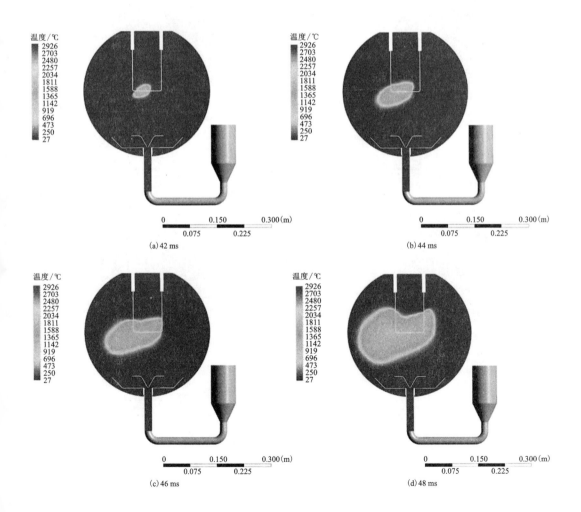

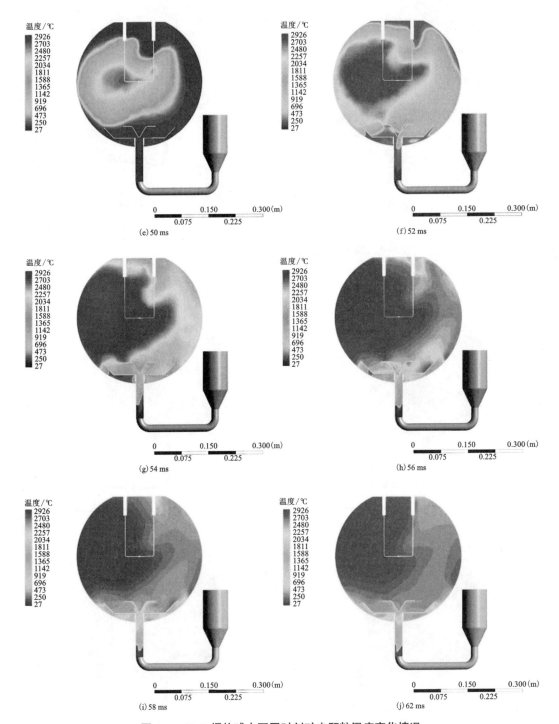

图 8-6　20 L 爆炸球中不同时刻矿尘颗粒温度变化情况

8.2.3.5　矿尘颗粒运动速度矢量变化情况

从上述矿尘云温度变化情况可知,矿尘云爆炸温度与矿尘云扩散程度有关。为了进一步分析矿尘颗粒运动情况,对矿尘扩散阶段及燃烧阶段的速度和矢量分布进行了采集,结果如图 8-7 所示。在矿尘扩散阶段,随着时间变化,矿尘速度逐渐增大。受作用力影响,矿尘扩散后向球体底部降落;观察矢量变化情况发现,矿尘云运动方向不同。球体左侧的矿尘速度变化更快,此处矿尘云的爆炸温度变化也较快,温度更高,说明矿尘云爆炸温度与矿尘扩散速度有关,矿尘运动速度越大,点燃后的矿尘云爆炸温度越高。

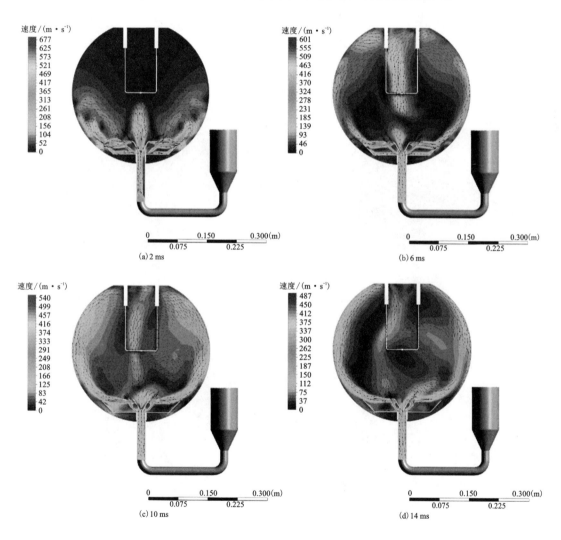

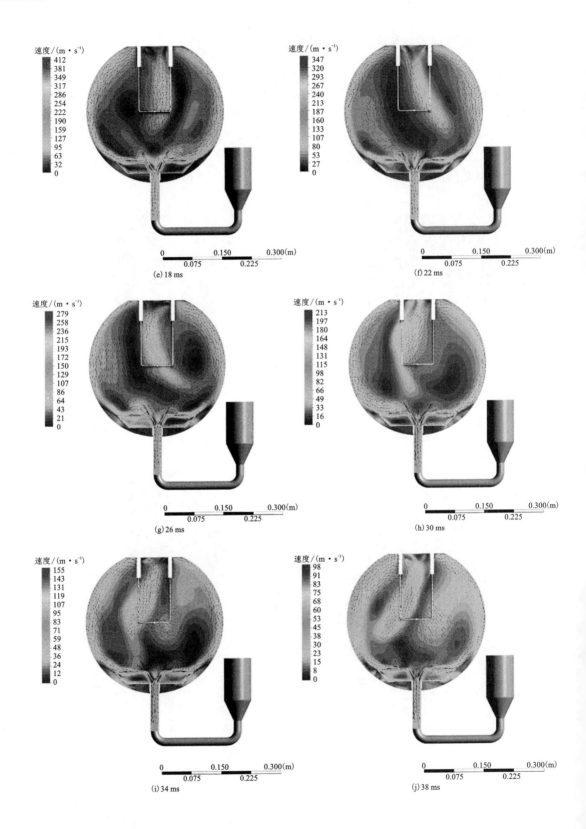

(e) 18 ms

(f) 22 ms

(g) 26 ms

(h) 30 ms

(i) 34 ms

(j) 38 ms

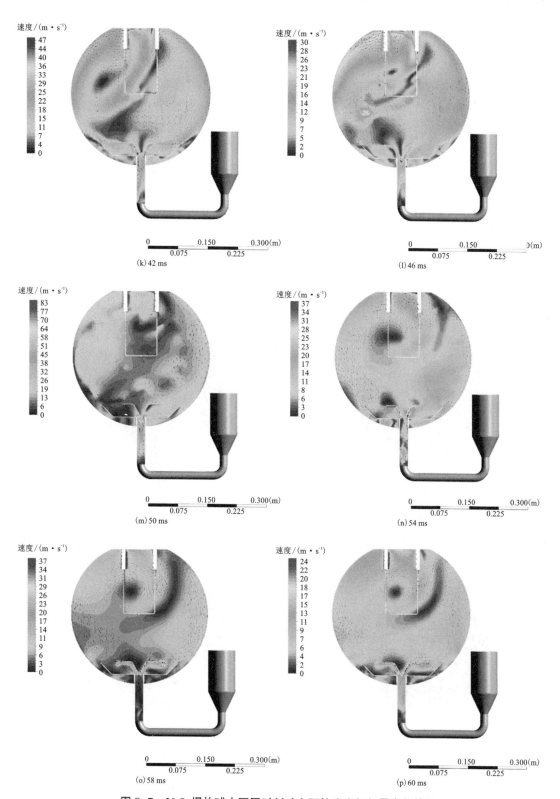

图 8-7　20 L 爆炸球中不同时刻矿尘颗粒速度与矢量变化情况

8.2.3.6　气体产物 SO_2 变化情况

为分析金属硫化矿尘爆炸后有毒有害气体 SO_2 的变化情况，采集了模拟结果中的相关信息，如图 8-8 所示。观察到，点火初始阶段，20 L 爆炸球中央，随着点火头能量传递给矿尘，矿尘云被点燃，此时点火头附近的 SO_2 浓度最大。随着时间变化，SO_2 浓度发生变化，在 48 ms 时 SO_2 浓度降低。从 SO_2 浓度变化观察到，爆炸反应是从中间点火点向球体周围进行的。SO_2 浓度峰值随时间变化的趋势为先增大再减小再增大。该趋势与第 4 章燃烧分析时的现象一致，可认为是混合矿中单质 S 及部分混合矿尘被点燃，与 O_2 发生反应生成了 SO_2，当单质 S 全部燃烧后，只有被点燃矿尘颗粒与 O_2 发生反应，所以峰值存在减小趋势；当矿尘进一步反应，峰值又进一步加大。掌握了 SO_2 浓度变化趋势，并发现当矿尘被点燃后，有毒有害气体浓度在发生爆炸点区域最高，并向四周扩散。随着爆炸反应逐步加深，有毒有害气体浓度逐渐加大。因金属硫化矿尘爆炸反应在极短时间内就完成，导致 SO_2 扩散速度也极快。因此在灾后应尽早通风，降低有毒有害气体浓度，防止二次伤害。

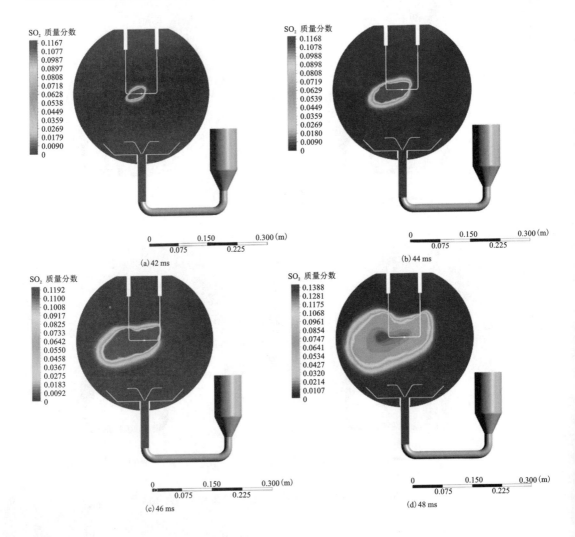

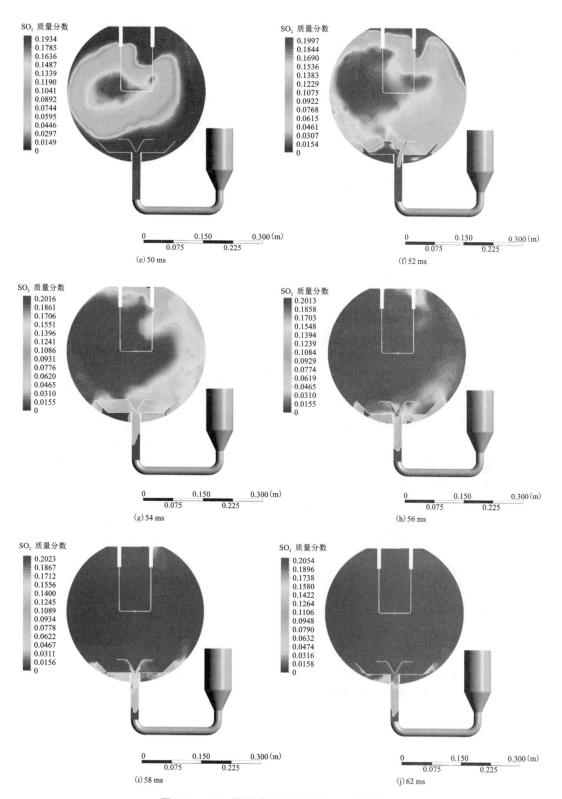

图 8-8　20 L 爆炸球中不同时刻 SO₂ 变化情况

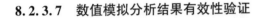

8.2.3.7　数值模拟分析结果有效性验证

在 7.2.2 节理论爆温计算中，已经得到黄铁矿（FeS_2）的理论爆温值为 2809 ℃，采用 FeS 化学式计算的磁黄铁矿理论爆温值为 4203 ℃。磁黄铁矿理论爆温值可能比实际爆温值偏大，但是对比已有文献结论与产物分析结果，总体上应该大于 1427 ℃；经数值模拟，发现混合矿矿尘云最高温度为 2926 ℃，大于黄铁矿理论爆温值，与磁黄铁矿促发黄铁矿爆炸的实验现象一致，说明分析结果有效。

8.3　本章小结

本章采用 FactSage 软件数值模拟了黄铁矿、混合矿、磁黄铁矿在 N_2 环境中热分解反应过程及在空气环境中燃烧反应过程；应用了计算流体力学软件 Fluent，对爆炸过程中矿尘扩散轨迹、矿尘爆炸温度分布情况、矿尘颗粒运动速度矢量变化情况、气体产物 SO_2 变化情况进行了仿真，并进行了有效性验证，主要结论如下。

（1）FactSage 软件可以较好地模拟黄铁矿、混合矿、磁黄铁矿在 N_2 气氛下的热分解反应过程。数值计算结果显示，3 种矿样的气体产物 S_2 的物质的量为磁黄铁矿<混合矿（1∶1）<黄铁矿，与实验结果一致。计算结果总体上可呈现磁黄铁矿的添加促进了黄铁矿热分解的趋势，但是热反应峰值温度计算结果比实验值更低。造成这一现象的原因是计算时只考虑了纯矿物，未考虑其他组分的影响。

（2）FactSage 软件可以作为黄铁矿、混合矿（1∶1）、磁黄铁矿在空气气氛下氧化燃烧反应过程分析的辅助工具。FactSage 软件数值计算的最终固相、气相产物类型与实验一致，但气体产物的生成量及中间过程产物与实验结果存在一定误差。造成误差的原因可能是 FactSage 软件是基于大量文献数据库生成的系统软件，而金属硫化矿尘氧化燃烧反应产物没有统一结论。

（3）欧拉-拉格朗日方法（Eulerian-Lagrangian method）适用于金属硫化矿尘云爆炸过程分析。对质量浓度为 2500 g/m^3 的混合矿（磁黄铁矿、黄铁矿质量比为 1∶1）进行仿真计算后发现，40 ms 时扩散相对均匀，此时点火较为适宜；爆炸后最高温度为 2926 ℃，与理论爆温计算结果相符。

（4）混合矿（1∶1）在 20 L 爆炸球中的矿尘云爆炸温度与矿尘扩散速度有关，矿尘运动速度越大，点燃后的矿尘云爆炸温度越高。气体产物 SO_2 浓度变化为爆炸点向周围扩散，浓度峰值随时间的变化为先增大再减小再增大。

第9章

含磁黄铁矿的金属硫化矿尘爆炸预防与控制

9.1 引言

如第 1 章所述,很多物质的粉尘,无论是有机粉尘还是无机粉尘,只要是可燃粉尘,当它以悬浮状态分散在空气中且有一定的浓度时,在满足粉尘爆炸五边形(五角形)条件下就会发生爆炸。不同物质的粉尘具备不同的爆炸上限与下限浓度。粉尘爆炸除了与浓度有关外,还与空气中的氧含量、粉尘的含水量、粉尘的粒度和引爆能量的大小有关。

金属硫化矿尘,尤其是含磁黄铁矿的金属硫化矿尘,因矿尘中含有可燃性硫且含量较高,同时铁元素在体系中性质活泼,当矿尘中硫量达到一定数值时就具有爆炸性。有文献记载,金属硫化矿尘爆炸具备的条件为:(1)金属硫化矿尘含量高于 40%;(2)金属硫化矿尘含水量低于 5%;(3)金属硫化矿尘浓度为黄铁矿>0.39 g/L、磁黄铁矿>0.425 g/L、黄铜矿>0.505 g/L、硫>35 g/L;(4)要有足够的引爆能量,如在 0.83 m³ 铁箱中,引爆金属硫化矿尘的炸药量应大于 5 g。本书的课题组成员,在前期研究中发现了金属硫化矿尘爆炸条件不仅与含硫量有关,而且与组分、点火能量有关。实验发现,含硫量大于 10% 的金属硫化矿尘,最小点火能为千焦级。点火能量为 10 kJ 时,金属硫化矿尘云存在 16%~17% 的爆炸临界含硫量;高于临界含硫量时,金属硫化矿尘趋于可爆性粉尘;低于临界含硫量时,金属硫化矿尘趋于不可爆性粉尘。

金属硫化矿尘主要是在打眼、放矿和放炮等作业环节中产生的。当采用火雷管爆破或分段起爆时,先起爆的炸药爆炸提供热源便有可能引起矿尘爆炸。在分段(阶段)落矿、铲运机出矿时,出矿口(楣线处)既是采场内爆落矿石(包括已自燃矿石)出矿的唯一通道,也是通风负压作用下,铲运机装矿产生的高浓度硫化矿尘向采场内扩散流动的通道。换句话说,出矿口(楣线处)正好是向下运动的火源(自燃矿石)与向上流动的尘源(出矿粉尘)的交汇点。因此,该处极易同时满足矿尘爆炸条件(氧气条件总是满足),是主要的矿尘爆炸发生点,如图 9-1 所示。

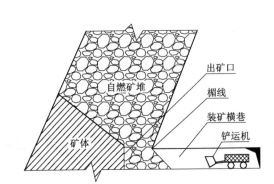

图 9-1　出矿口火源与尘源交汇及矿尘爆炸位置示意图

目前，判断金属硫化矿尘爆炸的方法主要有：(1)爆破时将摄影胶卷做成旗状固定在离工作面一定距离(5~20 m)的巷道壁上，一旦金属硫化矿尘爆炸，胶卷将被灼烧，以此来判断，金属硫化矿尘爆炸发生地点。(2)借助高温热敏电阻，测量距工作面 7~10 m 以下的空气温度，若温度在 100~700 ℃，即可判定为发生过金属硫化矿尘爆炸。

只有判断方法往往是不够的，预防金属硫化矿尘爆炸，尤其是预防磁黄铁矿这种能够促进金属硫化矿尘爆炸的矿尘爆炸，首先应该从爆炸发生的本源开始，避免产生矿尘；在不能消除矿尘的产生时，应该采取控制手段。

9.2　金属硫化矿防尘技术

金属硫化矿防尘要全面考虑，采取综合防尘技术，用各种技术手段减少金属硫化矿山矿尘的产生量，降低空气中的矿尘浓度。总体上，将综合防尘技术分为通风除尘、湿式作业、密闭抽尘、净化风流和一些特殊的防尘措施。

9.2.1　通风除尘

通风是金属硫化矿开采中一项比较重要的降温降尘措施，通过风的流动将井下作业点的悬浮矿尘带出，降低井下作业场所的矿尘浓度。因此，在进行通风设计时，要充分考虑除尘要求。

决定金属硫化矿通风除尘效果的主要因素是风速及金属硫化矿尘密度、粒度、形状、含水率等。风速过低时，粗颗粒矿尘将与空气分离下沉，不容易排出；风速过高时，会将落尘二次扬起，增大井下空气中的矿尘浓度。因此，通风除尘效果随着风速的增加而逐渐增加；达到最佳效果后，如果再增大风速，效果又会开始下降。排除井巷中的浮尘要具备一定的风速，通常将保持呼吸性粉尘悬浮、随风流运动可排出的最低风速称为最低除尘风速。另外，将最大限度排除浮尘且不导致落尘二次扬起的风速称为最优排尘风速。以煤尘为例，通常情况下，掘进工作面的最优风速为 0.4~0.7 m/s，机械化采煤工作面的最优风速为 1.5~2.5 m/s。金属硫化矿尘可参考上述通风指数，但须结合本矿山开采的矿石密度等参数。

另外，在选择通风系统时要对风路、风量、风速实施严格管理。这对预防内因火灾及矿尘爆炸十分重要，主要措施如下。

(1)对于存在自燃发火危险的矿山，为防止大量风流涌入采空区，应采用多级机站或压、抽混合式通风。

(2)每一生产阶段应设置独立回风道或各作业区应采用独立风流并联通风，以便调节和控制风流、隔绝火区。

(3)正确选定辅助风机、风窗、风门等通风构筑物的设置地点，安设地点应选在地压小、巷道四周无裂缝和风压小处。安装通风设施时，应特别注意对防火是否有利。

9.2.2　湿式作业

湿式作业是利用水或其他液体与矿尘颗粒接触而捕集矿尘的方法，是矿井综合防尘的主要技术措施之一。其优点是所需设备简单、使用方便、费用较低和除尘效果较好等；缺点是增加了工作场所的湿度，恶化了工作环境。

(1)湿式凿岩、打眼，指在凿岩和打眼过程中，将压力水通过凿岩机、钻杆送入并充满孔底，以湿润、冲洗和排出产生的矿尘。

(2)洒水除尘分水管(软管)直接洒水除尘和喷雾洒水除尘两种。为节约用水、减少井下排水、减少高品位粉矿和金属离子流失，地下开采矿山防爆降尘宜采用喷雾洒水。喷雾洒水既能除尘、增大矿尘粒径、增加环境湿度，又能有效减少有毒气体含量，使炮烟毒性降低。

喷雾洒水除尘的机理是通过惯性碰撞，尘粒与液滴、液膜接触，使尘粒加湿、凝聚增重，最终达到除尘目的。其除尘效率 η 与惯性碰撞数 N_i 有关，关系式为：

$$\eta = \frac{1}{1+\frac{0.65}{N_i}} \qquad (9-1)$$

由此可见，惯性碰撞数 N_i 越大，即尘粒粒度、尘粒密度、气液相对运动速度越大，液滴直径越小，则惯性碰撞除尘效率 η 越高。

影响喷雾洒水除尘效果的因素为喷雾器的结构、工作方式、水压大小和尘源存在状态。

①水雾粒度。一般情况下，水雾粒度越小，在空气中的分布密度越大，与矿尘的接触机会越多，除尘效果越好。但水粒太小，湿润粉尘后不易从空气中降落，也易被风流带走和蒸发，不利于除尘。所以，水雾粒度应据除尘要求(如尘粒粒度、密度等)来确定。煤矿测定的最佳水雾粒度为 20~50 μm。对金属硫化矿尘而言，因其粒度、密度都较煤尘大，故除尘的水雾粒度也应稍微大些。

②水粒速度。水雾速度决定了水粒与粉尘的接触效果。相对速度大，两者撞时动量

大，有利于克服水的表面张力，将粉尘湿润捕获。根据煤尘测定，水雾粒度为 100 μm、水粒速度为 30 m/s 时，对 2 μm 尘粒的除尘效果可达 55%。据此，能有效降低呼吸性粉尘的水粒速度应大于 20 m/s，一般喷雾除尘的水粒速度应大于 5 m/s。

③水雾密度，指在单位时间内单位水雾流的断面积上的水耗量。喷雾除尘实践证明，水雾密度越大除尘效果越好。

④粉尘粒度。粉尘粒度越小越不易捕获。当水粒粒度为 500 μm 时，对粒径大于 10 μm 粉尘的除尘效率为 60%，对粒径 5 μm 粉尘的除尘效率为 23%，对粒径 1 μm 粉尘的除尘效率仅为 1%。

喷雾洒水降尘器参数设计。喷雾洒水所需能量来源于高位（地表）水池与井下工作面的落差形成的水压头，可根据流体力学有关公式计算：

$$H = \frac{v^2}{2g} + h_w \tag{9-2}$$

式中：H 为水压头，m；v 为井下供水管内水流速度，m/s；h_w 为供水管总阻力损失，m；g 为重力加速度，m/s^2。

由上所述，喷雾洒水除尘效率主要取决于水粒速度 v（正比）、水粒直径 d（反比），但 d 不能太小，最佳粒径为 20~50 μm。

实验表明：随着水压的增大，尤其喷雾水压大于 1.0 MPa 时，雾粒运动速度显著提高，雾粒直径相应减小。

转换式（9-2），得到雾粒速度 v 与水压力 H 的关系为：

$$v = \sqrt{2gH - h_w} \tag{9-3}$$

因水管总阻力损失 h_w 的相对值很小，多数情况可忽略不计，故式（9-3）可简化为：

$$v = \sqrt{2gH} \tag{9-4}$$

雾粒直径 d 与水压力 H 的关系为：

$$d = 216.6 \times (1.85D - 1)/H \tag{9-5}$$

式中：d 为雾粒直径，μm；D 为喷嘴直径，mm；H 为水压力，MPa。

由式（9-4）、式（9-5）可知：水压力越大，水粒运动速度越快，同时水粒粒径越小。所以，高水压力对提高喷雾洒水除尘效率具有极为有利的双重作用。

9.2.3　净化风流

净化风流是将金属硫化矿井巷中含矿尘的空气通过一定的设施或设备捕获矿尘的技术措施，目前应用较多的是水幕和湿式除尘装置。

（1）水幕，是在铺设于巷道顶部或巷道壁的水管上，间隔地安装多个喷雾器喷雾形成的，如图 9-2 所示。喷雾器的布置应以水幕布满巷道断面，尽量靠近尘源为原则。

净化水幕应安装在支护完好、壁面平整、无断裂破碎的巷道段内。一般安装位置为：

①矿井总入风流净化水幕：距井口 20~100 m 巷道内；

②采区入风流净化水幕：风流分叉口支流里侧 20~50 m 巷道内；

③采矿回风流净化水幕：距工作面回风口 10~20 m 回风巷内；

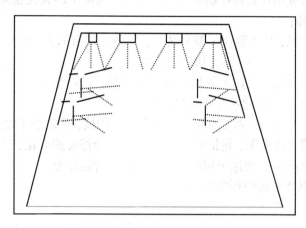

图 9-2　水幕安装示意

④掘进回风流净化水幕：距工作面 30~50 m 巷道内；

⑤巷道中产尘源净化水幕：尘源下风侧 5~10 m 巷道内。

水幕的控制方式可根据巷道条件，选用光电式、触控式或各种机械传动的控制方式；选用的原则是既经济合理又安全可靠。

(2)湿式除尘装置，是指把气流或空气中含有固体粒子分离并捕集起来的装置，又称集尘器或捕尘器。其与干式除尘装置的区别在于是否利用水或其他液体。

9.3　金属硫化矿尘抑爆技术

尽管我国曾发生多次重大金属硫化矿尘爆炸事故，但这并没有引起人们的高度重视，也并未采取有效的防范措施。除煤矿开采外，至今还没有一部防止粉尘爆炸的规范和设计标准。很多厂矿企业和绝大多数职工只知道粉尘危害身体健康。上班要戴防尘口罩，而对金属硫化矿尘可能引起爆炸却一无所知。这主要是因为我国在这方面的宣传力度不够，研究也比较落后，与其他工程学科相比其学术基础也比较薄弱。因此，必须广泛宣传，引起全社会的重视，认真采取防范措施和对策，尽可能地防止和避免粉尘燃烧和爆炸事故的发生。

对于粉尘爆炸，尽管在理论上认为其是可以控制或避免的，但在粉体材料生产、使用及高硫矿床地下开采过程中，由于粉体自身的物理化学特性不同，产生量和工艺千差万别，要想提出不同粉尘的爆炸控制措施、抑爆技术和比较详尽的机理说明仍然是困难的。目前只能根据粉尘爆炸的充分和必要条件，采取一些相应的防爆、抑爆预防控制措施。

抑制硫化矿尘爆炸的措施主要如下。

(1)爆破前和爆破后，冲洗巷道帮壁，防止粉尘沉积和二次扬尘；

(2)采用水封爆破技术，减少爆破粉尘和粉尘飞扬；

（3）采用石灰石或惰性岩粉抑制剂覆盖矿堆，延缓矿尘的氧化速度，同时还可以限制矿尘氧化气体的传播；

（4）加强矿堆通风，风速要比一般采场大，以消除矿石氧化产生的气体积聚和矿石自燃内因点火源，但该措施应在发火初期阶段实施；

（5）采用预防性灌浆，即在火源形成前进行灌浆，以隔绝采空区和一定范围的巷道，避免空气透入以达到预防硫化矿尘爆炸之目的；

（6）降低粉尘尤其是含磁黄铁矿的金属硫化矿尘浓度，使之小于爆炸下限；

（7）尽可能地消灭点火源，包括明火火源、矿-机摩擦碰撞火花、矿石自燃点火源等。

根据作用机理的不同，理论上可将粉尘爆炸防护措施分为两大类。

第一类：防止爆炸形成的预防控制措施；

第二类：限制爆炸危害的结构防护措施。

粉尘爆炸预防技术主要是从控制点火源、控制可燃物和控制氧浓度三个方面进行的。由于实际生产需要，很难防止粉尘云的产生和有效清除堆积的粉尘，因此从控制可燃物的角度防止粉尘爆炸事故在具体实施时控制能力有限。控制点火源是防护技术的重中之重，尤其是往往被人们所忽视的静电火花。一般引起恶性后果的粉尘爆炸事故，往往都是由静电火花触发的。因此，无论采取什么样的措施对粉尘爆炸进行防护，在进行粉尘加工之前评估其点火敏感性都是必要的；依据工业环境下粉尘云最小点火能和各种点火源的等效能量进行预防是最经济合理的，应从源头控制危险的发生，而不是认为粉尘爆炸必然会发生而采取防护措施。

主要可采取的防护措施如下：

（1）对大型机械设备及钻井设备线采用防静电电路，且当设备上堆积粉尘时应及时处理，设备工作时进行洒水处理，使粉尘不能或很少扩散到生产环境的空气中去。

（2）进行通风除尘，矿井通风的任务是向井下各工作面不断地供应足够量的新鲜空气，满足井下工人正常呼吸的需求，冲淡和排除生产过程中产生的粉尘。

（3）进行个体的防护。个体防护就是采用各种防护品，以达到防止或尽量减少工作面空气中的粉尘随着呼吸进入工人的肺部。个体防护用具主要是防尘口罩、防尘头盔、防尘服、防尘安全帽和防尘呼吸器等。

9.4 金属硫化矿尘爆炸预防与控制系统安全学理论

金属硫化矿尘爆炸过程是一项复杂的系统工程。在第1章中已经明确，金属硫化矿尘爆炸的发生需要同时具备5个必要条件，所以要预防与控制爆炸的发生须从这5个条件入手：控制粉尘与粉尘云的产生；降低含氧量；消除有效的火源；消除有效的密闭空间。

利用系统安全学理论[250]分析金属硫化矿尘云爆炸，可将其划分为人—机—环境有机系统，包括人（工作人员）、机（金属硫化矿尘）、环境（作业环境）3个要素。只有从本质安全角度出发，才能根除金属硫化矿尘云爆炸带来的危害。因此逐一分析上述3个要素，提出预防与控制技术是必要的。

（1）人（作业人员）。工作人员的误操作，不遵从操作规程存在引起金属硫化矿尘云爆炸的可能性，针对作业人员带来的风险，可从以下两个方面加以预防和控制[251]。

①强化安全教育，普及粉尘防爆知识，提高作业人员防爆意识。

②建立建全规章制度，加强安全管理，定期做好安全检查。

（2）机（金属硫化矿尘）。从本质安全角度出发，避免金属硫化矿尘才是根本要点。在金属硫化矿中因为通风作用导致矿尘从装矿巷道向采场内流动，而已燃烧的矿石从采场向出矿口汇集，出矿口楣线处成为火源与尘源的交汇点，极易同时满足矿尘爆炸条件成为矿尘爆炸易发点。这种情况在分段法回采且平底式或堑沟式底部结构的出矿口楣线处经常发生，如图 9-1[252]所示。因此消除金属硫化矿尘可从以下几个方面着手。

①须对此处加强通风，建立有效的通风系统，以达到除尘的目的[253]。可以尝试利用矿井通风系统形成贯穿风流降尘，或加强采场、装卸矿等产尘工作面地点的局部通风，消除污风串联和通风死角。如：使工作地点空气含尘量小于 2 mg/m³，作业区空气含尘量小于 10 g/m³。

②采用湿式凿岩方法。可利用洒水除尘，防止微细粉尘颗粒形成粉尘云[254]。洒水降尘有水管直接洒水和喷雾洒水两种方法。为节约用水，减少井下排水，减少高品位矿粉和金属离子流失，地下开采矿山防爆除尘宜采用喷雾洒水。喷雾洒水不仅能除尘，还能起到增大粉尘粒度和环境湿度、减少有毒气体含量等作用。为达到较好的除尘效果，推荐水粒粒度大于 100 μm、水速在 10 m/s 以上。研究表明，当粉尘湿度超过 50% 时，可有效防止粉尘爆炸。但是，因磁黄铁矿遇水同样被氧化[82]，需要注意此问题。

③如无法消除金属硫化矿尘，使用氧化锌、尿素、碳酸镁和氧化铝作抑制剂，对防爆也有一定效果[196]。

（3）环境（作业环境）。保障作业环境安全对防止金属硫化矿尘云爆炸也具有重要意义。

①保持进风风源清洁，控制通风系统粉尘浓度。入风井巷和采掘工作面进风风源的粉尘浓度应小于 0.5 mg/m³，空气温度不高于 28 ℃。在金属硫化矿石崩矿时，必须具备防止高温爆炸气体进入大气的相应措施，以及具备防止由爆落下的矿岩移动形成压缩空气的措施。为消除压缩空气的影响，首先要选择炸药起爆的延期顺序，防止形成"气囊"；其次要限制深孔直径和装药量，在大爆破设计时也应当考虑消除邻近巷道中空气受到极限压缩的影响[255]。

②消除点火源。消除明火火源、高硫矿石氧化反应热及高温自燃、自爆火花及其强振、矿石崩落、冒顶、滚落、强烈碰撞、装卸矿石撞击及摩擦火花等引起金属硫化矿尘爆炸的主要点火源[256]。建议在装药前实时监测炮孔温度，当炮孔温度在 32~38 ℃时，从装药到点火时间应控制在 4~6 h；当炮孔温度为 43 ℃时，从装药到点火时间应控制在 2~4 h[257]。

③降低系统中的氧含量。降低系统中的含氧量有两个途径：一是降低操作压力（如负压操作）；二是采用不燃气体（如 N_2、CO_2[258-259]）部分或全部代替空气。但是上述两种操作只能在密闭的试验室条件下进行，对于矿山开采而言，该预防措施是无效的（最浅显的道理——工作人员需要正常呼吸）。

④消除相对密闭的有效空间。在金属硫化矿生产过程中，容易形成有效的密闭空间的地方主要集中在矿堆空洞和通风死角。对于矿堆空洞，可按相应的操作规程［详见《冶金矿山安全操作规程》（井下部分）］解决潜在的安全问题；对于通风死角，可采取局部通风的方式解决。

9.5 含磁黄铁矿的金属硫化矿尘抑爆技术展望

前面章节的研究发现，矿物组分对金属硫化矿尘云的爆炸特性参数与爆炸温度存在影响。其中常见伴生的菱铁矿、高岭石等会降低金属硫化矿尘云爆炸温度；而磁黄铁矿会降低粉尘云最低着火温度，增大爆炸强度，提高爆炸温度，增加矿尘颗粒在爆炸流场中的扩散速率。因此，通过改变矿物组分，改变爆炸流场中粉尘扩散速率，可达到抑制爆炸的目的。

为了减轻粉尘爆炸灾害程度，可燃性粉尘惰化抑制技术研究得到广泛关注[260-261]，主要方法包括：在反应体系中加入抑制剂、细水雾和降低氧浓度[262-264]。细水雾会促使粉尘弥散均匀性降低，流场中涡明显增大，进而有效降低爆炸火焰的速度和温度，降低最大爆炸压力和压力上升速率[265-266]。但是，水环境会加速磁黄铁矿氧化放热[82]。因此细水雾抑制金属硫化矿尘爆炸有效性待商榷。在粉尘中加入惰性气体也能起到抑制作用，与 Ar 和 N_2 相比，CO_2 在镁尘浓度较低时下具有更大的惰性效应[267]；N_2 环境中，磁黄铁矿同样会加速黄铁矿热分解[268]；CO_2 同样会参与黄铁矿及磁黄铁矿的氧化，起不到惰性抑制作用[258-259]。鉴于此，可以尝试加入惰性粉末抑制金属硫化矿尘爆炸。石粉对爆炸超压、火焰温度和速度有抑制作用[269-270]。其对煤尘爆炸的抑制性能与比表面积线性相关[62]。但是，石粉的加入会降低金属硫化矿石品位，影响后续矿物的选出。

磷酸盐、碳酸盐、碱金属盐等都具有一定的抑爆性能，且具有适用性强、成本低、效率高、耐久性好等优点，因此，常用于煤尘、铝尘抑爆研究[271-275]。研究表明，碳酸盐对开采后续选矿工作无干扰，且对硫铁矿的浮选具有促进作用[276]。前期调研发现，碳酸钠、碳酸氢钠、碳酸铵等碳酸盐可以恢复被蛇纹石抑制的黄铁矿的可浮性，且对煤尘、铝尘爆炸抑制作用显著。因此尝试应用可提高选出率的碳酸盐抑制金属硫化矿尘云爆炸，通过热力学分析、动力学参数、动力学模型研究，重点揭示克服磁黄铁矿促发效应及爆炸后流场变化的内在机理，为金属硫化矿开采过程中粉尘爆炸防治技术措施提供科学依据和理论基础，对实现本质安全、保障矿工生命健康，具有重要意义。

化学动力学模型研究认为，$NaHCO_3$ 抑尘剂的加入降低了反应区 AlO 和 O 的浓度，而且粒径小的 $NaHCO_3$ 对 30 μm 铝尘抑爆效果更好[275]，5 μm 铝尘不受 $NaHCO_3$ 的影响[277-278]。采用 20 L 爆炸球研究了 $KHCO_3$、$NaHCO_3$ 等抑制剂对铝尘爆炸的抑制效果，认为 $KHCO_3$ 抑制效果大于 $NaHCO_3$，质量分数为 65% 的 $NaHCO_3$ 才能达到抑爆效果[279]。粒径分布宽的 $NaHCO_3$ 对铝尘的抑爆作用更大[280]。随着 $NaHCO_3$/高岭土复合粉末缓蚀剂含量的增加，爆炸火焰传播长度和传播速度逐渐减小；质量分数为 50% 的 $NaHCO_3$/高岭土复合粉体缓蚀剂时，抑制了铝粉的火焰传播；质量分数为 75% 时，可实现对铝粉的完全抑爆[272]。

质量分数为 30% 的 NaHCO₃ 抑制对细煤抑制效果更好[271]。提高 NaHCO₃ 的质量分数，可以有效降低油页岩粉尘火焰传播高度、火焰传播速度和爆炸压力[273]。采用同步热分析仪和 20 L 爆炸球研究 NaHCO₃ 对煤尘爆炸的抑制作用，结果表明：NaHCO₃ 的加入提高了煤粉的热分解温度，降低了热分解速率、最大热流量和放热量；随着 NaHCO₃ 质量分数的增加，最大爆炸压力和爆燃过程中最大爆炸压力上升速率减小，NaHCO₃ 粉对煤粉爆炸的最佳抑制比为 400%[275]。

综上，虽然在碳酸盐抑制粉尘爆炸方面做了很多工作，但碳酸盐抑制剂的作用机制，尤其对金属硫化矿尘的抑制作用仍是空白，是今后含磁黄铁矿的金属硫化矿尘抑爆技术的研究方向。

9.6　本章小结

本章通过判断金属硫化矿尘爆炸易发地点，结合金属硫化矿尘爆炸特点，研究了金属硫化矿防尘技术、金属硫化矿尘抑爆技术；根据系统安全学理论研究了金属硫化矿尘爆炸预防与控制技术；根据磁黄铁矿对金属硫化矿尘爆炸的影响，提出了抑爆技术的展望。主要结论如下：

(1) 金属硫化矿防尘要全面、系统，应采取通风除尘、湿式作业、密闭抽尘、净化风流等综合防尘措施。

(2) 预防金属硫化矿尘爆炸，应根据矿尘爆炸的充分和必要条件，采取一些相应的防爆、抑爆预防控制措施。

(3) 金属硫化矿尘爆炸预防与控制技术是系统工程，应从人(工作人员)、机(金属硫化矿尘)、环境(作业环境)3 个要素着手才能解决实际问题。

(4) 碳酸盐抑制金属硫化矿尘爆炸尤其是含磁黄铁矿的金属硫化矿尘爆炸及机理研究，是今后重点研究方向；研究成果为金属硫化矿开采过程中粉尘爆炸防治技术措施提供科学依据和理论基础，对实现本质安全、保障矿工生命健康，具有重要意义。

参考文献

[1] 饶运章. 硫化矿尘爆炸机理研究及防治技术[M]. 长沙：中南大学出版社, 2018.

[2] 李珏. 矿山粉尘及职业危害防控技术[M]. 北京：冶金工业出版社, 2017.

[3] Nordstrom D K. Sulfide mineral oxidation[M]. Boulder：Geological Survey, 2011.

[4] Walker R, Steele A D, Morgan D T B. Pyrophoric nature of iron sulfides[J]. Industrial & Engineering Chemistry Research, 1996, 35(5)：1747−1752.

[5] 孙翔, 饶运章, 李闯, 等. 硫化矿尘云最低着火温度试验研究[J]. 金属矿山, 2017(6)：175−179.

[6] Azam S, Mishra D P. Effects of particle size, dust concentration and dust−dispersion−air pressure on rock dustinert requirement for coal dust explosion suppression in underground coal mines[J]. Process Safety and Environmental Protection, 2019, 126：35−43.

[7] Chen T F, Hang Z Q, Wang J X, et al. Flame propagation and dust transient movement in a dust clouds explosion process[J]. Journal of Loss Prevention in the Process Industries, 2017, 49：572−581.

[8] Danzi E, Marmo L. Dust explosion risk in metal workings[J]. Journal of Loss Prevention in the Process Industries, 2019, 61：195−205.

[9] 高振敏, 杨竹森, 李红阳, 等. 黄铁矿载金的原因和特征[J]. 高校地质学报, 2000, 6(2)：156−162.

[10] Murphy R, Strongin D R. Surface reactivity of pyrite and related sulfides[J]. Surface Science Reports 2009, 64 (1)：1−45.

[11] 黄金星. 含硫矿石自燃机理及其危险性预测技术研究[D]. 西安：西安科技大学, 2010.

[12] 李孜军. 硫化矿石自燃机理及其预防关键技术研究[D]. 长沙：中南大学, 2007.

[13] 阳富强, 吴超, 李孜军, 等. 采场环境中硫化矿石氧化自热的影响因素[J]. 科技导报, 2010, 28 (21)：106−111.

[14] Belzile N, Chen Y W, Cai M F, et al. A review on pyrrhotite oxidation[J]. Journal of Geochemical Exploration, 2004, 84(2)：65−76.

[15] 李珞铭, 吴超, 阳富强, 等. 红外测温法测定硫化矿石堆自热温度的影响因素研究[J]. 火灾科学, 2008, 17(1)：49−53.

[16] Vaughan D J, Craig J R. Mineral chemistry of metal sulfides[M]. Cambridge：Cambridge University Press, 1978.

[17] Pofsai M, Dodonay I. Pyrrhotite superstructures. Part I：Fundamentals structures of the NC (N=2, 3, 4 and 5) type[J]. European Journal of Mineralogy, 1990, 2(4)：525−528.

[18] Thomas J E, Smart R S C, Skinner W M. Kinetics factors for oxidative and non−oxidative dissolution of

iron sulfides[J]. Minerals Engineering, 2000, 13(10/11): 1149-1159.

[19] Thomas J E, Skinner W M, Smart R S C. A mechanism to explain sudden changes in rates and products for pyrrhotite dissolution in acid solution[J]. Geochimica et Cosmochimica Acta, 2001, 65(1): 1-12.

[20] Arnold R G. Range in composition and structure of 82 natural terrestrial pyrrhotites [J]. The Canadian Mineralogist, 1967, 9(1): 31-50.

[21] 张英华, 黄志安, 高玉坤. 燃烧与爆炸学[M]. 2版. 北京: 冶金工业出版社, 2015.

[22] 孙翔. 硫化矿尘最低着火温度实验研究[D]. 赣州: 江西理工大学, 2017.

[23] Amyotte P R, Eckhoff R K. Dust explosion causation, prevention and mitigation: an overview[J]. Journal of Chemical Health and Safety, 2010, 17(1): 15-28.

[24] Dufaud O, Traoré M, Perrin L, et al. Experimental investigation and modelling of aluminum dusts explosions in the 20 L sphere[J]. Journal of Loss Prevention in the Process Industries, 2010, 23(2): 226-236.

[25] Kuai N S, Li J M, Chen Z, et al. Experiment-based investigations of magnesium dust explosion characteristics[J]. Journal of Loss Prevention in the Process Industries, 2011, 24(4): 302-313.

[26] Marmo L. Case study of a nylon fibre explosion: An example of explosion risk in a textile plant[J]. Journal of Loss Prevention in the Process Industries, 2010, 23(1): 106-111.

[27] Wang D, Qian X M, Wu D J, et al. Numerical study on hydrodynamics and explosion hazards of corn starch at high-temperature environments[J]. Powder Technology, 2020, 360: 1067-1078.

[28] Benedettoa A D, Russo P. Thermo-kinetic modelling of dust explosions[J]. Journal of Loss Prevention in the Process Industries, 2007, 20 (4-6): 303-309.

[29] Liu A H, Chen J Y, Huang X F, et al. Explosion parameters and combustion kinetics of biomass dust [J]. Bioresource Technology, 2019, 294: 1-8.

[30] Liu Q, Katsabanis P D. Hazard evaluation of sulphide dust explosions[J]. Journal of Hazardous Materials, 1993, 33(1): 35-49.

[31] Jiang H P, Bi M S, Gao Z H, et al. Effect of turbulence intensity on flame propagation and extinction limits of methane/coal dust explosions[J]. Energy, 2022, 239: 1-11.

[32] Guo C W, Shao H, Jiang S G, et al. Effect of low-concentration coal dust on gas explosion propagation law [J]. Powder Technology, 2020, 367: 243-252.

[33] Soundararajan R, Amyotte P R, Pegg M J. Explosibility hazard of iron sulphide dusts as a function of particle size[J]. Journal of Hazardous Materials, 1996, 51(1-3): 225-239.

[34] 田长顺, 饶运章, 许威, 等. 金属硫化矿尘爆炸研究进展[J]. 金属矿山, 2020, (6): 178-185.

[35] 马师. 硫化矿尘热分解动力学及其爆温计算研究[D]. 赣州: 江西理工大学, 2017.

[36] 邬长城. 燃烧爆炸理论基础与应用[M]. 北京: 化学工业出版社, 2016.

[37] Denkevits A, Hoess B. Hybrid H_2/Al dust explosions in Siwek sphere[J]. Journal of Loss Prevention in the Process Industries, 2015, 36: 509-521.

[38] 石建国. 巷道中硫化矿尘爆炸时火焰的蔓延[J]. 工业安全与防尘, 1985, (1): 62.

[39] 田长顺, 饶运章, 向彩榕, 等. 基于FactSage的金属硫化矿尘爆炸过程产物分析[J]. 中国安全生产科学技术, 2020, 16(12): 79-84.

[40] 李延鸿. 粉尘爆炸的基本特征[J]. 图书情报导刊, 2005, 15(14): 130-131.

[41] Dufaud O, Perrin L, Bideau D, et al. When solids meet solids: A glimpse into dust mixture explosions [J]. Journal of Loss Prevention in the Process Industries, 2012, 25(5): 853-861.

［42］崔克清. 安全工程燃烧爆炸理论与技术［M］. 北京：中国计量出版社，2005.

［43］Maisuda T, Yashima M, Nifuku M, et al. Some aspects in testing and assessment of metal dust explosions［J］. Journal of Loss Prevention in the Process Industries, 2001, 14(6)：449-453.

［44］郝建斌. 燃烧与爆炸学［M］. 北京：中国石化出版社，2012.

［45］Hosseinzadeh S, Norman F, Verplaetsen F, et al. Minimum ignition energy of mixtures of combustible dusts［J］. Journal of Loss Prevention in the Process Industries, 2015, 36：92-97.

［46］Addai E K, Gabel D, Krause U. Experimental investigations of the minimum ignition energy and the minimum ignition temperature of inert and combustible dust cloud mixtures［J］. Journal of Hazardous Materials, 2016, 307：302-311.

［47］Zhang Q, Ma Q J, Zhang B. Approach determining maximum rate of pressure rise for dust explosion［J］. Journal of Loss Prevention in the Process Industries, 2014, 29：8-12.

［48］Yuan J J, Huang W X, Du B, et al. An extensive discussion on experimental test of dust minimum explosible concentration［J］. Procedia Engineering, 2012, 43：343-347.

［49］Zhang J S, Xu P H, Sun L H, et al. Factors influencing and a statistical method for describing dust explosion parameters：A review［J］. Journal of Loss Prevention in the Process Industries, 2018, 56：386-401.

［50］范健强，白建平，赵一姝，等. 硫磺粉尘爆炸特性影响因素试验研究［J］. 中国安全科学学报，2018, 28(2)：81-86.

［51］Yu Y Q, Fan J C. Research on explosion characteristics of sulfur dust and risk control of the explosion［J］. Procedia Engineering, 2014, 84：449-459.

［52］何琰儒，朱顺兵，李明鑫，等. 煤粉粒径对粉尘爆炸影响试验研究与数值模拟［J］. 中国安全科学学报，2017, 27(1)：53-58.

［53］Jiao F Y, Zhang H R, Cao W G, et al. Effect of particle size of coal dust on explosion pressure［J］. Journal of Measurement Science and Instrumentation, 2019, 10(3)：223-225.

［54］刘贞堂，郭汝林，喜润泽. 煤尘爆炸特征参数影响因素研究［J］. 工矿自动化，2014, 40(8)：30-33.

［55］Liu S H, Cheng Y F, Meng X R, et al. Influence of particle size polydispersity on coal dust explosibility［J］. Journal of Loss Prevention in the Process Industries, 2018, 56：444-450.

［56］Bagaria P, Prasad S, Sun J Z, et al. Effect of particle morphology on dust minimum ignition energy［J］. Powder Technology, 2019, 355：1-6.

［57］李庆钊，翟成，吴海进，等. 基于20L球形爆炸装置的煤尘爆炸特性研究［J］. 煤炭学报，2011, 36(supp.1)：119-124.

［58］Huang Q Q, Honaker R. Recent trends in rock dust modifications for improved dispersion and coal dust explosion mitigation［J］. Journal of Loss Prevention in the Process Industries, 2016, 41：121-128.

［59］Li Q Z, Tao Q L, Yuan C C, et al. Investigation on the structure evolution of pre and post explosion of coal dust using X-ray diffraction［J］. International Journal of Heat and Mass Transfer, 2018, 120：1162-1172.

［60］Kundu S K, Zanganeh J, Eschebach D, et al. Explosion severity of methane-coal dust hybrid mixtures in a ducted spherical vessel［J］. Powder Technology, 2018, 323：95-102.

［61］Jia J Z, Wang F X, Li J. Effect of coal dust parameters on gas-coal dust explosions in pipe networks［J］. Geomatics, Natural Hazards and Risk, 2022, 13(1)：1229-1250.

[62] Zlochower I A, Sapko M J, Perera I E, et al. Influence of specific surface area on coal dust explosibility using the 20-L chamber[J]. Journal of Loss Prevention in the Process Industries, 2018, 54: 103-109.

[63] Zhang J S, Sun L H, Sun T L, et al. Study on explosion risk of aluminum powder under different dispersions[J]. Journal of Loss Prevention in the Process Industries, 2020, 64: 1-8.

[64] Zhang S L, Bi M S, Yang M R, et al. Flame propagation characteristics and explosion behaviors of aluminum dust explosions in a horizontal pipeline[J]. Powder Technology, 2020, 359: 172-180.

[65] Zhang Q, Liu L J, Shen S L. Effect of turbulence on explosion of aluminum dust at various concentrations in air[J]. Powder Technology, 2018, 325: 467-475.

[66] Wang Q H, Fang X, Shu C M, et al. Minimum ignition temperatures and explosion characteristics of micron-sized aluminium powder[J]. Journal of Loss Prevention in the Process Industries, 2020, 64: 1-12.

[67] 李珞铭, 吴超, 王立磊, 等. 流变-突变论在预防硫化矿自燃中的应用研究[J]. 中国安全科学学报, 2008, 18(2): 81-86.

[68] Hu G L, Johansen K D, Wedel S, et al. Decomposition and oxidation of pyrite[J]. Progress in Energy and Combustion Science, 2006, 32(3): 295-314.

[69] Lambert J M, Simkovich G, Walke P L. The kinetics and mechanism of the pyrite-to-pyrrhotite transformation[J]. Metallurgical and Materials Transactions B, 1998, 29: 385-396.

[70] 王磊, 潘永信, 李金华, 等. 黄铁矿热转化矿物相变过程的岩石磁学研究[J]. 中国科学(D辑: 地球科学), 2008, 38(9): 1068-1077.

[71] 李海燕, 张世红. 黄铁矿加热过程中的矿相变化研究-基于磁化率随温度变化特征分析[J]. 地球物理学报, 2005, 48(6): 1384-1391.

[72] Coats A W, Bright N F H. The kinetics of the thermal decomposition of pyrite[J]. Canadian Journal of Chemistry, 1966, 44(10): 1191-1195.

[73] Li X, Chen Z L, Chen X F, et al. Effects of mechanical activation methods on thermo-oxidation behaviors of pyrite[J]. Journal of Wuhan University of Technology, 2015, 30(5): 974-980.

[74] Hong Y, Fegley B. The kinetics and mechanism of pyrite thermal decomposition[J]. Berichte der Bunsengesellschaft für physikalische Chemie, 1997, 101(12): 1870-1881.

[75] Hoare I C, Hurst H J, Stuart W I, et al. Thermal decomposition of pyrite. Kinetic analysis of thermogravimetric data by predictor-corrector numerical methods[J]. Journal of the Chemical Society, Faraday Transactions 1: Physical Chemistry in Condensed Phases, 1988, 84(9): 3071-3077.

[76] Fegley B, Lodders K, Treiman A H, et al. The rate of pyrite decomposition on the surface of venus [J]. Icarus, 1995, 115(1): 159-180.

[77] Yang Y J, Liu J, Wang Z, et al. CO_2-mediated sulfur evolution chemistry of pyrite oxidation during oxy-fuel combustion[J]. Combustion and Flame, 2020, 218: 75-83.

[78] Huang F, Zhang L Q, Yi B J, et al. Transformation pathway of excluded mineral pyrite decomposition in CO_2 atmosphere[J]. Fuel Processing Technology, 2015, 138: 814-824.

[79] Thompson F, Tilling N. Thedesulphurisation of iron pyrites [J]. Journal of the Society of Chemical Industry, 1924, 43(9): 37-46.

[80] Schwab G M, Philinis J. Reactions of iron pyrite: Its thermal decomposition, reduction by hydrogen and air oxidation[J]. Journal of the American Chemical Society, 1947, 69(11): 2588-2596.

[81] Aylmore M G, Lincoln F J. Mechanochemical milling-induced reactions between gases and sulfide

minerals: II. Reactions of CO_2 with arsenopyrite, pyrrhotite and pyrite[J]. Journal of Alloys and Compounds, 2001, 314(1-2): 103-113.

[82] 吕为智. 氧/燃料燃烧条件下黄铁矿的转化行为研究[D]. 武汉：华中科技大学, 2016.

[83] Darken L S, Gurry R W. The system iron-oxygen. II. equilibrium and thermodynamics of liquid oxide and other phases[J]. Journal of the American Chemical Society, 1946, 68(5): 798-816.

[84] Kopp O C, Kerr P F. Differential thermal analysis of pyrite and marcasite[J]. American Mineralogist, 1958, 43 (11-12): 1079-1097.

[85] Hansen J P, Jensen L S, Wedel S, et al. Decomposition and oxidation of pyrite in a fixed-bed reactor [J]. Industrial & Engineering Chemistry Research, 2003, 42(19): 4290-4295.

[86] Toro C, Torres S, Parra V, et al. On the detection of spectral emissions of iron oxides in combustion experiments of pyrite concentrates[J]. Sensors (Basel, Switzerland), 2020, 20(5): 1-15.

[87] Aracena A, Jerez O, Ortiz R, et al. Pyrite oxidation kinetics in an oxygen-nitrogen atmosphere at temperatures from 400 to 500 ℃[J]. Canadian Metallurgical Quarterly, 2016, 55(2): 195-201.

[88] Jorgensen F R A, Moyle F J. Phases formed during the thermal analysis of pyrite in air[J]. Journal of Thermal Analysis, 1982, 25(2): 473-485.

[89] Dunn J G, De G C, O'Connor B H. The effect of experimental variables on the mechanism of the oxidation of pyrite: Part I. Oxidation of particles less than 45 μmin size[J]. Thermochimica Acta, 1989, 145: 115-130.

[90] Schorr J R, Everhart J. Thermal behavior of pyrite and its relation to carbon and sulfur oxidation in clays [J]. Journal of the American Chemical Society, 1969, 52(7): 351-354.

[91] Prasad A, Singru R M, Biswas A K. Study of the roasting of pyrite minerals by Mössbauer spectroscopy [J]. Physica Status Solidi, 1985, 87(1): 267-271.

[92] 占中华, 刘小伟, 姚洪. 煤燃烧中外在矿物质转化机理及动力学参数计算[J]. 燃烧科学与技术, 2007, 13(4): 355-359.

[93] Tesfaye F, Jung I H, Paek M K, et al. Materials Processing Fundamentals[M]. Springer International Publishing, Thermochemical data of selected phases in the FeO_x-$FeSO_4$-$Fe_2(SO_4)_3$ system, 2019: 1-8.

[94] Warner N A, Ingraham T R. Decomposition pressures of ferric sulphate and aluminum sulphate[J]. Canadian Journal of Chemistry, 1960, 38(11): 2196-2202.

[95] Srinivasachar S, Helble J J, Boni A A. Mineral behavior during coal combustion pyrite 1. transformation [J]. Progress in Energy and Combustion Science, 1990, 16(4): 281-292.

[96] Grovest S J, Williamson T, Sanyal A, 等. 粉煤燃烧中黄铁矿的分解[J]. 煤炭转化, 1988, (2): 64-69.

[97] Vázquez M, Ventas I M, Raposo I, et al. Kinetic of pyrite thermal degradation under oxidative environment[J]. Journal of Thermal Analysis and Calorimetry, 2020, 141: 1157-1163.

[98] 史亚丹, 陈天虎, 李平, 等. 氮气气氛下黄铁矿热分解的矿物相变研究[J]. 高校地质学报, 2015, 21(4): 577-583.

[99] 赵留成, 李绍英, 孙春宝, 等. 金精矿中性焙烧过程中的物相转变及其磁性特征研究[J]. 矿产保护与利用, 2017, (2): 69-74.

[100] Özdeniz A H, Kelebek S. A study of self-heating characteristics of a pyrrhotite-rich sulphide ore stockpile [J]. International Journal of Mining Science and Technology, 2013, 23(3): 381-386.

[101] 阳富强, 宋雨泽, 朱伟方. FeS-FeS_2 组合物的吸附孔分形特征[J]. 福州大学学报(自然科学版),

2019, 47(1): 118-123.

[102] Cruz R, González I, Monroy M, Electrochemical characterization of pyrrhotite reactivity under simulated weathering conditions[J]. Applied Geochemistry, 2005, 20(1): 109-121.

[103] Zhao C H, Chen J H, Li Y Q, et al. First-principle calculations of interaction of O_2 with pyrite, marcasite and pyrrhotite surfaces [J]. Transactions of Nonferrous Metals Society of China, 2016, 26(2): 519 -526.

[104] Mlowe S, Osman N S E, Moyo T, et al. Structural and gas sensing properties of greigite (Fe_3S_4) and pyrrhotite ($Fe_{1-x}S$) nanoparticles[J]. Materials Chemistry and Physics, 2017, 198: 167-176.

[105] Dunn J G, Chamberlain A C. The effect of stoichiometry on the ignition behavior of synthetic pyrrhotites [J]. Journal of Thermal Analysis, 1991, 37(6): 1329-1346.

[106] Alksnis A, Li B, Elliott R, et al. Kinetics of Oxidation of Pyrrhotite [C]. The Minerals, Metals & Materials Series, 2018, 403-413.

[107] Luo B, Peng T J, Sun H J. Innovative methodology for sulfur release from copper tailings by the oxidation roasting process[J]. Journal of Chemistry, 2020, 2020: 1-11.

[108] 袁博云. 硫化矿尘云爆炸强度与爆炸下限浓度试验研究[D]. 赣州: 江西理工大学, 2017.

[109] 陈斌. 硫化矿粉尘云最小点火能试验研究[D]. 赣州: 江西理工大学, 2016.

[110] 洪训明. 硫化矿尘爆炸特性与模拟仿真研究[D]. 赣州: 江西理工大学, 2018.

[111] 刘志军. 硫化矿尘爆炸特性及多物理场耦合分析[D]. 赣州: 江西理工大学, 2018.

[112] Amyotte P R, Soundararajan R, Pegg M J. An investigation of iron sulphide dust minimum ignition temperatures[J]. Journal of Hazardous Materials, 2003, 97(1-3): 1-9.

[113] 饶运章, 刘志军, 洪训明, 等. 含硫量对硫化矿粉尘云最小点火能的影响[J]. 金属矿山, 2018, (4): 173-177.

[114] 煤尘爆炸的危害及影响因素[OL]. http://www.mkaq.org/Article/anquanzs/201006/Article_26158.html.

[115] Yang F Q, Wu C. Mechanism of mechanical activation for spontaneous combustion of sulfide minerals [J]. Transactions of Nonferrous Metals Society of China, 2013, 23(1): 276-282.

[116] 激光粒度仪测试原理、参数设置、使用方法/步骤、应用/用途[OL]. https://www.xianjichina.com/special/detail_393018.html.

[117] SEM 扫描电子显微镜知识要点 [OL]. https://eduai.baidu.com/view/dae54730793e0912a21614791711cc7930b77870.

[118] Sem 扫描电镜[OL]. https://eduai.baidu.com/view/4667df90c67da26925c52cc58bd6318 6bceb9281.

[119] 扫描电子显微镜的操作步骤和注意事项 [OL]. https://eduai.baidu.com/view/fff835 535e0e7cd184254b35eefdc8d377ee147c.

[120] XRD-X 线衍射仪专题实验讲义[OL]. https://eduai.baidu.com/view/5f922a639 ec3d5bbfc0a7438.

[121] 粉末 X 线衍射仪操作规程 [OL]. https://eduai.baidu.com/view/4b8825a3b1717fd53 60cba1aa8114431b90d8e29.

[122] X-射线荧光分析基本原理及应用 [OL]. https://eduai.baidu.com/view/0df0b7942dc 58bd63186bceb19e8b8f67c1cefba.

[123] X线荧光光谱仪操作步骤[OL]. https://eduai.baidu.com/view/5d945eee19e8b8f 67c1cb91d.

[124] Tascón A. Influence of particle size distribution skewness on dust explosibility[J]. Powder Technology, 2018, 338: 438-445.

［125］崔瑞，程五一. 点火能量对煤粉爆炸行为的影响［J］. 煤矿安全. 2017，48(4)：16-19.

［126］任纯力. 粉尘云最小点火能实验研究与数值模拟［D］. 沈阳：东北大学，2011.

［127］IX-ISO. Explosion protection systems-Part 1：Determination of explosion indices of combustible dusts in air(ISO 6184/1-1985)［S］. Switzerland：Organisation internationale denormalisation，1985.

［128］李培生，孙路石，向军，等. 固体废物的焚烧和热解［M］. 北京：中国环境科学出版社，2006.

［129］陈镜泓，李传儒. 热分析及其应用［M］. 北京：科学出版社，1985.

［130］Li X，Shang Y J，Chen Z L，et al. Study of spontaneous combustion mechanism and heat stability of sulfide minerals powder based on thermal analysis［J］. Powder Technology，2017，309：68-73.

［131］Luo Q B，Liang D，Shen H. Evaluation of self-heating and spontaneous combustion risk of biomass and fishmeal with thermal analysis (DSC-TG) and self-heating substances test experiments［J］. Thermochimica Acta，2016，635：1-7.

［132］Supriya N，Catherine K B，Rajeev R. DSC-TG studies on kinetics of curing and thermal decomposition of epoxy-ether amine systems［J］. Journal of Thermal Analysis and Calorimetry，2013，112：201-208.

［133］阳富强，吴超，刘辉，等. 硫化矿石自燃的热分析动力学［J］. 中南大学学报(自然科学版)，2011，42(8)：2469-2474.

［134］阳富强，吴超，石英. 热重与差示扫描量热分析法联用研究硫化矿石的热性质［J］. 科技导报，2009，27：66-71.

［135］Yang F Q，Wu C，Cui Y，et al. Apparent activation energy for spontaneous combustion of sulfide concentrates in storage yard［J］. Transactions of Nonferrous Metals Society of China，2011，21(2)：395-401.

［136］董洪芹，陈先锋，杨海燕，等. 硫铁矿石热自燃机理研究及其探讨［J］. 工业安全与环保，2016，42(2)：46-50.

［137］赵晓芬. 硫化亚铁热自燃氧化动力学实验研究［D］. 武汉：武汉理工大学，2013.

［138］Cao W G，Qin Q F，Cao W，et al. Experimental and numerical studies on the explosion severities of coal dust/air mixtures in a 20-L spherical vessel［J］. Powder Technology，2017，310：17-23.

［139］Selivanov E N，Gulyaeva R I，Vershinin A D. Thermal expansion and phase transformations of natural pyrrhotite［J］. Inorganic Materials，2008，44：438-442.

［140］Schwarz E J，Vaughan D J. Magnetic phase relations of pyrrhotite［J］. Journal of geomagnetism andgeoelectricity，1972，24(4)：441-458.

［141］Li G S，Cheng H W，Xiong X L，et al. In-situ high temperature X-ray diffraction study on the phase transition process of polymetallic sulfide ore［C］. IOP Conference Series：Materials Science and Engineering，IOP Publishing，2017，191(1)：1-6.

［142］Powell A V，Vaqueiro P，Knight K S，et al. Structure and magnetism in synthetic pyrrhotite Fe_7S_8：A powder neutron-diffraction study［J］. Physical Review B，2004，70(1)：1-12.

［143］Kennedy T，Sturman B T. The oxidation of iron (II)sulphide［J］. Journal of Thermal Analysis，1975，8(2)：329-337.

［144］Dunn J G，Mackey L C. The measurement of the ignition temperatures of commercially important sulfide minerals［J］. Journal of Thermal Analysis，1992，38：487-494.

［145］俞海森，曹欣玉，周俊虎，等. 高碱灰渣烧结反应的化学热力学平衡计算［J］. 动力工程，2008，28(1)：128-131.

［146］Jorgensen F R A，Moyle F J. Gas diffusion during the thermal analysis of pyrite［J］. Journal of Thermal

Analysis, 1986, 31: 145-156.

[147] Almeida C M V B, Giannetti B F. The electrochemical behavior of pyrite-pyrrhotite mixtures[J]. Journal of Electroanalytical Chemistry, 2003, 553: 27-34.

[148] 丁浩青, 温小萍, 邓浩鑫, 等. 障碍物条件下纳米 SiO_2 粉体抑制瓦斯爆炸特性[J]. 安全与环境学报, 2017, 17(3): 958-962.

[149] 刘辉. 硫化矿石自燃特性及井下火源探测技术研究[D]. 长沙: 中南大学, 2010.

[150] 阳富强, 吴超. 硫化矿氧化自热性质测试的新方法[J]. 中国有色金属学报, 2010, 20(5): 976-982.

[151] 邬长福. 高硫金属矿床内因火灾及其灭火措施[J]. 矿业安全与环保, 2002, 29(2): 21-22.

[152] 罗飞侠, 王洪江, 吴爱祥. 金属硫化矿的微生物脱硫可行性分析[J]. 中国安全生产科学技术, 2009, 5(4): 23-26.

[153] 王晓磊. 硫化矿石自燃危险性评价体系的建立与应用[D]. 长沙: 中南大学, 2011.

[154] 毛丹, 陈沅江. 硫化矿石堆氧化自燃全过程特征综述与分析[J]. 化工矿物与加工, 2008, 37(1): 34-38.

[155] Hadi Z A, Kelebek S. A study of self-heating characteristics of a pyrrhotite-rich sulphide ore stockpile[J]. International Journal of Mining Science and Technology, 2013, 23(3): 381-386.

[156] 李萍, 叶威, 张振华, 等. 硫化亚铁自然氧化倾向性的研究[J]. 燃烧科学与技术, 2004, 10(2): 168-170.

[157] 毛丹. 散堆硫化矿石典型导热特性研究[D]. 长沙: 中南大学, 2008.

[158] 叶红卫, 王志国. 高硫矿床开采的特殊灾害及其发生机理[J]. 有色矿冶, 1995, 11(4): 38-42.

[159] Walker R, Steele A D, Morgan T D B. Pyrophoric oxidation of iron sulphide[J]. Surface and Coatings Technology, 1988, 34(2): 163-175.

[160] 阳富强. 硫化矿石堆自燃预测预报技术研究[D]. 长沙: 中南大学, 2007.

[161] 路荣博. 硫化亚铁自燃防范措施浅析[J]. 广东化工, 2012, 39(11): 121-122.

[162] 马新艳. 硫化亚铁自燃的危害及预防[J]. 产业与科技论坛, 2012, (24): 91-92.

[163] 王张辉. 含硫矿石自燃过程及机理的热重实验研究[D]. 西安: 西安科技大学, 2010.

[164] 李建东, 李萍, 张振华, 等. 含硫油品储罐自燃性的影响因素[J]. 辽宁石油化工大学学报, 2004, 24(4): 1-3.

[165] Chao W, Li Z J, Bo Z, et al. Investigation of chemical suppressants for inactivation of sulfide ores[J]. Journal of Central South University, 2001, 8(3): 180-184.

[166] 余学海, 孙平, 张军营, 等. 神府煤矿物组合特性及微量元素分布特性定量研究[J]. 煤炭学报, 2015, 40(11): 2683-2689.

[167] 李孜军, 王晓磊, 石东平. 硫化矿石低温氧化性指标的相关性分析[J]. 科技导报, 2011, 29(36): 28-32.

[168] 汪发松. 硫化矿自燃影响因素分析及安全评价研究[D]. 长沙: 中南大学, 2009.

[169] 徐志国. 硫化矿石自燃的机理与倾向性鉴定技术研究[D]. 长沙: 中南大学, 2013.

[170] 邓军, 黄鸿剑, 金永飞, 等. 高湿环境下高硫煤低温氧化特性试验[J]. 煤矿安全, 2013, 44(12): 32-35.

[171] 尹升华, 吴爱祥, 苏永定. 低品位矿石微生物浸出作用机理研究[J]. 矿冶, 2006, 15(2): 23-27.

[172] 邵婉莹, 张振华, 李萍, 等. 含硫油品储罐腐蚀产物自燃性研究进展[J]. 化工科技, 2013, 21(5): 59-63.

[173]王慧欣. 硫化亚铁自燃特性的研究[D]. 青岛：中国海洋大学, 2006.

[174]王增辉, 栾和林, 轩小朋, 等. 硫铁化合物氧化历程中还原硫物质的表征和研究[J]. 矿冶, 2009, 18(1)：96-99.

[175]谢传欣, 王慧欣, 王传兴, 等. 硫化亚铁自燃特性研究[C]. 全国石油化工生产安全与控制学术交流会, 北京, 2006：228-232.

[176]谢传欣, 王慧欣, 石宁. 轻质油储罐硫化亚铁自燃机理研究[J]. 安全、健康和环境, 2010, 10(11)：34 -37.

[177]修丽群, 穆超, 刘丽丽, 等. 影响硫化亚铁产生的因素实验研究[J]. 当代化工, 2015, 44(7)：1493-1495.

[178]徐伟, 张淑娟, 王振刚. 硫化亚铁自燃温度影响研究[J]. 工业安全与环保, 2015, 41(6)：36-38.

[179]刘辉, 吴超, 谭希文. 硫化矿石自燃引发事故致因分析[J]. 化工矿物与加工, 2009, 38(11)：18-21.

[180]张振华, 陈宝智, 李君华, 等. 含硫油品储罐腐蚀产物自燃性的研究[J]. 安全与环境学报, 2007, 7(3)：124-127.

[181]张振华, 陈宝智, 赵杉林, 等. 含硫油品储罐中硫化铁自燃引发事故原因分析[J]. 中国安全科学学报, 2008, 18(5)：123-128.

[182]张振华, 赵杉林, 李萍, 等. 常温下硫化氢腐蚀产物的自燃历程[J]. 石油学报(石油加工), 2012, 28(1)：122-126.

[183]赵雪娥, 蒋军成. 自然环境中硫化铁的自燃机理及影响因素[J]. 燃烧科学与技术, 2007, 13(5)：443-447.

[184]赵雪娥, 蒋军成. 自然环境条件下硫化铁的自燃倾向性[J]. 辽宁工程技术大学学报, 2008, 27(3)：475-477.

[185]赵雪娥, 蒋军成. 含硫油品储罐自燃火灾的预测技术[J]. 石油与天然气化工, 2008, 37(4)：357-360.

[186]周鹄, 刘博, 许菲, 等. 含硫油品储罐腐蚀产物自燃性的对比研究[J]. 石油化工高等学校学报, 2013, 26(2)：21-24.

[187]Pantsurkina T K. Possible heat effects during chemical decomposition and geotechnological reaching of sulfide ores and intermediate products[J]. Journal of Mining Science, 1991, 27(3)：251-257.

[188]Das T, Ayyappan S, Chaudhury G R. Factors affecting bioleaching kinetics of sulfide ores using acidophilic micro-organisms[J]. Biometals, 1999, 12(1)：1-10.

[189]郦建立. 炼油工业中 H_2S 的腐蚀[J]. 腐蚀科学与防护技术, 2000, 12(6)：346-349.

[190]刘博, 李萍, 张振华, 等. 油品储罐 H_2S 对铁锈腐蚀产物自燃性研究[J]. 中国安全科学学报, 2013, 23(2)：75-79.

[191]刘洪金, 李萍, 张振华, 等. 铁氧化物硫化后的自燃性[J]. 辽宁石油化工大学学报, 2009, 29(1)：1-3.

[192]贾传志, 齐庆杰, 徐长富, 等. 硫铁矿自燃的电化学机理[C]. Proceedings of 2010(shen yang) International Colloquium on Safety Science & Technology, 沈阳, 2010：156-160.

[193]丁德武, 赵杉林, 张振华, 等. Fe(OH)₃的高温硫腐蚀产物氧化自燃性影响因素研究[J]. 腐蚀科学与防护技术, 2007, 19(3)：186-188.

[194]Wang X S, Ma T D, Tang Y G, et al. Thermal transformation of coal pyrite with different structural types during heat treatment in air at 573-1473 K[J]. Fuel, 2022, 327：1-19.

［195］Banerjee A C. Mechanism of oxidation & thermal decomposition of ironsulphides［J］. Indian Journal of Chemistry, 1976, 14A: 845-850.

［196］Thomas P S, Hirschausen D, White R E, et al. Characterisation of the oxidation products of pyrite by thermogravimetric and evolved gas analysis［J］. Journal of Thermal Analysis and Calorimetry, 2003, 72: 769-776.

［197］刁静人. 热重分析结果的影响因素分析［J］. 磁性材料及器件, 2012, 43(6): 49-52.

［198］蔡美芳, 党志. 磁黄铁矿氧化机理及酸性矿山废水防治的研究进展［J］. 环境污染与防治, 2006, 28(1): 58-61.

［199］Yang Y J, Liu J, Liu F, et al. Comprehensive evolution mechanism of SO_x formation during pyrite oxidation［J］. Proceedings of the Combustion Institute, 2019, 37(3): 2809-2819.

［200］Li L, Wang J X, Wu C Q, et al. An environmentally friendly method for efficient atmospheric oxidation of pyrrhotite in arsenopyrite/pyrite calcine［J］. Chemical Engineering Journal Advances, 2021, 7: 1-9.

［201］Payant R A, Finch J A. The effect of sulphide mixtures on self-heating［J］. Canadian Metallurgical Quarterly, 2010, 49(4): 429-434.

［202］郑秋雨, 孙永强, 王旭, 等. 粉尘爆炸超压及响应研究［J］. 电气防爆, 2017, (2): 1-4.

［203］王磊, 李润之. 瓦斯、煤尘共存条件下爆炸极限变化规律实验研究［J］. 中国矿业, 2016, 25(4): 87-90.

［204］Li Q Z, Wang K, Zheng Y N, et al. Explosion severity of micro-sized aluminum dust and its flame propagation properties in 20 L spherical vessel［J］. Powder Technology, 2016, 301: 1299-1308.

［205］隆言泉. 纸浆学(上)［M］. 北京: 商务印书馆, 1953.

［206］王文龙. 钻眼爆破［M］. 北京: 煤炭工业出版社, 1984.

［207］郝志坚, 王琪, 杜世云. 炸药理论［M］. 北京: 北京理工大学出版社, 2015.

［208］华东化工学院. 无机物工学硫酸［M］. 北京: 中国工业出版社, 1961.

［209］成都地质学院矿物教研室. 结晶学及矿物学［M］. 成都: 成都地质学院矿物教研室, 1975.

［210］霍然, 杨振宇, 柳静献. 火灾爆炸预防控制工程学［M］. 北京: 机械工业出版社, 2007.

［211］阳富强. 金属矿山硫化矿自然发火机理及其预测预报技术研究［D］. 长沙: 中南大学, 2011.

［212］胡荣祖, 高胜利, 赵凤起, 等. 热分析动力学［M］. 2版. 北京: 科学出版社, 2008.

［213］任宁, 张建军. 热分析动力学数据处理方法的研究进展［J］. 化学进展, 2006, 18(4): 410-416

［214］Srinivasachar S, Boni A A. A kinetic model for pyrite transformations in a combustion environment ［J］. Fuel, 1989, 68(7): 829-836.

［215］VORTEX-offline. 三维扩散限制凝聚［OL］. https://www.bilibili.com/video/BV1Qv4118741.

［216］Sundaram D S, Puri P, Yang V. A general theory of ignition and combustion of nano- and micron-sized aluminum particles［J］. Combustion and Flame, 2016, 169: 94-109.

［217］Han D, Shin J, Sung H G. A detailed flame structure and burning velocity analysis of aluminum dust cloud combustion using the Eulerian-Lagrangian method［J］. Proceedings of the Combustion Institute, 2017, 36(2): 2299-2307.

［218］Han D, Sung H, Ryu B. Numerical simulation for the combustion of a zirconium/potassium perchlorate explosive inside a closed vessel［J］. Propellants Explosives Pyrotechnics, 2017, 42(10): 1168-1178.

［219］Han D, Yoo Y, Sung H. An analysis of the different flow characteristics of a closed bomb test in cylindrical and spherical closed vessels［J］. International Journal of Aeronautical and Space Sciences, 2019, 20: 150-156.

［220］Song Y F, Zhang Q, Wang B, et al. Numerical study on the internal and external flow field of dust explosion venting［J］. International Journal of Thermal Sciences, 2019, 145: 1-10.

［221］Gillies A D S, Yao Y S, Golledge P. Investigation into the influences of post detonation fumes on the expolsibility of sulphide dust［C］. Proceedings Sixth International Mine Ventilation Congress, Society of Mining Engineers, 1997, 107-102.

［222］Yu X Z, Yu J L, Wang C Y, et al. Experimental study on the overpressure and flame propagation of hybrid hydrogen/aluminum dust explosions in a square closed vessel［J］. Fuel, 2021, 285: 1-9.

［223］Huang Y, Risha G A, Yang V, et al. Combustion of bimodal nano/micron-sized aluminum particle dust in air［J］. Proceedings of the Combustion Institute, 2007, 31(2): 2001-2009.

［224］Tang F D, Goroshin S, Higgins A, et al. Flame propagation and quenching in iron dust clouds［J］. Proceedings of the Combustion Institute, 2009, 32(2): 1905-1912.

［225］Tang F D, Goroshin S, Higgins A. Modes of particle combustion in iron dust flames［J］. Proceedings of the Combustion Institute, 2011, 33(2): 1975-1982.

［226］Yetter R A, Risha G A, Son S F. Metal particle combustion and nanotechnology［J］. Proceedings of the Combustion Institute, 2009, 32(2): 1819-1838.

［227］Glassman I, Yetter R A. Combustion fourth edition［M］. Pittsburgh: Academic Press, 2008.

［228］Han D, Sung H. A numerical study on heterogeneous aluminum dust combustion including particle surface and gas-phase reaction［J］. Combustion and Flame, 2019, 206: 112-122.

［229］Shu C M, Li H T, Deng J, et al. Influence of ignition delay on explosion severities of the methane-coal particle hybrid mixture at elevated injection pressures［J］. Powder Technology, 2020, 367: 860-876.

［230］Song Y F, Zhang Q. Multiple explosions induced by the deposited dust layer in enclosed pipeline ［J］. Journal of Hazardous Materials, 2019, 371: 423-432.

［231］Li H T, Deng J, Shu C M, et al. Flamebehaviours and deflagration severities of aluminium powder-air mixture in a 20-L sphere: Computational fluid dynamics modelling and experimental validation ［J］. Fuel, 2020, 276: 1-15.

［232］黄晓明, 刘志春, 范爱武. 工程热力学［M］. 武汉: 华中科技大学出版社, 2011.

［233］中国大百科全书编委会. 中国大百科全书 74 卷机械工程［M］. 1 版. 北京: 中国大百科全书出版社, 1987.

［234］赵衡阳. 气体和粉尘爆炸原理［M］. 北京: 北京理工大学出版社, 1996.

［235］欧育湘. 炸药学［M］. 北京: 北京理工大学出版社, 2014.

［236］徐飞扬, 李洪伟, 夏曼曼, 等. 重铵油炸药热化学参数的计算与分析［J］. 爆破器材, 2017, 46(6): 48-52.

［237］Bale C W, Bélisle E, Chartrand P, et al. Reprint of: FactSage thermochemical software and databases, 2010-2016［J］. Calphad, 2016, 55: 1-19.

［238］刘亮, 艾锦瑾, 尹艳山, 等. FactSage 模拟城市污泥与煤混燃过程中含铁、硫矿物的演变［J］. 环境科学与技术, 2017, 40(5): 32-37.

［239］韩霄, 曹颖川, 景东荣, 等. FactSage 在钢渣处理研究中的应用［J］. 矿产综合利用, 2019, (3): 102-107.

［240］Cao W G, Gao W, Peng Y H, et al. Experimental and numerical study on flame propagation behaviors in coal dust explosions［J］. Powder Technology, 2014, 266: 456-462.

［241］Ray S K, Mohalik N K, Khan A M, et al. CFD modeling to study the effect of particle size on dispersion in 20L explosion chamber: An overview[J]. International Journal of Mining Science and Technology, 2020, 30(3): 321-327.

[242] Bind V K, Roy S, Rajagopal C. CFD modelling of dust explosions: Rapid combustion in a 20L apparatus [J]. The Canadian Journal of Chemical Engineering, 2011, 89(4): 663-670.

[243] 张师帅. 计算流体动力学及其应用 CFD 软件的原理与应用[M]. 武汉: 华中科技大学出版社, 2011.

[244] Ogle R A, Chen L D, Beddow J K, et al. An investigation of aluminum dust explosions[J]. Combustion Science and Technology, 1988, 61(1-3): 75-99.

[245] Cloney C T, Amyotte P R, Khan F I, et al. Development of an organizational framework for studying dust explosion phenomena[J]. Journal of Loss Prevention in the Process Industries, 2014, 30: 228-235.

[246] 范宝春, 丁大玉, 浦以康, 等. 球型密闭容器中铝粉爆炸机理的研究[J]. 爆炸与冲击, 1994, 14 (2): 148-156.

[247] 丁大玉, 范宝春, 汤明钧. 球形封闭容器中粉尘爆炸特性的数值分析[J]. 计算物理, 1992, 9(4): 377-380.

[248] 王健. 粮食粉尘爆炸的实验研究与数值模拟[D]. 沈阳: 东北大学, 2010.

[249] 蔡美芳, 党志. 实验室条件下磁黄铁矿的氧化机理[J]. 华南理工大学学报(自然科学版), 2005, 33(11): 10-14.

[250] 汪元辉. 安全系统工程[M]. 天津: 天津大学出版社, 1999.

[251] 邹雪梅. 基于人员健康度的矿山灾害逃生研究[D]. 长沙: 中南大学, 2013.

[252] 饶运章, 黄苏锦, 肖广哲. 高硫金属矿井矿尘爆炸防治关键技术及工程应用[J]. 金属矿山, 2009, (1): 766-768.

[253] 吴超. 矿井通风与空气调节[M]. 长沙: 中南大学出版社, 2008.

[254] GB l6423—2006.金属非金属地下矿山安全规程[S].北京: 中华人民共和国国家质量监督检验检疫总局, 2006.

[255] 戈里诺夫 C A, 朱成忠. 硫化矿大量落矿时硫化矿尘爆炸的预防[J]. 国外采矿技术快报, 1985, (6): 29-30.

[256] 蔡明悦. 矿井火灾中人的失误分析及防治对策研究[D]. 长沙: 中南大学, 2008.

[257] 胡毅夫, 王坚. 硫化矿床的爆炸事故分析及预防[J]. 世界采矿快报, 1993, 9(33): 99.

[258] Lü W Z, Yu D X, Wu J Q. A mechanistic study of the effects of CO_2 on pyrrhotite oxidation[J]. Proceedings of the Combustion Institute, 2017, 36(3): 3925-3931.

[259] Lü W Z, Yu D X, Wu J Q. The chemical role of CO_2 in pyrite thermal decomposition[J]. Proceedings of the Combustion Institute, 2015, 35(3): 3637-3644.

[260] Amyotte P R, Pegg M J, Khan F I, et al. Moderation of dust explosions[J]. Journal of Loss Prevention in the Process Industries, 2007, 20 (4-6): 675-687.

[261] Amyotte P R. Solid inertants and their use in dust explosion prevention and mitigation[J]. Journal of Loss Prevention in the Process Industries, 2006, 19(2-3): 161-173.

[262] Lebecki K, Cybulski K, Śliz J, et al. Large scale grain dust explosions-research in Poland[J]. Shock Waves, 1995, 5: 109-114.

[263] Wang Y, Cheng Y S, Yu M G, et al. Methane explosion suppression characteristics based on the $NaHCO_3$/red-mud composite powders with core-shell structure[J]. Journal of Hazardous Materials, 2017, 335: 84-91.

[264] Zhang H, Chen X, Xie T, et al. Effects of reduced oxygen levels on flame propagation behaviors of starch dust deflagration[J]. Journal of Loss Prevention in the Process Industries, 2018, 54: 146-152.

[265] Xu H, Wang X, Li Y, et al. Experimental investigation of methane/coal dust explosion under influence of obstacles and ultrafine water mist[J]. Journal of Loss Prevention in the Process Industries, 2017, 49: 929-937.

[266] You H, Yu M, Zheng L, et al. Study on suppression of the coal dust/methane/air mixture explosion in experimental tube by water mist[J]. Procedia Engineering, 2011, 26: 803-810.

[267] Li G, Yuan C M, Fu Y, et al. Inerting of magnesium dust cloud with Ar, N_2 and CO_2 [J]. Journal of Hazardous Materials, 2009, 170(1): 180-183.

[268] Tian C S, Rao Y Z, Su G, et al. The thermal decomposition behavior of pyrite-pyrrhotite mixtures in nitrogen atmosphere[J]. Journal of Chemistry, 2022, 2022: 1-11.

[269] Song Y, Nassim B, Zhang Q. Explosion energy of methane/deposited coal dust and inert effects of rock dust[J]. Fuel, 2018, 228: 112-122.

[270] Liu Q, Hu Y, Bai C, et al. Methane/coal dust/air explosions and their suppression by solid particle suppressing agents in a large-scale experimental tube[J]. Journal of Loss Prevention in the Process Industries, 2013, 26(2): 310-316.

[271] Wei X R, Zhang Y S, Wu G G, et al. Study on explosion suppression of coal dust with different particle size by shell powder and $NaHCO_3$[J]. Fuel, 2021, 36: 1-11.

[272] Yan K, Meng X B, Wang Z, et al. Inhibition of aluminum powder explosion by a $NaHCO_3$/Kaolin composite powder suppressant[J]. Combustion Science and Technology, 2022, 194(4): 815-831.

[273] Liu Y, Zhang Y S, Meng X B, et al. Research on flame propagation and explosion overpressure of oil shale dust explosion suppression by $NaHCO_3$[J]. Fuel, 2022, 314: 1-8.

[274] Jiang H P, Bi M S, Gao W, et al. Inhibition of aluminum dust explosion by $NaHCO_3$ with different particle size distributions[J]. Journal of Hazardous Materials, 2018, 344: 902-912.

[275] Lu K L, Chen X K, Luo Z M, et al. The inhibiting effects of sodium carbonate on coal dust deflagration based on thermal methods[J]. Fuel, 2022, 315: 1-11.

[276] 冯博, 卢毅屏, 翁存建. 碳酸根对蛇纹石/黄铁矿浮选体系的分散作用机理[J]. 中南大学学报(自然科学版), 2016, 47(4): 1085-1091.

[277] Qi S, Du Y, Zhang P, et al. Effects of concentration temperature, humidity, and nitrogen inert dilution on the gasoline vapor explosion[J]. Journal of Hazardous Materials, 2017, 323: 593-601.

[278] Mitani T, Niioka T. Extinction phenomenon of premixed flames with alkali metal compounds[J]. Combustion and Flame, 1984, 55(1): 13-21.

[279] Dai L L, Hao L, Kang W, et al. Inhibition of different types of inert dust on aluminum powder explosion [J]. Chinese Journal of Chemical Engineering, 2020, 28(7): 1941-1949.

[280] Chen X F, Zhang H M, Chen X, et al. Effect of dust explosion suppression by sodium bicarbonate with different granulometric distribution[J]. Journal of Loss Prevention in the Process Industries, 2017, 49: 905-911.

图书在版编目(CIP)数据

含磁黄铁矿的金属硫化矿尘爆炸过程与控制／田长顺，
饶运章著. —长沙：中南大学出版社，2023.1
ISBN 978-7-5487-5252-3

Ⅰ. ①含… Ⅱ. ①田… ②饶… Ⅲ. ①磁黄铁矿－硫化
矿物－矽尘－粉尘爆炸－防治 Ⅳ. ①TD714

中国国家版本馆 CIP 数据核字(2023)第 014590 号

含磁黄铁矿的金属硫化矿尘爆炸过程与控制

HAN CIHUANGTIEKUANG DE JINSHU LIUHUA KUANGCHEN BAOZHA GUOCHENG YU KONGZHI

田长顺　饶运章　著

□出 版 人	吴湘华		
□责任编辑	刘锦伟		
□责任印制	李月腾		
□出版发行	中南大学出版社		
	社址：长沙市麓山南路	邮编：410083	
	发行科电话：0731-88876770	传真：0731-88710482	
□印　　装	长沙市宏发印刷有限公司		
□开　　本	787 mm×1092 mm 1/16	□印张 12	□字数 284 千字
□版　　次	2023 年 1 月第 1 版	□印次 2023 年 1 月第 1 次印刷	
□书　　号	ISBN 978-7-5487-5252-3		
□定　　价	68.00 元		

图书出现印装问题，请与经销商调换